福建省**中职学考**核心课程

土建基础
学习指导

主　编：余小春　　蔡春莲
副主编：余　瑜　　李卫琴　　杜妍莉
　　　　骆　洁　　王艳侠

扫码获取数字资源

厦门大学出版社
XIAMEN UNIVERSITY PRESS | 国家一级出版社
全国百佳图书出版单位

图书在版编目（CIP）数据

土建基础学习指导 / 余小春，蔡春莲主编. -- 厦门 ：厦门大学出版社，2025.8. --（福建省中职学考核心课程系列教材）. -- ISBN 978-7-5615-9841-2

Ⅰ. TU

中国国家版本馆 CIP 数据核字第 2025VR8056 号

策划编辑　姚五民
责任编辑　姚五民
美术编辑　李夏凌
技术编辑　许克华

出版发行　厦门大季出版社
社　　址　厦门市软件园二期望海路 39 号
邮政编码　361008
总　　机　0592-2181111　　0592-2181406(传真)
营销中心　0592-2184458　　0592-2181365
网　　址　http://www.xmupress.com
邮　　箱　xmup@xmupress.com
印　　刷　厦门金凯龙包装科技有限公司

开　本　787 mm×1 092 mm　1/16
印　张　17.5
字　数　416 千字
版　次　2025 年 8 月第 1 版
印　次　2025 年 8 月第 1 次印刷
定　价　55.00 元

厦门大学出版社
微信二维码

厦门大学出版社
微博二维码

出版说明

教育是强国建设和民族复兴的根本,承担着国家未来发展的重要使命。基于此,自党的十八大以来,构建职普融通、产教融合的职业教育体系,已成为全面落实党的教育方针的关键举措。这一战略目标的实现,要求加快塑造素质优良、总量充裕、结构优化、分布合理的现代化人力资源,以解决人力资源供需不匹配这一结构性就业矛盾。与此同时,面对新一轮科技革命和产业变革的浪潮,必须科学研判人力资源发展趋势,统筹抓好教育、培训和就业,动态调整高等教育专业和资源结构布局,进一步推动职业教育发展,并健全终身职业技能培训制度。

根据中共中央办公厅、国务院办公厅《关于深化现代职业教育体系建设改革的意见》和福建省政府《关于印发福建省深化高等学校考试招生综合改革实施方案的通知》要求,福建省高职院校分类考试招生采取"文化素质+职业技能"的评价方式,即以中等职业学校学业水平考试(以下简称"中职学考")成绩和职业技能赋分的成绩作为学生毕业和升学的主要依据。

为进一步完善考试评价办法,提高人才选拔质量,完善职教高考制度,健全"文化素质+职业技能"考试招生办法,向各类学生接受高等职业教育提供多样化入学方式,福建省教育考试院对高职院校分类考试招生(面向中职学校毕业生)实施办法作出调整:招考类别由原来的30类调整为12类;中职学考由全省统一组织考试,采取书面闭卷笔试方式,取消合格性和等级性考试;引进职业技能赋分方式,取消全省统一的职业技能测试。

福建省中职学考是根据国家中等职业教育教学标准,由省级教育行政部门组织实施的考试。考试成绩是中职学生毕业和升学的重要依据。根据福建省教育考试院发布的最新的中职学考考试说明,结合福建省中职学校教学现状,厦门大学出版社精心策划了"福建省中职学考核心课程系列教材"。该系列教材旨在帮助学生提升对基础知识的理解,提升运用知识分析问题、解决问题的能力,并在学习中提高自身的职业素养。

本系列教材由中等职业学校一线教师根据最新的《福建省中等职业学校学业水平考试说明》编写。内容设置紧扣考纲要求,贴近教学实际,符合考试复习规律。理论部分针对各知识点进行梳理和细化,使各知识点表述更加简洁、精练;模拟试卷严格按照考纲规定的内容比例、难易程度、分值比例编写,帮助考生更有针对性地备考。本系列教材适合作为中职、技工学校学生的中职学考复习指导用书。

目　　录

第1章　绘图工具与用品

考试大纲

考纲要求	考查题型	分值预测
1.认识常用绘图工具和用品(如三角板、丁字尺、比例尺、圆规等); 2.会正确使用常用绘图工具和用品。	单项选择题 判断题	5～10 分

知识框架

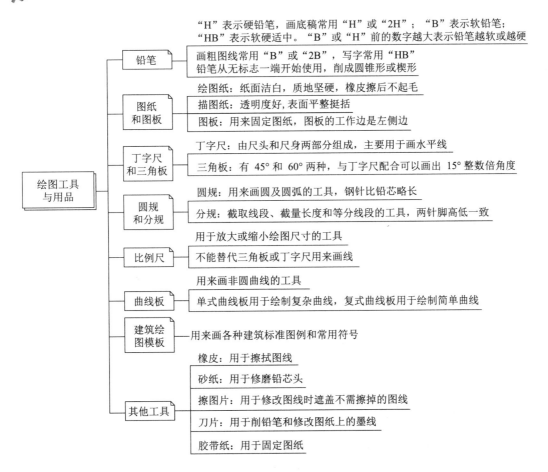

绘图工具与用品

铅笔
- "H"表示硬铅笔,画底稿常用"H"或"2H";"B"表示软铅笔;"HB"表示软硬适中。"B"或"H"前的数字越大表示铅笔越软或越硬
- 画粗图线常用"B"或"2B",写字常用"HB"
- 铅笔从无标志一端开始使用,削成圆锥形或楔形

图纸和图板
- 绘图纸:纸面洁白,质地坚硬,橡皮擦后不起毛
- 描图纸:透明度好,表面平整挺括
- 图板:用来固定图纸,图板的工作边是左侧边

丁字尺和三角板
- 丁字尺:由尺头和尺身两部分组成,主要用于画水平线
- 三角板:有 45° 和 60° 两种,与丁字尺配合可以画出 15° 整数倍角度

圆规和分规
- 圆规:用来画圆及圆弧的工具,钢针比铅芯略长
- 分规:截取线段、截量长度和等分线段的工具,两针脚高低一致

比例尺
- 用于放大或缩小绘图尺寸的工具
- 不能替代三角板或丁字尺用来画线

曲线板
- 用来画非圆曲线的工具
- 单式曲线板用于绘制复杂曲线,复式曲线板用于绘制简单曲线

建筑绘图模板
- 用来画各种建筑标准图例和常用符号

其他工具
- 橡皮:用于擦拭图线
- 砂纸:用于修磨铅芯头
- 擦图片:用于修改图线时遮盖不需擦掉的图线
- 刀片:用于削铅笔和修改图纸上的墨线
- 胶带纸:用于固定图纸

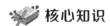 **核心知识**

1.1 铅笔

铅笔是绘图最常用的用品。绘图铅笔有软硬之分,分别以编号"B"和"H"来表示。"B"数值越大,铅芯越软,画出的图线越黑;"H"数值越大,铅芯越硬,画出的图线越淡;"HB"表示软硬适中的铅芯。画图时,一般用"H"或"2H"铅笔打底稿,用"B"或"2B"铅笔加深图线,用"HB"铅笔写字。

削铅笔时应从没有标号的一端开始,以便保留软硬的标号。打底稿、画细线和写字时,铅笔尖应削成圆锥形[图1.1(a)];加深粗实线时,铅笔尖应削成楔形[图1.1(b)]。

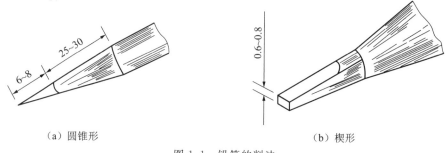

(a)圆锥形　　　　　　　　　　(b)楔形

图1.1　铅笔的削法

1.2 图纸和图板

图纸有绘图纸和描图纸两种。绘图纸用于画铅笔图或墨线图,要求纸面洁白、质地坚实,并以橡皮擦拭不起毛、画墨线不洇为好;描图纸(也称硫酸纸)专门用于墨线笔或绘图笔等描绘作图,并以此复制蓝图,要求其透明度好、表面平整挺括。

图板是固定图纸和绘图的工具,要求板面平整,工作边平直,工作边是左侧边。图板不能受潮、曝晒、烘烤和重压,以防变形。为保持板面平整,固定图纸用透明胶带,不能使用图钉固定,也不能使用刀具在图板上刻画。图板的大小一般与绘图纸的尺寸相适应,其规格有0号(900 mm×1200 mm)、1号(600 mm×900 mm)、2号(420 mm×600 mm)、3号(300 mm×420 mm)等。

1.3 丁字尺和三角板

丁字尺由相互垂直的尺头和尺身组成,能直接绘制水平线,并配合三角板绘制垂线和斜线。使用时应将尺头内侧紧靠图板左边(工作边),上下推动丁字尺,直至尺身工作边对准画线位置,再用左手按住尺身,从左向右画水平线,如图1.2所示。

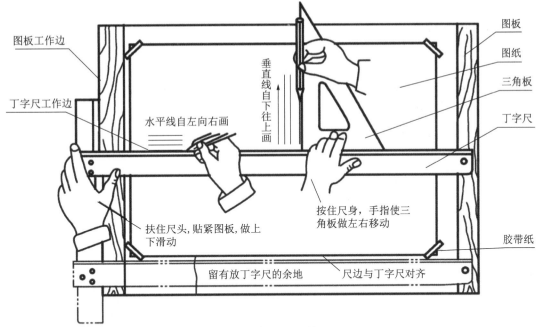

图 1.2　丁字尺的使用

三角板除了直接画直线,主要是配合丁字尺画铅垂线和 30°、45°、60° 等各种斜线,两块三角板配合还可画 15°、75° 斜线[图 1.3(a)]。三角板可推画任意方向的平行线,还可直接用来画已知线段的平行线或垂直线[图 1.3(b)]。

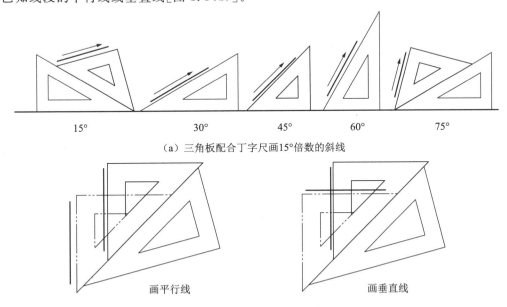

| 15° | 30° | 45° | 60° | 75° |

(a) 三角板配合丁字尺画 15° 倍数的斜线

画平行线　　　　　　　　　　　画垂直线

(b) 三角板画任意直线的平行线和垂直线

图 1.3　三角板的使用

1.4 圆规和分规

圆规是用来画圆和圆弧的工具。圆规有两个分肢,其中一肢固定脚是钢针,另一肢是活动插脚,可更换铅芯、钢针,分别用于绘铅笔图和作分规。圆规固定脚上的钢针一端的针尖为锥状,用它可以代替分规使用;另一端的针尖带有台阶,画圆时使用。

使用圆规时钢针应比铅芯略长[图 1.4(a)],特别要注意的是圆规上的铅芯也应削成和铅笔一样,画图时才好和铅笔配套使用,否则画出的图线粗细不一致,深浅也不一致。使用圆规时,确保针尖垂直于纸面,这是圆规能够稳定工作的关键,铅笔垂直于纸面有助于绘制出均匀的线条[图 1.4(b)];画圆和圆弧时应用右手大拇指和食指捏住圆规杆柄,钢针对准圆心,从右下角按顺时针方向一次画完[图 1.4(c)]。

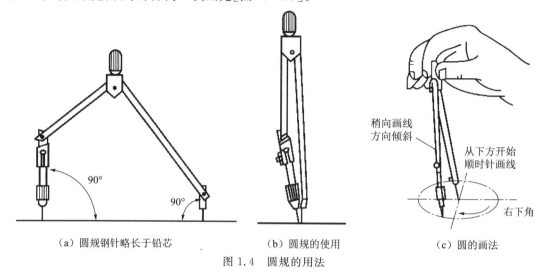

（a）圆规钢针略长于铅芯　　　　（b）圆规的使用　　　　（c）圆的画法

图 1.4　圆规的用法

分规是用来截取线段、量取线段的长度、等分线段或圆周的工具(图 1.5)。分规的两针脚应高低一致。

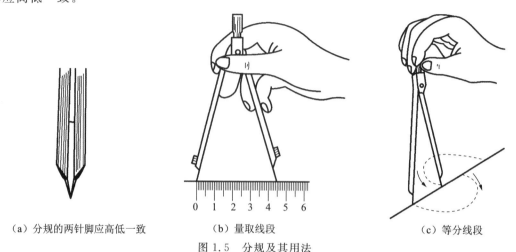

（a）分规的两针脚应高低一致　　　（b）量取线段　　　　（c）等分线段

图 1.5　分规及其用法

1.5　比例尺

比例尺是用于放大或缩小绘图尺寸的工具,有三棱式和板式两种[图 1.6(a)]。尺面上有各种不同的比例刻度,不能替代三角板或丁字尺用来画线。使用时不需计算,可直接在比例尺上量取尺寸[图 1.6(b)]。

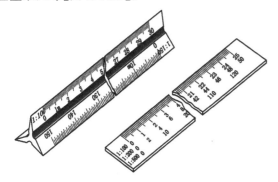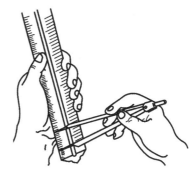

（a）三棱比例尺（左）和板式比例尺（右）　　　　　　（b）在比例尺上量取尺寸

图 1.6　比例尺及其使用

1.6　曲线板

曲线板是用来绘制非圆曲线的工具,分为单式曲线板和复式曲线板。单式曲线板主要用于绘制复杂的曲线,每套通常包含多块(如 12 块),每块由许多不同曲率的曲线组成;复式曲线板主要用于绘制简单的曲线,它通常是一块单独的曲线板,能够满足一般简单曲线的绘制需求[图 1.7(a)]。

无论是单式曲线板还是复式曲线板,在使用时都需要根据曲线的弯曲趋势,从曲线板上选取与所画曲线相吻合的一段进行描绘。每描绘一段曲线,至少需要 4 个吻合点,并且相邻曲线段之间需要有重叠部分,以确保曲线的光滑过渡。在绘制过程中,要确保绘图工具始终紧贴曲线板的边缘,如果需要绘制连续的曲线,可能需要多次移动曲线板来完成整个曲线的绘制[图 1.7(b)]。

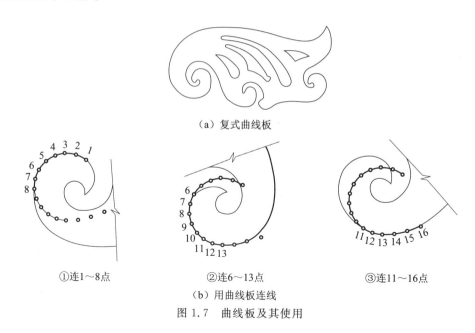

（a）复式曲线板

①连1～8点　　②连6～13点　　③连11～16点

（b）用曲线板连线

图 1.7　曲线板及其使用

1.7　建筑绘图模板

建筑绘图模板是用来绘制各种建筑标准图例和常用符号的工具,如图 1.8 所示。

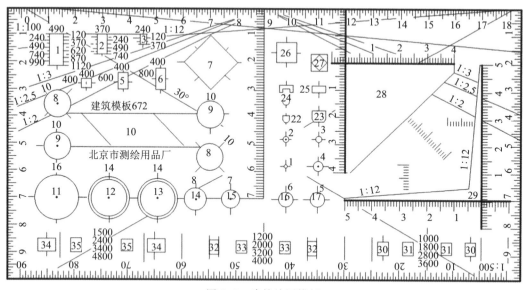

图 1.8　建筑绘图模板

1.8　其他工具

(1)橡皮:常用于擦拭图线,有软硬之分;修整铅笔线多用软质的,修整墨线则多用硬质的[图 1.9(a)]。

（2）砂纸：常用于修磨铅芯头，砂纸可固定在一块薄木板或硬纸板上，做成如图 1.9（b）所示的形状。

（3）擦图片：常用于修改图线时遮盖不需擦掉的图线，形状如图 1.9（c）所示。

（4）刀片：用于削铅笔和修改图纸上的墨线。

（5）胶带纸：用于固定图纸。

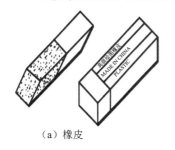
（a）橡皮

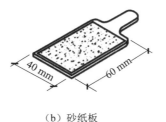
（b）砂纸板

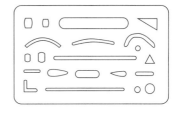
（c）擦图片

图 1.9　其他绘图工具

1.9　手工绘图步骤及注意事项

为了提高手工绘图效率和保证绘图的图面质量，除必须熟悉《房屋建筑制图统一标准》（GB/T 50001—2017）正确熟练使用绘图工具之外，还应按照一定的绘图步骤进行。绘图步骤包括：绘图准备、绘制底稿、检查并整理图面、加深图线、上墨或描图。

手工绘图时必须做好充分的准备，除准备好绘图仪器和工具之外，还应认真分析绘图的对象，选定比例、图纸幅面等。绘图一定要遵循国家标准的规定，画底图时要精心布置图面，用铅笔认真完成；然后检查核对，做到准确无误。上墨、描图时要注意图面整洁，线型、数字、字母等要符合国家标准的规定。

手工绘图时需要注意：

（1）画底图时，线条宜轻而细，做到能看清即可。

（2）铅笔选用的硬度：加深时粗实线宜用"B"或"2B"，细实线宜用"H"或"2H"，写字宜用"H"或"HB"。加深圆或圆弧时所用的铅芯，应比同类型画直线的铅芯软一号。

（3）加深或描绘粗实线时，应保证图线位置的准确，防止图线移位，影响图面质量。

（4）使用橡皮擦拭多余线条时，应尽量缩小擦拭面，宜配合使用擦图板，擦拭方向应与线条方向一致。

备考锦囊

学习本模块的内容应该采用边学边练的方法，先总体了解绘图工具的用途、适用范围，再在使用工具作图过程中强化对其用途的理解并掌握正确的使用方法。本章节的考点主要涉及以下几个方面：

（1）铅笔：铅笔是用来画图或写字的。"H"表示硬铅笔，画底稿常用"H"或"2H"，"B"表示软铅笔，画粗图线常用"B"或"2B"，"HB"表示软硬适中，写字常用"HB"。"B"、"H"前的数字越大表示铅笔越软和越硬。

（2）图板：图板是用来固定图纸的，图板的工作边是左侧边。

（3）丁字尺：丁字尺主要用于画水平线，由尺头和尺身两部分组成。使用时，尺头应紧靠图板左边；单用丁字尺只能绘制水平线，要绘制铅垂线或斜线，需要配合三角板。

（4）三角板：三角板有 45°和 60°两种，与丁字尺配合可以画出 15°倍数的各种斜线和竖直线，也就是可以画出 15°、30°、45°、60°、75°的斜线以及相互垂直和平行的线。

（5）比例尺：比例尺直接按比例量取尺寸，无需换算。比例尺不能替代三角板或丁字尺用来画线。

（6）圆规：圆规是用来画圆及圆弧的工具。钢针比铅芯略长，绘制圆时应从右下角顺时针绘制。

（7）分规：分规的作用是截取线段、截量长度和等分线段或圆周，其两针脚应高低一致。

（8）曲线板：曲线板是用来画非圆曲线的工具。

（9）建筑绘图模板：建筑绘图模板用来画各种建筑标准图例和常用符号。

真题自测

一、单项选择题

1.（2019 年）下列不属于常用绘图工具的是（　　）。

    A. 三角板　　　　　　　　　　　　　　B. 圆规

    C. 丁字尺　　　　　　　　　　　　　　D. 钢卷尺

2.（2020 年）绘制底稿时通常选用的铅笔是（　　）。

    A.2H　　　　　　　B. B　　　　　　　C.2B　　　　　　　D.6B

3.（2023 年）不属于绘图铅笔软硬标志的是（　　）。

    A. 字母"B"　　　　　　　　　　　　　B. 字母"H"

    C. 字母"V"　　　　　　　　　　　　　D. 字母"HB"

二、判断选择题

1.（2019 年）仅用一副三角板与丁字尺配合可以面出与水平方向倾斜 33°的角度。　　　（　　）

    A. 正确　　　　　　　　　　　　　　　B. 错误

2.（2019 年）绘图铅笔上的标志"H"表示该铅笔为硬芯铅笔。　　　　　　　　　　　（　　）

    A. 正确　　　　　　　　　　　　　　　B. 错误

3.（2020 年）使用丁字尺可以绘制水平线。　　　　　　　　　　　　　　　　　　（　　）

    A. 正确　　　　　　　　　　　　　　　B. 错误

4.（2022 年）丁字尺可将尺头内侧紧靠图板任何一边使用。　　　　　　　　　　　（　　）

    A. 正确　　　　　　　　　　　　　　　B. 错误

5.（2022 年）绘图铅笔上的标志"B"前的数字越大表示越软。　　　　　　　　　　（　　）

    A. 正确　　　　　　　　　　　　　　　B. 错误

6.（2023 年）丁字尺与三角板配合可以画出 135°倾斜线。　　　　　　　　　　　（　　）

    A. 正确　　　　　　　　　　　　　　　B. 错误

真题解析

一、单项选择题

1.选 D,本题考核常用的制图工具。常用的制图工具有图板、丁字尺、三角板、圆规、分规等。钢卷尺不属于常用的绘图工具。

2.选 A,本题考核常用的制图用品——铅笔的知识点。铅笔的铅芯有软硬之分,分别用字母"B"和"H"表示。"B"表示软铅芯,"B"前的数字愈大,表示铅芯愈软;"H"表示硬铅芯,"H"前的数字愈大,表示铅芯愈硬;"HB"则表示铅芯软硬适中。绘制底稿一般选"H"或"2H"铅笔,加深粗实线时选用稍软的"HB"或"B"铅笔。

3.选 C,本题考核常用的制图用品——铅笔的知识点。铅笔的铅芯有软硬之分,分别用字母"B"和"H"表示。

二、判断选择题

1.选 B,本题考核三角板和丁字尺这两种常用制图工具的配合使用。丁字尺和三角板配合使用,可以画出与丁字尺工作边成15°整数倍角度的倾斜线。

2.选 A,本题考核常用的制图用品——铅笔的知识点。铅笔的铅芯有软硬之分,分别用字母"B"和"H"表示。"B"表示软铅芯,"B"前的数字愈大,表示铅芯愈软;"H"表示硬铅芯,"H"前的数字愈大,表示铅芯愈硬。

3.选 A,本题考核丁字尺这种常用制图工具的用法。丁字尺主要用来绘制水平线。

4.选 B,本题考核丁字尺这种常用制图工具的用法。使用丁字尺画线时,尺头应紧靠图板左边,以左手扶尺头,使尺上下移动。要先对准位置,再用左手压住尺身,然后画线。不能将丁字尺靠在图板的其他边画线。

5.选 A,本题考核常用的制图用品——铅笔的知识点。铅笔的铅芯有软硬之分,分别用字母"B"和"H"表示。"B"表示软铅芯,"B"前的数字愈大,表示铅芯愈软;"H"表示硬铅芯,"H"前的数字愈大,表示铅芯愈硬。

6.选 A,本题考核三角板和丁字尺这两种常用的制图工具的配合使用。丁字尺和三角板配合使用,可以画出与丁字尺工作边成15°整数倍角度的倾斜线。

专项提升

一、单项选择题

1.绘图板四周镶有硬木条,其工作边为(　　　)。

　　A.上导边　　　　　　B.下导边　　　　　　C.左导边　　　　　　D.右导边

2.下列可用来画非圆曲线的工具是(　　　)。

　　A.圆规　　　　　　B.三角板　　　　　　C.分规　　　　　　D.曲线板

3.下列仪器或工具,不能用来量取长度的是(　　　)。

　　A.三角板　　　　　　　　　　　B.丁字尺

　　C比例尺　　　　　　　　　　　D.曲线板

4.下列仪器或工具,不能用来量取长度的是( )。

    A.建筑绘图模板   B.擦线板

    C.分规   D.三角板

5.以下关于常用的制图工具——分规作用的描述,正确的一项是( )。

    A.画圆或圆弧   B.是圆规的备用品

    C.用来截量长度   D.只能用来等分线段

6.把丁字尺放在图板上,取一把三角板靠紧丁字尺的工作边,便可画出( )。

    A.水平线或倾斜线   B.垂直线或倾斜线

    C.垂直线或波浪线   D.水平线或双折线

7.圆规使用铅芯的硬度规格要比画直线的铅芯( )。

    A.软一级   B.硬一级

    C.硬二级   D.硬三级

8.在以下常用的制图工具中,可用来画圆或圆弧的工具是( )。

    A.分规   B.圆规

    C.比例尺   D.丁字尺

9.铅笔的铅芯有软、硬之分,以下选项说法正确的是( )。

    A."H"表示软,"B"表示硬   B."B"表示软,"H"表示硬

    C."R"表示软,"Y"表示硬   D."Y"表示软,"R"表示硬

10.当铅笔用来绘制底稿或写字时,可把铅芯在砂纸上磨成( )。

    A.四棱锥形   B.球形

    C.圆柱形   D.圆锥形

11.当铅笔用来描粗图线时,可把铅芯在砂纸上磨成( )。

    A.四棱锥形   B.球形

    C.圆柱形   D.圆锥形

二、判断选择题

1.在铅笔的一头字母"B"表示软芯铅笔,可以用于加深图线。   ( )

    A.正确   B.错误

2.钢卷尺为常用的手工制图工具。   ( )

    A.正确   B.错误

3.绘图铅笔上的标志"Y"表示该铅笔为硬芯铅笔。   ( )

    A.正确   B.错误

4.仅用一副三角板与丁字尺配合可以画出与水平方向倾斜 $40°$ 的角度。 ( )

    A.正确   B.错误

5.仅使用一把丁字尺即可以绘制出平行线。   ( )

    A.正确   B.错误

6.绘图工具中的建筑绘图模板可以用来直接绘制详图索引符号等图样和符号。 ( )

    A.正确   B.错误

7.圆规通常一条腿安装针脚,另一条腿可以安装铅芯、钢针、鸭嘴笔。　　　　　　　(　　)

　　A.正确　　　　　　　　　　　　　　B.错误

8.使用圆规画圆时,钢针应尽量垂直于纸面。　　　　　　　　　　　　　　　　(　　)

　　A.正确　　　　　　　　　　　　　　B.错误

9.必要时可将丁字尺尺头靠在图板的右边、下边或上边画线。　　　　　　　　(　　)

　　A.正确　　　　　　　　　　　　　　B.错误

10.丁字尺配合三角板,可以画垂直线。　　　　　　　　　　　　　　　　　(　　)

　　A.正确　　　　　　　　　　　　　　B.错误

11.手绘底稿时,一般选用硬度为"B"或"2B"铅笔。　　　　　　　　　　(　　)

　　A.正确　　　　　　　　　　　　　　B.错误

12.一套三角板与丁字尺配合使用,可以绘制出与丁字尺工作边成 15°整数倍角度的倾

　　斜线。　　　　　　　　　　　　　　　　　　　　　　　　　　　　(　　)

　　A.正确　　　　　　　　　　　　　　B.错误

13.使用丁字尺画水平线时,应使尺头内侧紧靠图板左边上下移动。　　　　　(　　)

　　A.正确　　　　　　　　　　　　　　B.错误

第2章 房屋建筑制图统一标准

考试大纲

考纲要求	考查题型	分值预测
1.理解图线的线型要求和主要用途; 2.掌握图幅、图线、字体、比例、建筑材料图例和尺寸标注(建筑标准)等有关规定; 3.能正确标注图样尺寸。	单项选择题 判断题 连线题	10~15 分

知识框架

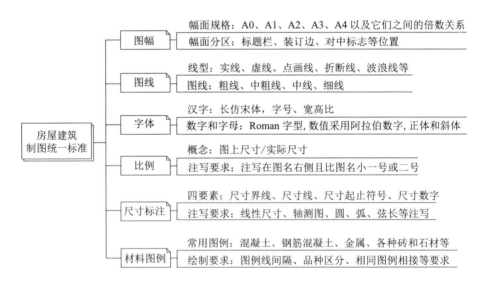

核心知识

2.1 建筑制图国家标准简介

国家标准是对全国经济、技术发展有重大意义,且在全国范围内有统一技术要求的标准,分为强制性国标(GB)和推荐性国标(GB/T)。强制性国标是保障人身健康和生命、财产安全、国家安全、生态环境安全的标准和法律及行政法规规定强制执行的国家标准;推荐性国标是指生产、交换、使用等方面,通过经济手段或市场调节而自愿采用的具有指导作用的国家标准。国标标准有很多种,建筑制图国家标准是其中的一种。

在房屋建筑领域,制图不仅是工程师和设计师表达设计意图的重要工具,也是施工团队理解和实施项目的关键依据,因此,遵循统一的制图标准是确保信息准确传达和工程顺利进行的基础。它们不仅涉及图纸的可读性,还关系到施工的安全性、效率和成本控制。在制图过程中,必须遵守的国家标准和行业规范包括但不限于:《房屋建筑制图统一标准》(GB/T 50001—2017)、《建筑制图标准》(GB/T 50104—2010)、《总图制图标准》(GB/T 50103—2010)。这些标准详细规定了包括图纸的尺寸、线型、符号、标注等制图的各个方面,是建筑从业人员必须共同遵守的准则和依据,也是福建省中等职业学校学生学业水平考试中《土建基础》考试科目的主要考核内容之一。

《房屋建筑制图统一标准》(GB/T 50001—2017)是在 2010 年版本的基础上修订的,于 2017 年 9 月 27 日发布,2018 年 5 月 1 日起实施;其中,GB/T 是国家标准代号,50001 是标准发布的顺序号,2017 是标准批准的年号。

2.2　图幅

2.2.1　图纸幅面

图纸幅面是指图纸宽度与长度组成的图面,国标(CB/T 50001—2017)规定的图纸幅面代号分别有 A0、A1、A2、A3 和 A4 五种。图纸幅面及图框尺寸应符合表 2.1 的规定。

表 2.1　幅面及图框尺寸

单位:mm

尺寸代号	幅面代号				
	A0	A1	A2	A3	A4
$b \times l$	841×1189	594×841	420×594	297×420	210×297
c	10			5	
a	25				

注:表中 b 为幅面短边尺寸,l 为幅面长边尺寸,c 为图框线与幅面线间宽度,a 为图框线与装订边间宽度。

2.2.2　标题栏

图纸中应有标题栏、图框线、幅面线、装订边线和对中标志(图 2.1)。图纸的标题栏一般设置在图框内的下方、右侧或右下角,装订边设置在图框外侧。当图纸横式使用时,装订边设置在左侧;当图纸立式使用时,装订边设置在上侧。

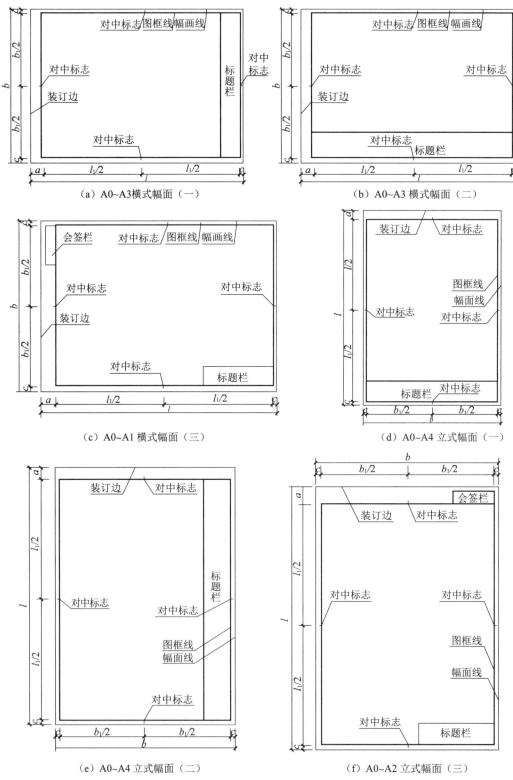

（a）A0~A3 横式幅面（一）　　　　　（b）A0~A3 横式幅面（二）

（c）A0~A1 横式幅面（三）　　　　　（d）A0~A4 立式幅面（一）

（e）A0~A4 立式幅面（二）　　　　　（f）A0~A2 立式幅面（三）

图 2.1　幅面布局

图纸的短边尺寸不应加长，A0～A3 幅面长边尺寸可加长，但加长的尺寸应符合标准的规定。

图纸以短边作为垂直边时应为横式，以短边作为水平边时应为立式。A0～A3 图纸宜横式使用；必要时，也可立式使用。

一个工程设计中，每个专业所使用的图纸，不宜多于两种幅面，不含目录及表格所采用的 A4 幅面。

应根据工程的需要选择确定标题栏、会签栏的尺寸、格式及分区，签字栏应包括实名列和签名列，并应符合下列规定：

(1)涉外工程的标题栏内，各项主要内容的中文下方应附有译文，设计单位上方或左方，应加"中华人民共和国"字样；

(2)在计算机辅助制图文件中使用电子签名与认证时，应符合《中华人民共和国电子签名法》的有关规定；

(3)当由两个以上的设计单位合作设计同一个工程时，设计单位名称区可依次列出设计单位名称。

2.2.3　图纸编排顺序

工程图纸应按专业顺序编排，应为图纸目录、设计说明、总图、建筑图、结构图、给水排水图、暖通空调图、电气图等编排。各专业的图纸，应按图纸内容的主次关系、逻辑关系进行分类，做到有序排列。

备考锦囊

图纸幅面是工程图纸中的一个重要概念。它规定了图纸的尺寸，以确保图纸的标准化和统一性。关于图纸幅面的考点通常会涉及以下几个方面：

(1)幅面大小：熟记不同幅面的尺寸，比如 A0、A1、A2、A3、A4 等，以及它们的具体尺寸（长度和宽度）。

(2)幅面倍数关系：不同幅面之间的倍数关系也是一个重要的知识点。例如，A1 幅面是 A2 幅面的两倍大小，A2 幅面是 A3 幅面的两倍大小，以此类推。

(3)幅面选择：在实际应用中，根据图纸内容的多少和复杂程度选择合适的幅面，选择图纸内容的排列方向，选择横式或立式布局。

(4)图纸加长、折叠和装订：有时也会考查图纸的加长、折叠和装订方式，以便图纸的存储和携带。

(5)图纸的要素及分区：图纸应包含的要素，包括横、立式图幅标题栏、装订边放置的位置等相关要求。

(6)签字栏特殊规定：涉外工程、电子签名及认证、合作设计等。

(7)图纸编排顺序：工程图纸应按照不同的专业领域进行有序排列。

复习时，可以通过制作图表、对比记忆和实际应用场景来加深对这些知识点的理解和记忆。

真题自测

一、单项选择题

1.(2018 年)图纸的标题栏一般应画在图纸的( )。

  A. 左下角   B. 左上角   C. 右下角   D. 右上角

2.(2019 年)A3 图纸幅面尺寸为( )。

  A. 210 mm×297 mm   B. 297 mm×420 mm   C. 420 mm×594 mm   D. 594 mm×841 mm

3.(2020 年)幅面尺寸为 210 mm×297 mm 的图纸幅面代号为( )。

  A. A4   B. A3   C. A2   D. A1

4.(2022 年)A1 图幅大小是 A3 图幅大小的( )。

  A. 2 倍   B. 4 倍   C. 6 倍   D. 8 倍

5.(2022 年)在图幅与图框的尺寸中,a 为图框线与装订边间宽度,其值为( )。

  A. 5 mm   B. 10 mm   C. 20 mm   D. 25 mm

二、判断选择题

1.(2019 年)规范的图纸应包括标题栏。 ( )

  A. 正确   B. 错误

2.(2020 年)标题栏一定绘制在图纸的左下角。 ( )

  A. 正确   B. 错误

3.(2023 年)图纸的短边可以加长。 ( )

  A. 正确   B. 错误

真题解析

一、单项选择题

1.选 C,本题主要考核图纸的要素及分区。图纸的标题栏一般设置在图框内的下方、右侧或右下角。

2.选 B,本题主要考核图纸的幅面大小。A3 图纸幅面尺寸为 297 mm×420 mm。

3.选 A,本题主要考核图纸的幅面大小。幅面尺寸为 210 mm×297 mm 的图纸幅面代号为 A4。

4.选 B,本题主要考核幅面倍数关系。A1 图纸是 A2 图纸的 2 倍,是 A3 图纸的 4 倍。

5.选 D,本题主要考核图纸的要素及分区。A0～A4 的图框,装订边 a 均取 25 mm。

二、判断选择题

1.选 A,本题主要考核图纸的要素及分区。图纸中应有标题栏、图框线、幅面线、装订边线和对中标志。

2.选 B,本题主要考核图纸的要素及分区。图纸的标题栏一般设置在图框内的下方、右侧或右下角。

3.选 B,本题主要考核图纸加长。图纸的短边尺寸不应加长,A0～A3 幅面长边尺寸可加长。

2.3 图线

图线是起点和终点间以任何方式连接的一种几何图形,形状可以是直线或曲线、连续或不连续线。在工程图纸中,不同线型和线宽的图线表达的设计内容是不同的。

2.3.1 线宽

图线的基本线宽 b,宜按照图纸比例及图纸性质从 1.4 mm、1.0 mm、0.7 mm、0.5 mm 线宽系列中选取。每个图样,应根据复杂程度与比例大小,先选定基本线宽 b,再选用表 2.2 中相应的线宽组。同一张图纸内,相同比例的各图样应选用相同的线宽组。

需要缩微的图纸,不宜采用 0.18 mm 及更细的线宽。同一张图纸内,各不同线宽中的细线,可统一采用较细的线宽组的细线。

表 2.2 线宽组

单位:mm

名称	线宽比	线宽组			
粗线	b	1.4	1.0	0.7	0.5
中粗线	$0.7b$	1.0	0.7	0.5	0.35
中线	$0.5b$	0.7	0.5	0.35	0.25
细线	$0.25b$	0.35	0.25	0.18	0.13

2.3.2 线型

在工程制图中,图线的类型不同其用途也不同。《房屋建筑制图统一标准》(GB/T 50001—2017)中规定工程建设制图应选用表 2.3 所示的图线。

表 2.3 图线

名称		线型	线宽	用途
实线	粗	——————	b	主要可见轮廓线
	中粗	——————	$0.7b$	可见轮廓线、变更云线
	中	——————	$0.5b$	可见轮廓线、尺寸线
	细	——————	$0.25b$	图例填充线、家具线
虚线	粗	— — — — —	b	见各相关专业制图标准
	中粗	— — — — —	$0.7b$	不可见轮廓线
	中	— — — — —	$0.5b$	不可见轮廓线、图例线
	细	- - - - - -	$0.25b$	图例填充线、家具线
单点长画线	粗	—·—·—·	b	见各相关专业制图标准
	中	—·—·—·	$0.5b$	见各相关专业制图标准
	细	—·—·—·	$0.25b$	中心线、对称线、轴线等

名称		线型	线宽	用途
双点长画线	粗		b	见各相关专业制图标准
	中		$0.5b$	见各相关专业制图标准
	细		$0.25b$	假想轮廓线、成型前原始轮廓线
折断线	细		$0.25b$	断开界线
波浪线	细		$0.25b$	断开界线

2.3.3 图线绘制

在进行工程图纸绘制时,应该规范绘制图线,除对图线的线宽和线型有严格要求之外,还应注意表 2.4 中的问题。

表 2.4 图线的绘制

序号	规范要求	错误画法	正确画法
1	相互平行的图例线,其净间隙或线中间隙不宜小于 0.2 mm	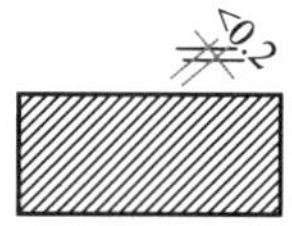	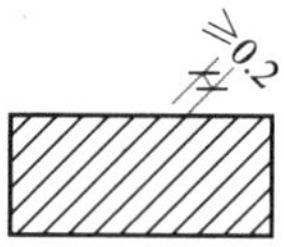
2	虚线、单点长画线或双点长画线的线段长度和间隔,宜各自相等		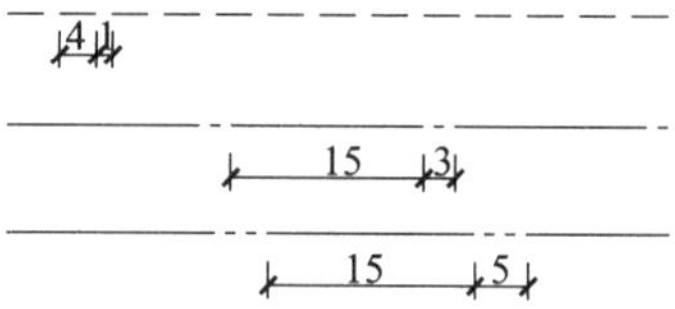
3	单点长画线或双点长画线,当在较小图形中绘制有困难时,可用实线代替	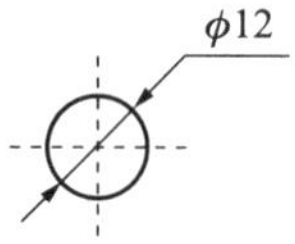	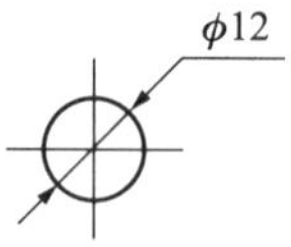
4	单点长画线或双点长画线的两端,不应采用点		
5	点画线与点画线交接或点画线与其他图线交接时,应采用线段交接	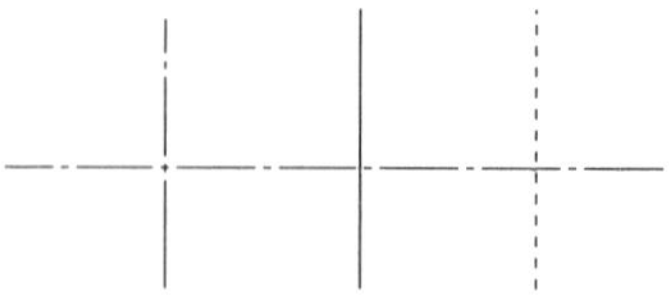	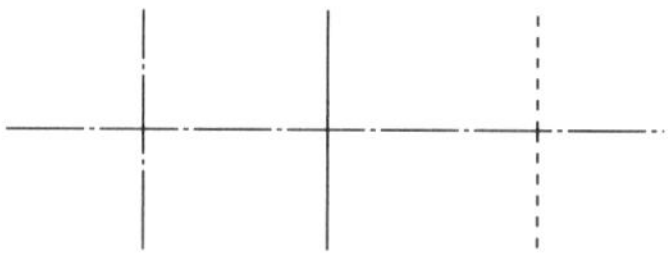
6	虚线与虚线交接或虚线与其他图线交接时,应采用线段交接。虚线为实线的延长线时,不得与实线相接,应采用虚线的间隙相接	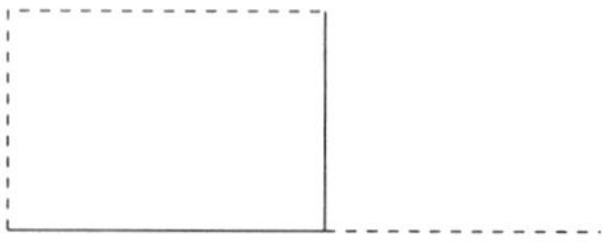	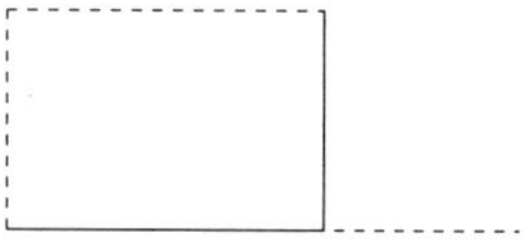
7	图线不得与文字、数字或符号重叠、混淆,不可避免时,应首先保证文字的清晰	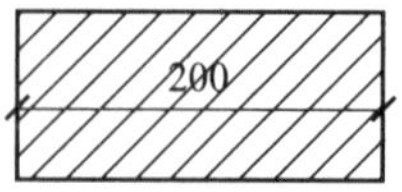	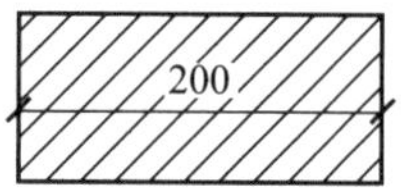

备考锦囊

图线在建筑施工图中的基本规则和应用,是备考过程中需要重点掌握的内容,通过理解和掌握这些规则,可以提高识绘建筑施工图的能力,确保图纸的准确性和沟通的有效性。关于图线的考点通常会涉及以下几个方面:

(1)线宽组及基本线宽:每个图样应根据复杂程度与比例大小,先选定基本线宽 b,再选用相应的线宽组。线宽以粗实线的宽度为基本线宽 b,通常的取值有 1.4 mm、1.0 mm、0.7 mm、0.5 mm 四种,线宽组包括 b、$0.7b$、$0.5b$、$0.25b$,这些线宽组适用于不同的图线要求。

(2)线型的规格及用途:主要可见轮廓线、可见轮廓线、轴线、中心线、假想轮廓线等适用线型。

(3)图线的交接画法:虚线与其他线型相交,虚线在直线延长上,点画线和点画线相交,文字和图样重叠等规定。

同学们可以分析具体的建筑施工图案例,理解图线规则的实际应用,通过绘制不同线型和线宽的练习,加深对图线规则的理解和应用能力。

真题自测

一、单项选择题

1.(2019 年)图线交接画法正确的是(　　)。

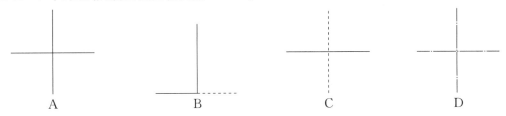

A　　　　　　　　　B　　　　　　　　　C　　　　　　　　　D

2.(2019 年)粗实线的线宽为 b,则细实线的线宽为(　　)。

A.$0.7b$　　　　C.$0.35b$　　　　B.$0.5b$　　　　D.$0.25b$

3.(2020 年)工程图样中采用细单点长画线绘制的是(　　)。

A.尺寸线　　　　B.定位轴线　　　　C.可见轮廓线　　　　D.不可见轮廓线

4.(2023 年)折断线的线宽为(　　)。

A.$0.25b$　　　　C.$0.5b$　　　　B.$0.7b$　　　　D.b

二、判断选择题

1.(2020 年)根据《房屋建筑制图统一标准》(GB/T 50001—2017)的规定,粗、中粗、中、细图线的线宽分别为 b、$0.7b$、$0.5b$、$0.35b$。　　　　　　　　　　　　　　(　　)

A.正确　　　　　　　　　　　　B.错误

2.(2023 年)图线不得与文字、数字或符号重叠、混淆,不可避免时,应首先保证图线的清晰。　　　　　　　　　　　　　　　　　　　　　　　　　　　　　　(　　)

A.正确　　　　　　　　　　　　B.错误

真题解析

一、单项选择题

1.选 A,本题主要考核图线的交接画法。B 选项中虚线为实线的延长线时,不得与实线相接,应采用虚线的间隙相接;C 选项虚线与虚线交接或虚线与其他图线交接时,应采用线段交接;D 选项点画线与点画线交接或点画线与其他图线交接时,应采用线段交接。

2.选 D,本题主要考核线宽组及基本线宽。粗线∶中粗线∶中线∶细线=b∶$0.7b$∶$0.5b$∶$0.25b$,当粗线线宽是 b 时,细线的线宽为 $0.25b$。

3.选 B,本题主要考核线型的规格及用途。工程图样中采用细单点长画线绘制的是定位轴线。

4.选 A,本题主要考核线型的规格及用途。折断线和波浪线只有细线 $0.25b$。

二、判断选择题

1.选 B,本题主要考核线宽组及基本线宽。粗线∶中粗线∶中线∶细线=b∶$0.7b$∶$0.5b$∶$0.25b$。

2.选 B,本题主要考核图线的交接画法。图线不得与文字、数字或符号重叠、混淆,不可避免时,应首先保证文字的清晰。

2.4 字体

字体是文字的风格样式,又称书体。图纸上所需书写的文字、数字或符号等,均应笔画清晰、字体端正、排列整齐;标点符号应清楚正确。

文字的字高,应从表 2.5 中选用。字高大于 10 mm 的文字宜采用 True type 字体,如需书写更大的字,其高度应按 $\sqrt{2}$ 的倍数递增。

表 2.5 文字字高

单位:mm

字体种类	中文矢量字体	True type 字体及非汉字矢量字体
字高	3.5、5、7、10、14、20	3、4、6、8、10、14、20

图样及说明中的汉字,宜优先采用 True type 字体中的宋体字型,采用矢量字体时应为长仿宋体字型,宽高比宜为 0.7,且应符合表 2.6 的规定。同一图纸字体种类不应超过两种。

表 2.6 长仿宋体字高宽关系

单位:mm

字高	20	14	10	7	5	3.5
字宽	14	10	7	5	3.5	2.5

汉字书写示例:

横平竖直注意起落结构均匀填满
方格机械制图轴旋转技术要求键

图样及说明中的字母、数字,宜优先采用 True type 字体中的 Roman 字型,字高不应小于 2.5 mm。

字母及数字可以根据需要写成正体和斜体两种。数量的数值注写,应采用正体阿拉伯数字,单位符号应采用正体字母;当需写成斜体字时,其斜度应是从字的底线逆时针向上倾斜 75°,斜体字的高度和宽度应与相应的直体字相等。

字母书写示例:

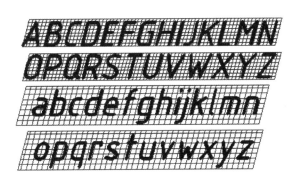

数字书写示例:

🗂 备考锦囊

字体的规范使用对于图纸的规范性和可读性至关重要。在备考时,应重点掌握这些基本规则,并能够在实际的图纸中正确应用。关于字体的考点通常会涉及以下几个方面:

(1)常用字体及其应用:长仿宋体适用于中文标注,罗马体(Roman)适用于数字、字母标注。

(2)长仿宋体字高与字宽:字高就是文字的字号,长仿宋体的常用字高有 3.5 mm、5 mm、7 mm、10 mm、14 mm、20 mm 等规格,宽高比为 0.7。

(3)字母及数字字高:字母和数字通常使用斜体或正体,以区分于中文字体,并保持图纸的国际化和标准化。

同学们可通过对比不同字体在图纸上的效果,加深对字体规范的理解,定期复习字体规范的知识点,避免遗忘。

🗂 真题自测

一、单项选择题

1.(2019 年)不属于图纸中常用字高的是(　　)。

　　A.5　　　　　　　　B.7　　　　　　　　C.12　　　　　　　　D.10

2.(2020 年)下列属于工程制图中常用字体的是(　　)。

　　A.隶书　　　　　　B.黑体　　　　　　C.长仿宋体　　　　　D.楷体

二、判断选择题

1.(2022 年)字母与数字的字高不应小于 3.5 mm。　　　　　　　　　　　　　　(　　)

　　A.正确　　　　　　　　　　　　　　B.错误

2.(2022年)长仿宋体字高为 14 mm 时,字宽为 10 mm。　　　　　　　　　（　　）

　　A. 正确　　　　　　　　　　　　　　B. 错误

 **真题解析**

一、单项选择题

1.选 C,本题主要考核制图常用字体与字高。根据表 2.5,12 mm 不属于图纸中常用字高。

2.选 C,本题主要考核制图常用字体。工程制图中常用的字体是长仿宋体。

二、判断选择题

1.选 B,本题主要考核字母与数字的字高。字母与数字的字高不应小于 2.5 mm。

2.选 A,本题主要考核长仿宋体字高与字宽。长仿宋字体的宽高比为 0.7,所以当长仿宋体字高为 14 mm 时,字宽为 10 mm。

2.5　比例

2.5.1　比例的概念

　　当实物与图幅尺寸相差太大时,需要按比例缩小或放大绘制在图纸上。图样的比例应为图形与实物相应要素的线性尺寸之比。如某建筑平面图的比例为 1∶100,表示图样上的 1 mm 代表实际工程中的 100 mm。

2.5.2　比例的注写要求

　　比例分为放大比例、原值比例和缩小比例。比值大于 1 的为放大比例,如 2∶1、10∶1、100∶1 等;比值等于 1 时为原值比例,即 1∶1;比值小于 1 的为缩小比例,如 1∶2、1∶10、1∶100 等。在建筑制图中,一般采用缩小比例。比例的注写要求见表 2.7。

表 2.7　比例的注写

比例注写要求	注写示例
比例宜注写在图名的右侧,字的基准线应取平;比例的字高宜比图名的字高小一号或二号,图名的下画线用粗实线绘制,比例注写在粗实线以外	一层平面图　1∶100
使用详图符号作为图名时,符号下不加下画线	 ③　1∶20
当一张图纸上的各图只有一种比例时,可以把比例写在图纸的标题栏内	一层平面图　比　例　1∶100　图　例　建施 01　制　图

2.5.3　常用绘图比例

绘图所用的比例应根据图样的用途与被绘对象的复杂程度,从表 2.8 中选用,并优先采用表中的常用比例。

表 2.8　绘图所用的比例

常用比例	1：1,1：2,1：5,1：10,1：20,1：30,1：50,1：100,1：150,1：200,1：500,1：1000,1：2000
可用比例	1：3,1：4,1：6,1：15,1：25,1：40,1：60,1：80,1：250,1：300,1：400,1：600,1：5000,1：10000、 1：20000,1：50000,1：100000,1：200000

通常情况下,建筑平面图、立面图和剖面图常选用的比例为 1：100,也可用 1：50、1：150、1：200、1：300;建筑总平面图常选用的比例为 1：300、1：500、1：1000、1：2000等;建筑详图需要用较大的比例将建筑细部或构配件的形状、大小、材料和做法表示出来,因此一般选用 1：50 及以上的比例。

一般情况下,一个图样应选用一种比例。根据专业制图需要,同一图样可选用两种比例。特殊情况下也可自选比例,这时除应注出绘图比例外,还应在适当位置绘制出相应的比例尺。需要缩微的图纸应绘制比例尺。

🎬 备考锦囊

比例在制图和设计领域是一个非常重要的概念。它影响着图纸的准确性和信息的传达。关于比例的考点通常会涉及以下几个方面:

(1)比例的概念:比例是指图形和实物相应要素的线性尺寸之比。比例确保图纸上的信息能够准确反映实际物体的大小,是图纸可读性和准确性的基础。

(2)不同类型比例的应用:①放大比例:用于将实际尺寸放大到图纸上,便于观察和施工;②缩小比例:用于将实际尺寸缩小到图纸上,适用于大型物体或结构;③原值比例:指图纸上的比例与实际物体尺寸完全一致,通常用于精密工程或模型制作。

(3)比例的注写:不同情况下图名及比例的注写要求。

(4)比例的选用:比例的选择应根据图纸的目的和细节要求来确定,不同的项目和对象可能需要不同的比例。

同学们可以分析具体的工程图纸案例,通过比较总平面图、平面图、建筑详图等不同比例的图纸,理解比例的实际应用和选择,通过不断的练习来加强记忆和应用。

🎬 真题自测

一、单项选择题

1.(2019 年)下列比例属于放大比例的是(　　　　)。

　　A.1：100　　　　　　　B.1：50　　　　　　　C.1：20　　　　　　　D.10：1

2.(2020 年)无论采用何种比例作图,图样上标注的尺寸均为形体的(　　　　)。

　　A.绘图尺寸　　　　　B.实际尺寸　　　　　C.缩小尺寸　　　　　D.放大尺寸

二、判断选择题

1.(2018 年)图样中的尺寸应按物体实际的尺寸数值注写,与选择的比例无关。 （ ）

   A. 正确   B. 错误

2.(2019 年)图样的比例应为实物与图形相对应的线性尺寸之比。 （ ）

   A. 正确   B. 错误

3.(2019 年)图样比例宜注写在图名右侧,且图名与比例的字高应相同。 （ ）

   A. 正确   B. 错误

4.(2019 年)比例为 1∶100 的图样放大一倍后的比例为 1∶50。 （ ）

   A. 正确   B. 错误

5.(2020 年)由于房屋体型大,所以房屋施工图一般采用放大比例绘制。 （ ）

   A. 正确   B. 错误

6.(2020 年)比例 1∶10 缩小一半后的比例为 1∶20。 （ ）

   A. 正确   B. 错误

7.(2023 年)详图所用比例通常比建筑平面图的比例小。 （ ）

   A. 正确   B. 错误

📖 真题解析

一、单项选择题

1.选 D,本题主要考核放大比例。比值大于 1 的为放大比例,比值等于 1 的为原值比例,比值小于 1 的为缩小比例,只有 D 选项的比例比值大于 1。

2.选 B,本题主要考核比例的注写。

二、判断选择题

1.选 A,本题主要考核比例的注写。图样中的尺寸应按物体实际的尺寸数值注,与选择的比例无关。

2.选 B,本题主要考核比例的概念。图样中的比例应为图形与实物相应要素之比。

3.选 B,本题主要考核比例的注写。比例宜注写在图名的右侧,字的基准线应取平;比例的字高宜比图名的字高小一号或二号。

4.选 A,本题主要考核比例的概念。1∶100 的比例放大一倍,1∶100 乘以 2 等于 1∶50。

5.选 B,本题主要考核放大比例、缩小比例。由于房屋体型大,所以房屋施工图一般采用缩小比例绘制。

6.选 A,本题主要考核比例的概念。1∶10 的比例缩小一半,1∶10 除以 2 等于 1∶20。

7.选 B,本题主要考核比例的概念。详图所用比例一般为 1∶50 及以上,通常比建筑平面图的比例大。

2.6 尺寸标注

2.6.1 尺寸标注的组成

   图样上的尺寸,应包括尺寸界线、尺寸线、尺寸起止符号和尺寸数字四要素(图 2.2),其注写要求如表2.9所示。

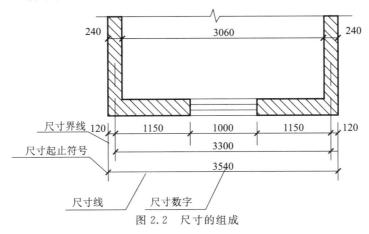

图 2.2　尺寸的组成

表 2.9　尺寸标注的组成

要素名称	采用线型		注写要求	图示
尺寸界线	细实线		1.应与被注长度垂直; 2.其一端应离开图样轮廓线不小于 2 mm,另一端宜超出尺寸线 2～3 mm; 3.图样轮廓线可用作尺寸界线	
尺寸线	细实线		1.应与被注长度平行; 2.两端宜以尺寸界线为边界,也可超出尺寸界线 2～3 mm; 3.图样本身的任何图线均不得用作尺寸线	
尺寸起止符号	线性标注	中粗斜短线	1.倾斜方向应与尺寸界线成顺时针 45°角; 2.长度宜为 2～3 mm	
	半径、直径、角度与弧长	箭头	箭头宽度不宜小于 1 mm	
	轴测图	小圆点	小圆点直径 1 mm	

要素名称	采用线型	注写要求	图示
尺寸数字		1.图样上的尺寸,应以尺寸数字为准,不应从图上直接量取; 2.标注的尺寸为物体的实际尺寸,与绘图时选用的比例无关; 3.图样上的尺寸单位,除标高及总平面以米为单位外,其他必须以毫米为单位; 4.尺寸数字应依据其方向注写在靠近尺寸线的上方中部; 5.尺寸数字的方向,应按右图(a)的规定注写;若尺寸数字在30°斜线区内,也可按右图(b)的形式注写。水平尺寸的数字字头向上;铅垂尺寸的数字字头朝左;倾斜尺寸的数字字头应有朝上的趋势	

2.6.2 尺寸的排列与布置

尺寸宜标注在图样轮以外,不宜与图线、文字及符号等相交,不可避免时,应将尺寸数字处的图线断开以保证文字的清晰,如图 2.3 所示。

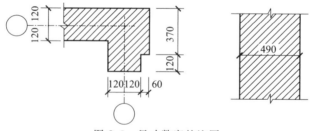

图 2.3 尺寸数字的注写

互相平行的尺寸线,应从被注写的图样轮线由近向远整齐排列,较小尺寸应离轮廓线较近,较大尺寸应离轮廓线较远。图样轮廓线以外的尺寸线,距图样最外轮廓之间的距离不宜小于 10 mm。平行排列的尺寸线的间距宜为 7~10 mm,并应保持一致,如图 2.4 所示。

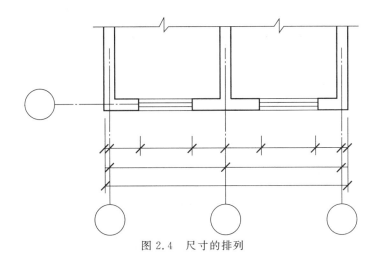

图 2.4　尺寸的排列

2.6.3　尺寸标注的注写

图样上的尺寸标注的注写如表 2.10 所示。

表 2.10　尺寸标注的注写

标注内容	标注方法	标注要求
半径		半径的尺寸线应一端从圆心开始，另一端画箭头指向圆弧。半径数字前应加注半径符号"R"
较小圆弧的半径		较小圆弧半径的标注时，尺寸线一端从圆心开始或延长线过圆心，另一端画箭头指向圆弧
较大圆弧的半径		较大圆弧半径的标注时，尺寸线一端画箭头指向圆弧，尺寸线中间可采用折断符号

标注内容	标注方法	标注要求
圆的直径	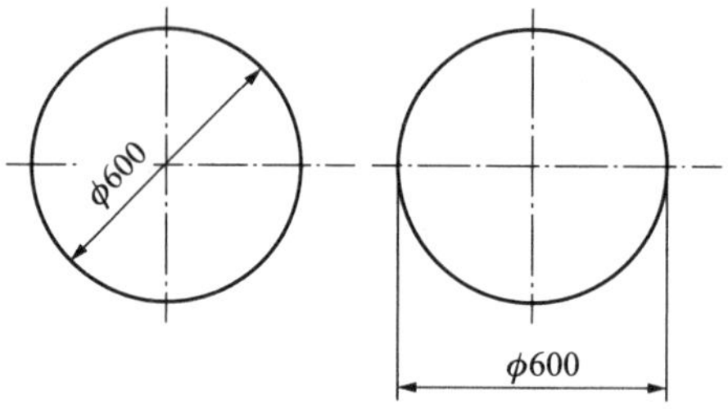 $\phi600$ $\phi600$	标注圆的直径尺寸时,直径数字前应加直径符号"ϕ",在圆内标注的尺寸线应通过圆心,两端画箭头指至圆弧
较小圆的直径	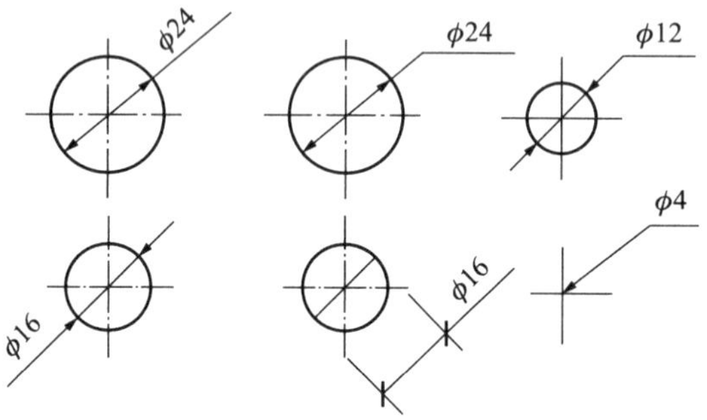 $\phi24$ $\phi24$ $\phi12$ $\phi16$ $\phi16$ $\phi4$	较小圆的直径尺寸,可标注在圆外
球的半径和直径	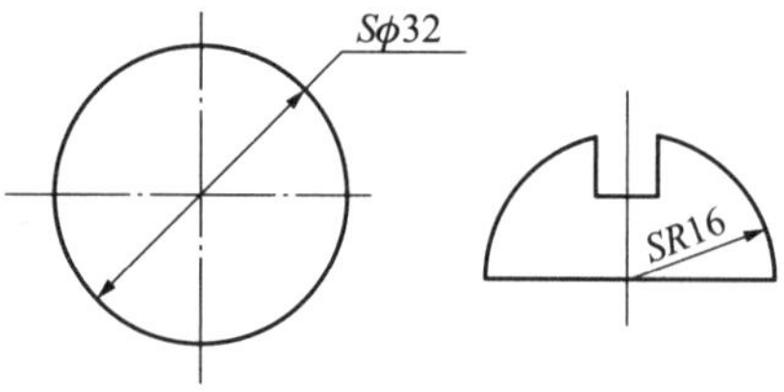 $S\phi32$ $SR16$	标注球的半径尺寸时,应在尺寸前加注符号"SR"。标注球的直径尺寸时,应在尺寸数字前加注符号"$S\phi$"。注写方法与圆弧半径和圆直径的尺寸标注方法相同
角度	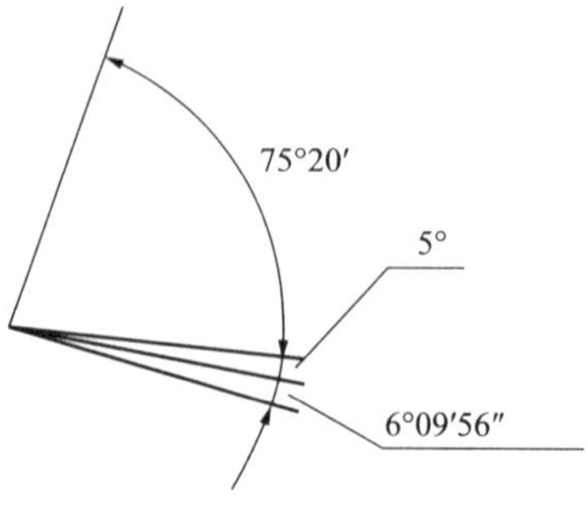 $75°20'$ $5°$ $6°09'56''$	角度的尺寸线应以圆弧表示。该圆弧的圆心应是该角的顶点,角的两条边为尺寸界线。起止符号应以箭头表示,如没有足够的位置画箭头,可用圆点代替,角度数字应沿尺寸线方向注写

标注内容	标注方法	标注要求
弧长	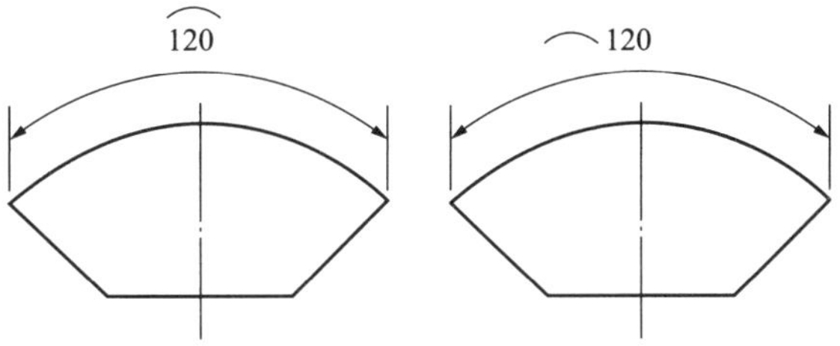	标注圆弧的弧长时,尺寸线应以与该圆弧同心的圆弧线表示,起止符号用箭头表示,弧长数字上方或前方应加注圆弧符号"⌒"
弦长	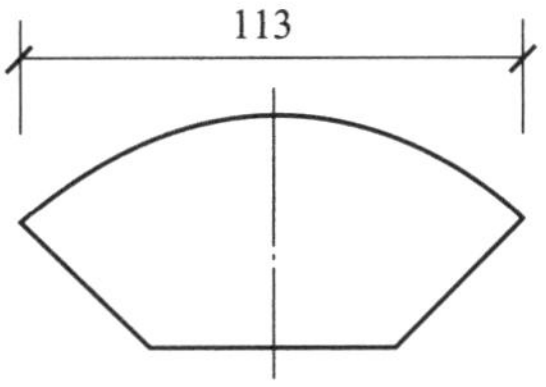	标注圆弧的弦长时,尺寸线应以平行于该弦的直线表示,尺寸界线应垂直于该弦,起止符号用中粗斜短线表示
坡度	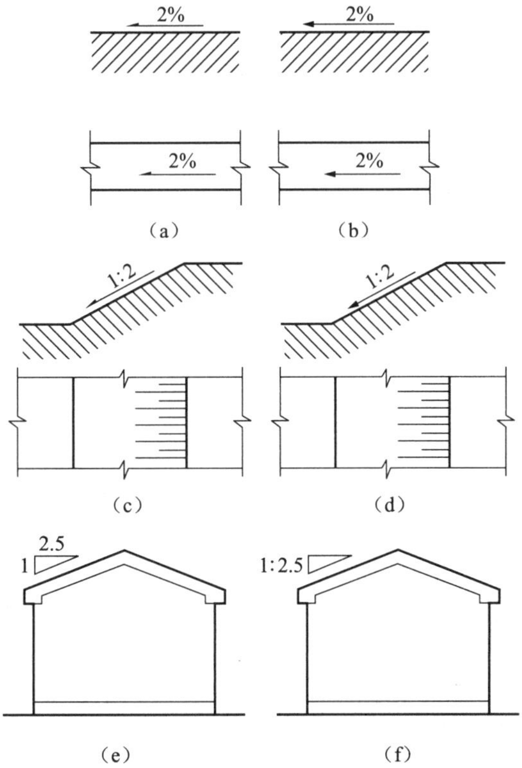	标注坡度时,应加注坡度符号"←"或"⟵",箭头应指向下坡方向。坡度也可用直角三角形的形式标注

续表

标注内容	标注方法	标注要求
薄板厚度	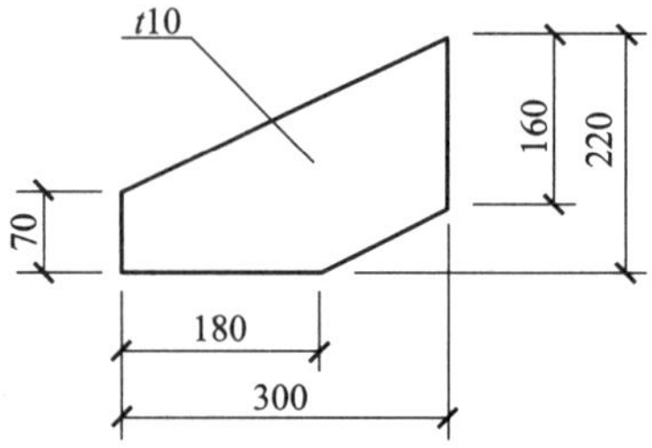	在薄板板面标注板厚尺寸时,应在厚度数字前加厚度符号"t"
正方形	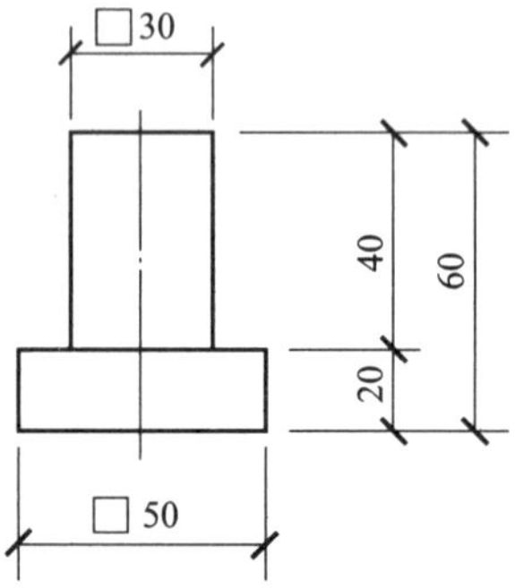	标注正方形的尺寸,可用"边长×边长"的形式,也可在边长数字前加正方形符号"□"
非圆曲线构件	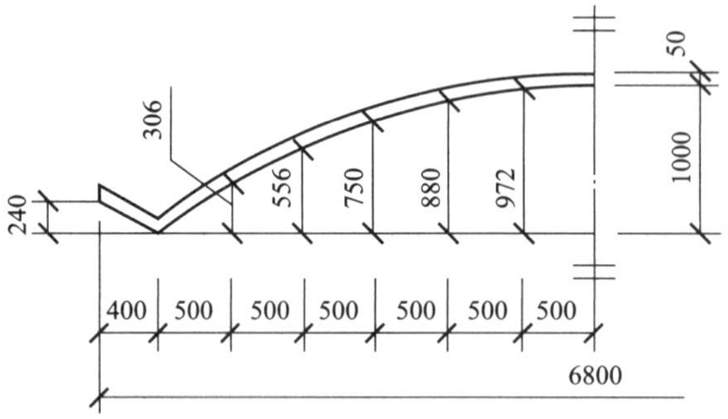	外形为非圆曲线的构件,可用坐标形式标注尺寸
复杂图形	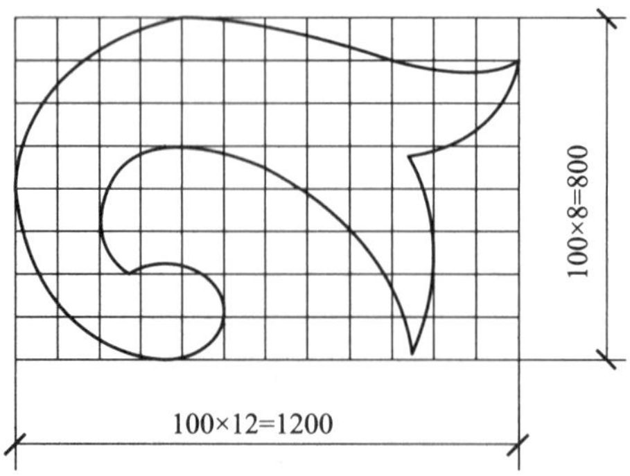	复杂的图形,可用网格形式标注尺寸

标注内容	标注方法	标注要求
杆件或管线	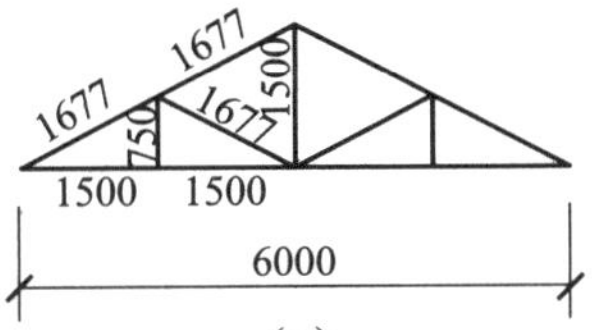 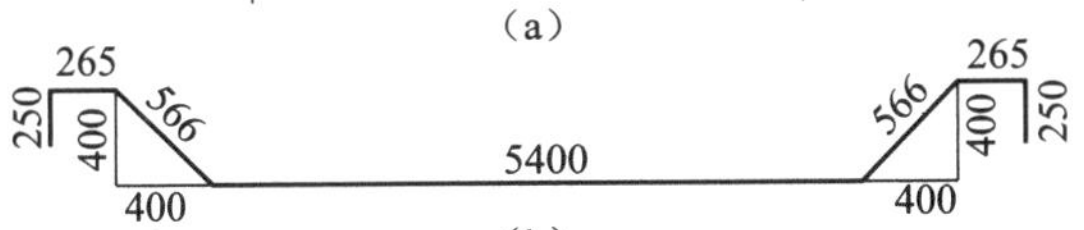	在单线图（桁架简图、钢筋简图、管线简图）上，可直接将尺寸数字沿杆件或管线的一侧注写
连续排列的等长尺寸	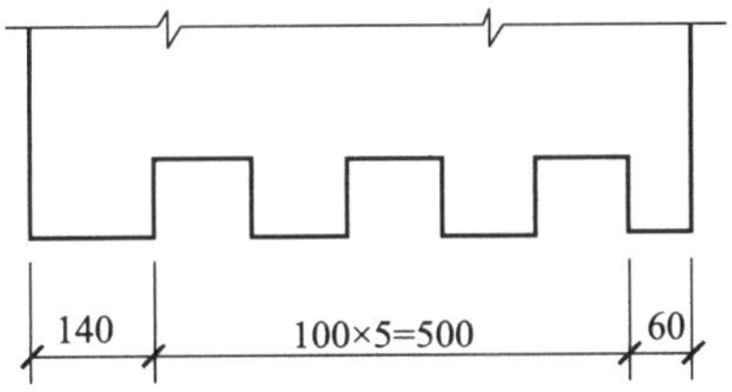 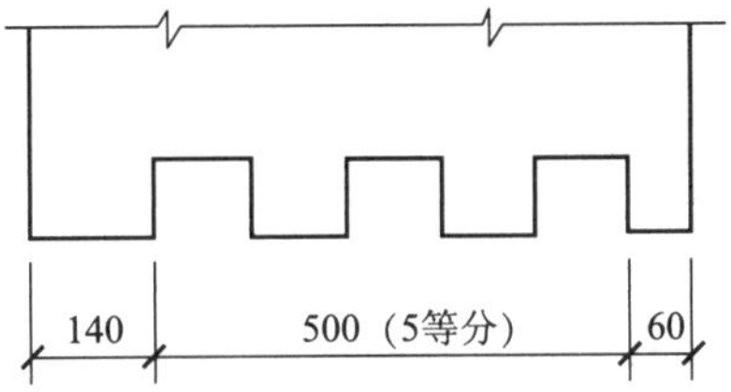	连续排列的等长尺寸，可用"等长尺寸×个数＝总长"或"总长（等分个数）"的形式标注
相同要素尺寸	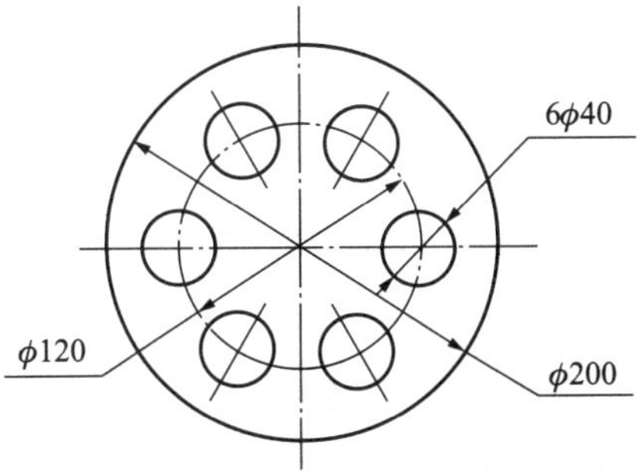	构配件内的构造要素（如孔、槽等）如相同，可仅标注其中一个要素的尺寸

标注内容	标注方法	标注要求
对称构件	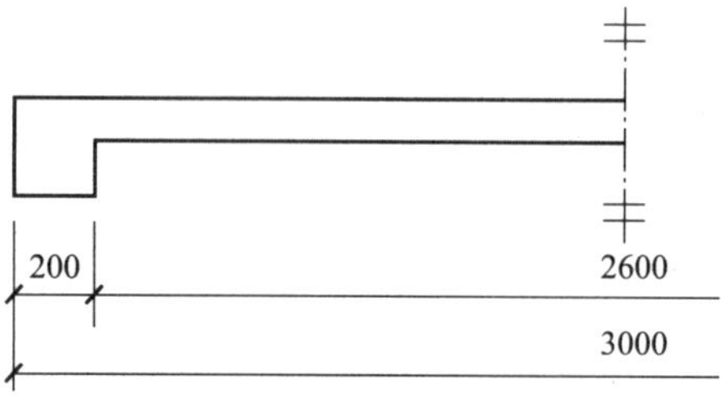	对称构配件采用对称省略画法时,该对称构配件的尺寸线应略超过对称符号,仅在尺寸线的一端画尺寸起止符号,尺寸数字应按整体全尺寸注写,其注写位置宜与对称符号对齐
相似构件	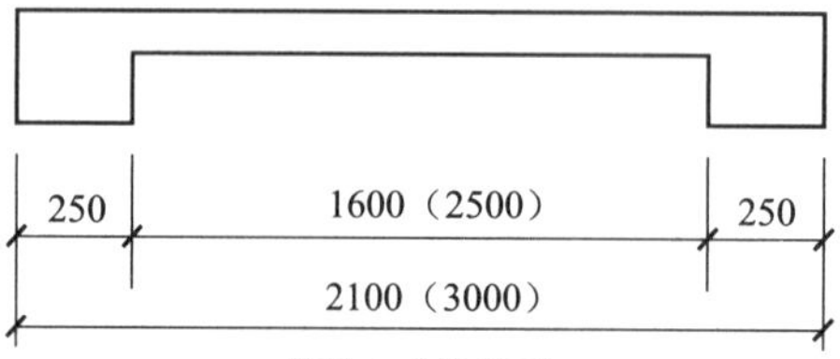 构件A(构件B) 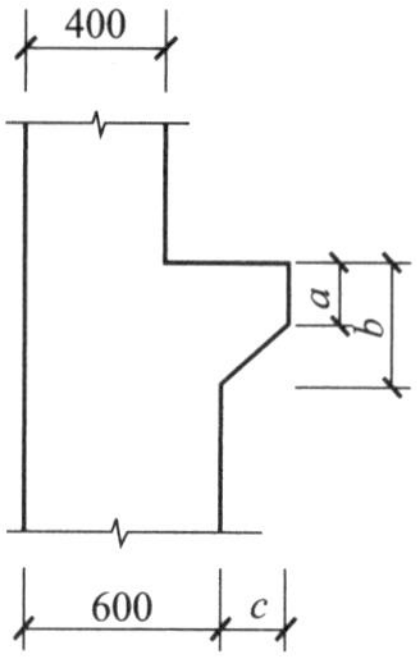 	两个构配件如个别尺寸数字不同,可在同一图样中将其中一个构配件的不同尺寸数字注写在括号内,该构配件的名称也应注写在相应的括号内。 数个构配件如仅某些尺寸不同,这些有变化的尺寸数字,可用拉丁字母注写在同一图样中,另列表格写明其具体尺寸

构件表:

构件编号	a	b	c
Z-1	200	200	200
Z-2	250	450	200
Z-3	200	450	250

🔧 知识拓展

工程图纸中有定位尺寸和定形尺寸两种基本的尺寸类型。定位尺寸在工程图纸中指的是用来标记构件所在的具体位置的尺寸,如在建筑施工图中标注门窗安装的位置使用定位尺寸。定形尺寸也称为定量尺寸,是用来说明工程结构中某一形状的具体大小的尺寸,如门窗大样中标注门窗的具体尺寸使用定形尺寸。

🔧 备考锦囊

尺寸标注在工程图纸中扮演着至关重要的角色,确保了设计的精确性和施工的可行性。关于尺寸标注的考点通常会涉及以下几个方面:

(1)尺寸的四个要素及其相关规范要求:尺寸线、尺寸界线、尺寸起止符号、尺寸数字。

(2)尺寸标注的方法:遵循线型尺寸、半径和直径、角度尺寸等相关规定。

(3)尺寸的排列与布置:尺寸标注应清晰、不重叠,应遵循逻辑顺序,大尺寸在外、小尺寸在内，尺寸标注应避免过于集中，平行排列的尺寸线的间距宜为 7～10 mm。

(4)不同情况下尺寸标注的注写要求:对于常见的尺寸,应遵循行业标准和规范,确保尺寸的一致性和可比性。对于非标准或特殊的尺寸,应详细说明,确保没有歧义。

在备考过程中,同学们要将理论知识与实际图纸相结合,分析具体的工程图纸案例,理解尺寸标注的实际应用,通过实践加深理解,通过不断的练习来加强记忆和应用。

真题自测

一、单项选择题

1.(2019 年)完整的图样尺寸标注应包括( )。
　①尺寸线　　②尺寸界线　　③尺寸数字　　④尺寸起止符号
　A.①②　　　　　　B.③④　　　　　　C.①②③　　　　　　D.①②③④

2.(2019 年)下列关于尺寸标注方法的表述,正确的是( )。
　A.轮廓线可作为尺寸线　　　　　　B.尺寸起止符号与尺寸线成 75°角
　C.中心线可作为尺寸线　　　　　　D.尺寸起止符号用中粗斜短线绘制

3.(2019 年)表示球体半径的符号为( )。
　A.R　　　　　　B.ϕ　　　　　　C.SR　　　　　　D.$S\phi$

4.(2019 年)墙体的厚度为 370 mm,按 1∶100 比例绘制后,其尺寸标注为( )。
　A.3.7　　　　　　B.37　　　　　　C.370　　　　　　D.3700

5.(2020 年)右图为直径 30 mm 的圆,其尺寸标注错误之处为( )。
　A.尺寸线倾斜绘制
　B.尺寸起止符号为箭头
　C.尺寸数字前未加注"ϕ"
　D.尺寸界线采用图样轮廓线

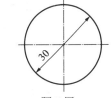

题 5 图

6.下列坡度表示错误的是( )。

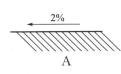
A

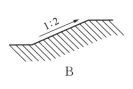
B

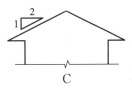
C

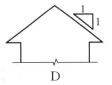
D

二、判断选择题

1.(2019 年)图样轮廓线可以作为尺寸界线。　　　　　　　　　　　　　　( )
　A.正确　　　　　　　　　　　　　　B.错误

2.(2020 年)尺寸标注"$R150$"表示圆的半径是 150 mm。　　　　　　　　( )
　A.正确　　　　　　　　　　　　　　B.错误

真题解析

一、单项选择题

1.选 D,本题主要考核尺寸的四个要素。图样上的尺寸应包括尺寸线、尺寸界线、尺寸起止符号和尺寸数字四要素。

2. 选 D,本题主要考核尺寸标注方法。图样本身的任何图线均不得用作尺寸线,因此 A、C 选项是错误的,B 选项中尺寸起止符号与尺寸线应成 45°角。

3. 选 C,本题考核球的尺寸标注。表示球的半径应为"SR",直径为"$S\phi$"。

4. 选 C,本题考核尺寸数字的注写。标注的尺寸为物体的实际尺寸,与绘图时选用的比例无关,题干中墙体的厚度为 370 mm,因此尺寸标注数字为 370。

5. 选 C,本题考核圆的标注。圆标注直径时应该在直径前添加"ϕ"符号。

6. 选 B,本题考核坡度的标注。标注坡度时,应加注坡度符号"←"或"⌐",箭头应指向下坡方向,B 选项箭头指向上坡方向。

二、判断选择题

1. 选 A,本题主要考核尺寸界线。图样轮廓线可以作为尺寸界线,但不能作为尺寸线。

2. 选 A,本题考核圆的标注。

2.7 材料图例

2.7.1 材料图例的绘制规定

建筑材料图例是建筑设计图中用于表示各种建筑材料的符号和标记,其尺寸和比例应根据图样大小而定,并应符合以下规定:

(1)图例线应间隔均匀、疏密适度,做到图例正确、表示清楚。

(2)不同品种的同类材料使用同一图例时,应在图上附加必要的说明。

(3)两个相同的图例相接时,图例线宜错开或使倾斜方向相反(图 2.5)。

(4)两个相邻的填黑或灰的图例间应留有空隙,其净宽度不得小于 0.5 mm(图 2.6)。

(5)当一张图纸内的图样只采用一种图例或图形较小无法绘制表达建筑材料图例时,可不绘制图例,但应增加文字说明。

(6)需画出的建筑材料图例面积过大时,可在断面轮廓线内,沿轮廓线作局部表示(图 2.7)。

(7)当选用标准中未包括的建筑材料时,可自编图例,但不得与本标准所列的图例重复。绘制时,应在适当位置画出该材料图例,并加以说明。

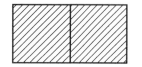

图 2.5 相同图例相接时的画法　　　　　　图 2.6 相邻涂黑图例的画法

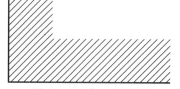

图 2.7 局部表示图例

2.7.2 常用的建筑材料图例

常用的建筑材料图例按表 2.11 所示画法绘制。

表 2.11 常用的建筑材料图例

序号	名称	图例	备注
1	自然土壤		包括各种自然土壤
2	夯实土壤	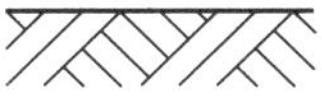	—
3	砂、灰土	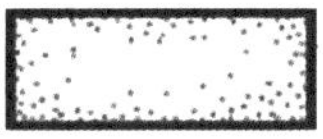	—
4	砂砾石、碎砖三合土	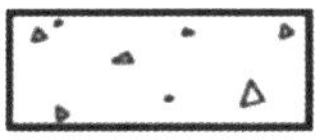	—
5	石材	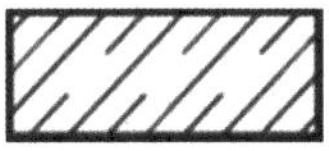	—
6	毛石	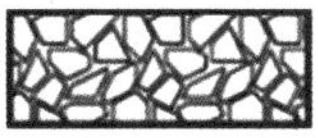	—
7	实心砖、多孔砖	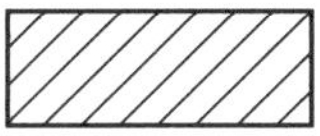	包括普通砖、多孔砖、混凝土砖等砌体
8	耐火砖		包括耐酸砖等砌体
9	空心砖、空心砌块		包括空心砖、普通或轻骨料混凝土小型空心砌块等砌体
10	加气混凝土	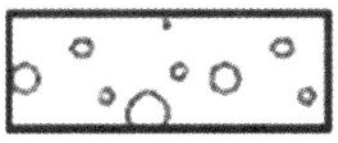	包括加气混凝土砌块砌体、加气混凝土墙板及加气混凝土材料制品等
11	饰面砖		包括铺地砖、玻璃马赛克、陶瓷锦砖、人造大理石等
12	焦渣、矿渣	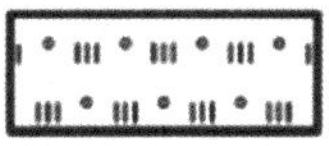	包括与水泥、石灰等混合而成的材料

续表

序号	名称	图例	备注
13	混凝土	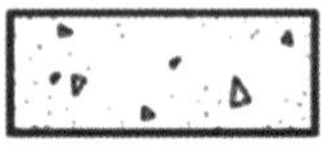	1.包括各种强度等级、骨料、添加剂的混凝土; 2.在剖面图上绘制表达钢筋时,则不需绘制图例线;
14	钢筋混凝土		3.断面图形较小,不易绘制表达图例线时,可填黑或深灰(灰度宜70%)
15	多孔材料	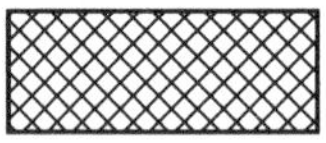	包括水泥珍珠岩、沥青珍珠岩、泡沫混凝土、软木、蛭石制品等
16	纤维材料	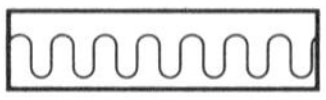	包括矿棉、岩棉、玻璃棉、麻丝、木丝板、纤维板等
17	泡沫塑料材料	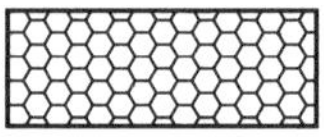	包括聚苯乙烯、聚乙烯、聚氨酯等多聚合物类材料
18	木材		1.上图为横断面,上左图为垫木、木砖或木龙骨; 2.下图为纵断面
19	胶合板		应注明为"×层胶合板"
20	石膏板	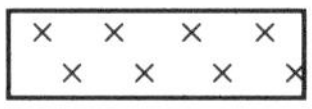	包括圆孔或方孔石膏板、防水石膏板、硅钙板、防火石膏板等
21	金属	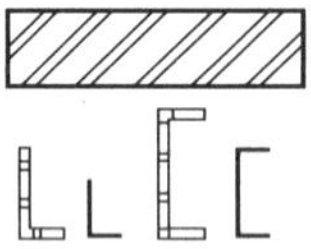	1.包括各种金属; 2.图形较小时,可填黑或深灰(灰度宜70%)
22	网状材料		1.包括金属、塑料网状材料; 2.应注明具体材料名称
23	液体	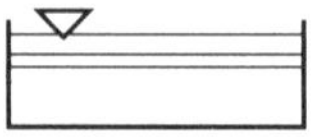	应注明具体液体名称
24	玻璃		包括平板玻璃、磨砂玻璃、夹丝玻璃、钢化玻璃、中空玻璃、夹层玻璃、镀膜玻璃等

续表

序号	名称	图例	备注
25	橡胶	 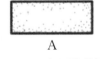	—
26	塑料		包括各种软、硬塑料及有机玻璃等
27	防水材料		构造层次多或绘制比例大时,采用上面的图例
28	粉刷		本图例采用较稀的点

注:①本表中所列图例通常在 1:50 及以上比例的详图中绘制表达。

②如需表达砖、砌块等砌体墙的承重情况,可通过在原有建筑材料图例上增加填灰等方式进行区分,灰度宜为 25% 左右。

③序号 1、2、5、7、8、14、15、21 图例中的斜线、短斜线、交叉线等均为 45°。

备考锦囊

掌握建筑材料图例的基本规则对于确保图纸的规范性和可读性至关重要。关于建筑图例的考点通常会涉及以下几个方面:

(1)图例绘制的注意事项:图例线间隔、品种区分、相同图例相接、涂黑图例间隔、特殊情况下的文字说明、局部表示、自编图例等规定。

(2)常用的建筑图例:常考的有混凝土、钢筋混凝土、自然土壤、夯实土壤、石材、金属、耐火砖、空心砖、毛石等。

同学们在记忆材料图例时,要理解每种图例代表的实际材料及其用途,这样记忆起来更加直观和容易。也可以采用分类记忆法,将图例按照材料类型、用途或者形状进行分类,可以帮助你更有条理地记忆。同时要反复练习绘制和识别图例,通过不断的重复来加深记忆。

真题自测

一、单项选择题

1.(2019 年)表示混凝土材料的图例是(　　　)。

| 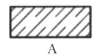 | 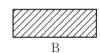 | | 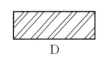 |

A 　　　　　　　B 　　　　　　　C 　　　　　　　D

2.(2020 年)下列材料图例表示钢筋混凝土的是(　　　)。

A　　　　　　　B　　　　　　　C　　　　　　　D

3.(2022 年)常用的建筑图例   表示(　　　)。

A.空心砖　　　　　B.实心砖　　　　　C.饰面砖　　　　　D.耐火砖

4.(2023 年)根据《房屋建筑制图统一标准》(GB/T 50001—2017),图例 ▨ 表示
(　　　)。

A.混凝土　　　　　B.钢筋混凝土　　　　C.加气混凝土　　　D.泡沫混凝土

二、判断选择题

1.(2020 年)建筑材料图例 ▨ 表示天然石材。　　　　　　　　　　　　　(　　　)

A.正确　　　　　　　　　　　　　　　B.错误

2.(2022 年)用 1∶20 比例绘制墙身构造详图时,不画墙身材料图例。　　　(　　　)

A.正确　　　　　　　　　　　　　　　B.错误

三、连线题

(2018 年)将建筑材料图例和对应的图例名称用直线相连。

▨		钢筋混凝土
▨		石材
▨		砂、灰土
▨		金属

🔧 **真题解析**

一、单项选择题

1.选 B,本题主要考核常用建筑图例。

2.选 C,本题主要考核常用建筑图例。

3.选 A,本题主要考核常用建筑图例。

4.选 D,本题主要考核常用建筑图例。

二、判断选择题

1.选 B,本题主要考核常用建筑图例。该图例表示金属材料。

2.选 B,本题主要考核图例绘制的注意事项。通常在 1∶50 及以上比例的详图中,需要绘制
图例。

三、连线题

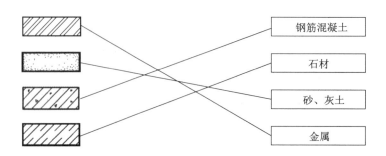

专项提升

一、单项选择题

1. 制图标准中规定 A1 图幅大小是 A3 图幅大小的(　　　)。

　A. 2 倍　　　　　　　B. 4 倍　　　　　　　C. 8 倍　　　　　　　D. 1/2

2. 下列关于图纸幅面尺寸的等式,正确的是(　　　)。

　A. 1 张 A2 幅面图纸＝2 张 A1 幅面图纸　　B. 1 张 A3 幅面图纸＝2 张 A4 幅面图纸

　C. 2 张 A3 幅面图纸＝1 张 A1 幅面图纸　　D. 2 张 A0 幅面图纸＝1 张 A1 幅面图纸

3. 选 A2 图纸的 a 和 c 分别为(　　　)。

　A. 10、25　　　　　　B. 25、10　　　　　　C. 10、5　　　　　　D. 25、5

4. 横式幅面的图纸,其会签栏一般画在(　　　)。

　A. 图纸左上角及图框线内　　　　　　　　B. 图纸右下角及图框线内

　C. 图纸左上角及图框线外　　　　　　　　D. 图纸右上角及图框线外

5. 图纸以短边作为水平边应为(　　　)。

　A. 横式幅面　　　　　B. 水平幅面　　　　　C. 垂直幅面　　　　　D. 立式幅面

6. 国家制图标准规定,A2 图纸汉字高度不宜小于(　　　)。

　A. 2.5 mm　　　　　　B. 3.5 mm　　　　　　C. 3.5 cm　　　　　　D. 2.5 cm

7. 当粗实线的线宽 b＝0.7 mm 时,同一线宽组的细实线线宽为(　　　)mm。

　A. 0.5　　　　　　　　B. 0.35　　　　　　　C. 0.25　　　　　　　D. 0.18

8. 粗线、中线和细线的宽度比为(　　　)。

　A. 3:2:1　　　　　　B. 4:2:1　　　　　　C. 1:0.75:0.25　　D. 1:0.5:0.35

9. 在土建工程图中,采用细实线来表示的包括(　　　)。

　A. 可见轮廓线　　　　B. 剖到轮廓线　　　　C. 尺寸线　　　　　　D. 轴线

10. 圆的中心线一般用(　　　)表示。

　A. 实线　　　　　　　B. 虚线　　　　　　　C. 单点长画线　　　　D. 折断线

11. 10 号长仿宋字体的宽度为(　　　)mm。

　A. 5　　　　　　　　　B. 10　　　　　　　　C. 14　　　　　　　　D. 7

12. 尺寸线为竖向时,其尺寸数字的字头应当朝向(　　　)。

　A. 上　　　　　　　　B. 下　　　　　　　　C. 左　　　　　　　　D. 右

13. 图样轮廓线以外的尺寸线与图样最外轮廓线的间距不宜小于(　　　)mm。

　A. 5　　　　　　　　　B. 10　　　　　　　　C. 15　　　　　　　　D. 20

14. 在线性尺寸中的尺寸数字 500 代表(　　　)。

　A. 物体的实际尺寸是 500 mm　　　　　　　B. 图上线段的长度是 500 mm

　C. 物体的实际尺寸是 500 m　　　　　　　 D. 图上线段的长度是 500 m

15. 物体长度标注的尺寸为 4000,其比例为 1:5,量得图上的线段长为 798 mm,则物体的

　　实际长度为(　　　)mm。

　A. 20000　　　　　　B. 4000　　　　　　　C. 3990　　　　　　　D. 798

16.某构件用放大一倍的比例绘图,在图名右侧注写比例项处应填写(　　)。

A.1/2　　　　　　B.1：2　　　　　　C.2/1　　　　　　D.2：1

17.分别用下列比例画同一物体,画出图形最大的比例是(　　)。

A.1：10　　　　　B.1：20　　　　　C.10：1　　　　　D.20：1

18.面积为 4 cm² 的正方形,按1：2的比例画出的图形面积为(　　)cm²。

A.1　　　　　　　B.2　　　　　　　C.3　　　　　　　D.4

19.若采用1：5的比例绘制一个直径为 40 mm 的圆,其绘图半径应标注为(　　)。

A.ϕ8　　　　　B.$S\phi$8　　　　　C.R4　　　　　D.SR4

20.下列关于线性尺寸标注说法正确的是(　　)。

A.图样本身的图线可以作为尺寸线　　　　B.尺寸起止符号与尺寸线成30°角

C.中心线可作为尺寸线　　　　　　　　　D.尺寸起止符号用中粗斜短线绘制

21.下列叙述错误的是(　　)。

A.图形的轮廓线可作为尺寸界线　　　　　B.图形的轴线可作为尺寸界线

C.图形的剖面线可作为尺寸界线　　　　　D.图形的对称中心线可作为尺寸界线

22.尺寸线用来表示(　　)。

A.所注尺寸　　　　　　　　　　　　　　B.所注尺寸的方向和范围

C.尺寸的起止　　　　　　　　　　　　　D.尺寸的大小

23.在制图规定中,尺寸起止符号必须采用箭头的是(　　)。

A.弦长　　　　　　B.半径　　　　　　C.角度　　　　　　D.以上都是

24.图纸中的数字和字母,如需写成斜体字,其斜度应是从字底线(　　)。

A.逆时针向上倾斜45°　　　　　　　　　B.顺时针向上倾斜45°

C.逆时针向上倾斜75°　　　　　　　　　D.顺时针向上倾斜75°

25.工程图样采用不同比例绘制时,其内容保持不变的是(　　)。

A.图样大小　　　　B.线宽　　　　　　C.材料图例　　　　D.尺寸数字

26.下图中尺寸标注正确的是(　　)。

A

B

C

D

27.互相平行的图例线,其净间距或线中间隙不宜小于(　　)mm。

    A.0.2　　　　　　　B.0.5　　　　　　　C.0.7　　　　　　　D.1.0

28.坡度 1∶3 的含义是(　　)。

    A.水平方向尺寸与坡长度的比值　　　　B.斜坡高度与水平方向尺寸比值

    C.斜坡高度与坡长度的比值　　　　　　D.水平方向尺寸与斜坡高度比值

29.直线 *AB* 的坡度为 1∶2,两点的高差为 3,则水平距离为(　　)。

    A.2/3　　　　　　　B.2　　　　　　　C.3　　　　　　　D.6

30.标注较小圆弧的半径时,下列标注方式错误的是(　　)。

          A　　　　　　　　　　　　　　　　　B

          C　　　　　　　　　　　　　　　　　D

二、判断选择题

1.A2 图纸的长边刚好是 A1 图纸短边的两倍大。　　　　　　　　　　　　(　　)

    A. 正确　　　　　　　　　　　　　　B. 错误

2.用一张 A0 的图纸,能够裁成 8 张 A3 的图纸。　　　　　　　　　　　(　　)

    A. 正确　　　　　　　　　　　　　　B. 错误

3.图纸的短边不应加长,A0～A4 幅面长边尺寸可以加长。　　　　　　　(　　)

    A. 正确　　　　　　　　　　　　　　B. 错误

4.图纸以短边作为垂直边应为横式,以短边作为水平边应为立式。A0～A3 图纸宜横式使用;必要时,也可立式使用。　　　　　　　　　　　　　　　　　　　　(　　)

    A. 正确　　　　　　　　　　　　　　B. 错误

5.图纸的装订边均在图纸的左侧。　　　　　　　　　　　　　　　　　(　　)

    A. 正确　　　　　　　　　　　　　　B. 错误

6.图纸中应有标题栏、会签栏、图框线、幅面线、装订边线和对中标志。　(　　)

    A. 正确　　　　　　　　　　　　　　B. 错误

7.涉外工程的标题栏内,各项主要内容的中文上方应附有译文,设计单位的上方或左方,应加“中华人民共和国”字样。　　　　　　　　　　　　　　　　　　　　(　　)

    A. 正确　　　　　　　　　　　　　　B. 错误

8.图线的基本线宽 *b*,宜按照图纸比例及图纸性质从 1.0 mm、0.7 mm、0.5 mm 线宽系列中选取。　　　　　　　　　　　　　　　　　　　　　　　　　　　(　　)

    A. 正确　　　　　　　　　　　　　　B. 错误

9. 需要缩微的图纸,宜采用 0.13 mm 的线宽。 （   ）

    A. 正确   B. 错误

10. 同一张图纸内,各不同线宽中的细线,可统一采用较粗的线宽组的细线。 （   ）

    A. 正确   B. 错误

11. 折断线和波浪线均可表示断开界线,只有细线线宽。 （   ）

    A. 正确   B. 错误

12. 建筑物的真实大小应以图样上所注尺寸数值为依据,与图形的大小及绘图的比例无关。

                                                                       （   ）

    A. 正确   B. 错误

13. 比例 1:5 小于比例 1:10。 （   ）

    A. 正确   B. 错误

14. 某图纸选用 7 号长仿宋体,该字体宽度应为 7 mm。 （   ）

    A. 正确   B. 错误

15. 图样中尺寸以 mm 为单位时,一般不需标注其计量单位符号,若采用其他计量单位时必须标明。 （   ）

    A. 正确   B. 错误

16. 单点长画线在较小图形中绘制有困难时,可用虚线代替。 （   ）

    A. 正确   B. 错误

17. 标注圆弧的弦长时,起止符号宜用箭头符号表示。 （   ）

    A. 正确   B. 错误

18. 点画线与点画线交接或点画线与其他图线交接时,应采用线段交接。 （   ）

    A. 正确   B. 错误

19. 同一图纸字体种类不应超过三种。 （   ）

    A. 正确   B. 错误

20. 建筑图例通常在 1:50 及以上比例的详图中绘制表达。 （   ）

    A. 正确   B. 错误

21. 房屋建筑制图标准规定,粗实线一般用于可见轮廓线。 （   ）

    A. 正确   B. 错误

22. 尺寸起止符号为尺寸线沿顺时针方向旋转 45°角、长度为 2～3 mm 的中粗短线。 （   ）

    A. 正确   B. 错误

23. 当比例注写在图名的右侧时,图名和比例的字高应该一样。 （   ）

    A. 正确   B. 错误

24. 国家标准规定,字体的号数,即字体的高度,单位为 mm。 （   ）

    A. 正确   B. 错误

25. 图纸中的数字和字母,如需写成斜体字,其斜度应是从字的底线顺时针向上倾斜 75°。

                                                                        （   ）

    A. 正确   B. 错误

三、连线题

1.请将下列建筑材料名称与正确的图例连接。

| 砂、灰土 |
| 砂砾石、碎砖三合土 |
| 石材 |
| 实心砖、多孔砖 |
| 混凝土 |
| 钢筋混凝土 |
| 多孔材料 |
| 夯实土壤 |
| 自然土壤 |

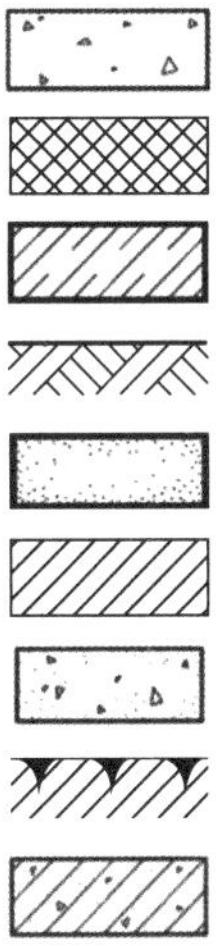

2.请为下列图线选择正确的线型线宽。

主要可见轮廓线		细实线
尺寸起止符号线		虚线
可见轮廓线		折断线
不可见轮廓线		细双点长画线
断开界线		中实线
尺寸界线		细单点长画线
假想轮廓线		中粗实线
轴线		粗实线

3.请为下列尺寸标注选择正确的尺寸起止符号。

| 箭头 | 45°中粗短斜线 | 小圆点 |

| 长度标注 | 半径标注 | 轴测图标注 | 大角度标注 | 弦长标注 | 球的直径标注 |

第 3 章　几何制图

🪓 **考试大纲**

考纲要求	考查题型	分值预测
1.正确绘制直线的平行线和垂直线绘制； 2.直线段的等分和绘制坡度； 3.正多边形的绘制。	作图题	5～10 分

🪓 **知识框架**

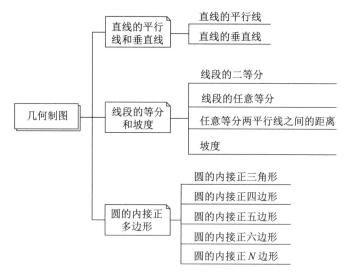

🪓 **核心知识**

3.1　直线的平行线和垂直线

过已知点作已知直线的平行线和垂直线的作图方法和步骤见表 3.1。

表 3.1　作已知直线的平行线和垂直线

名称	作图方法与步骤
作已知直线的平行线	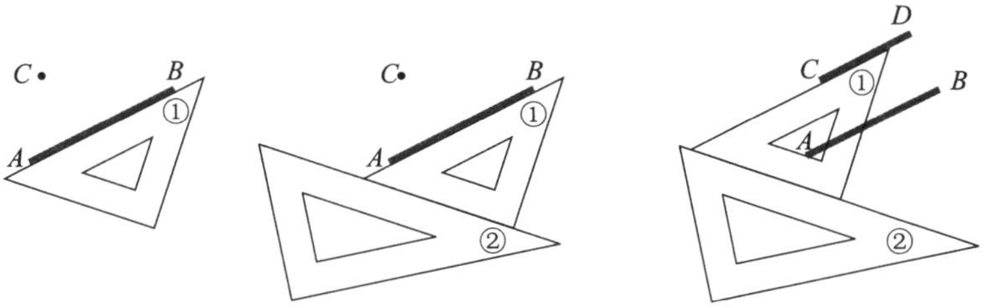 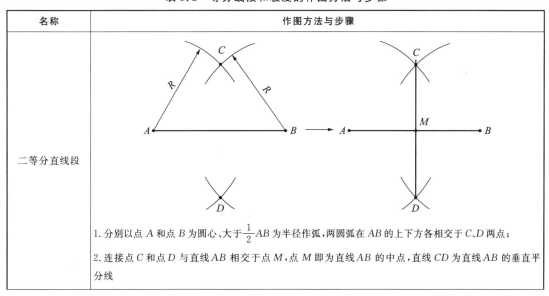 1.将三角板①的一条边平行于 *AB*; 2.将三角板②紧贴三角板①的另一边; 3.按住三角板②,平推三角板①,使平行于直线 *AB* 的边过 *C* 点,作直线 *CD*,即 *AB*//*CD*
作已知直线的垂直线	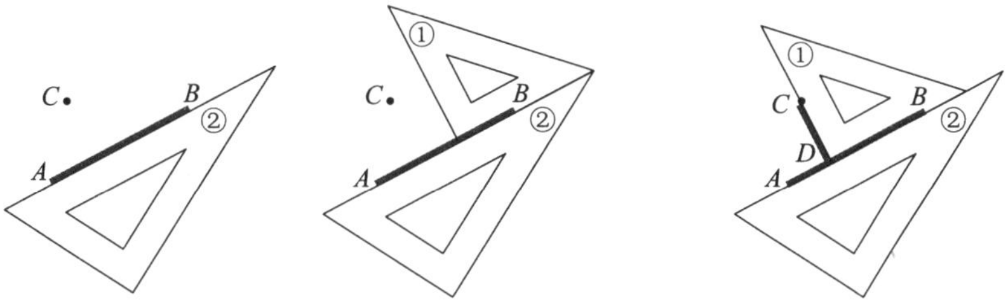 1.将三角板②的边平行于直线 *AB*; 2.将三角板①的一直角边紧贴三角板②; 3.平推三角板①,沿三角板②另一直角边过点 *C*,作直线 *CD*,即 *AB*⊥*CD*

3.2　线段的等分和坡度

线段的任意等分及坡度的作图方法与步骤见表 3.2。

表 3.2　等分线段和坡度的作图方法与步骤

名称	作图方法与步骤
二等分直线段	1.分别以点 *A* 和点 *B* 为圆心,大于 $\frac{1}{2}AB$ 为半径作圆弧,两圆弧在 *AB* 的上下方各相交于 *C*、*D* 两点; 2.连接点 *C* 和点 *D* 与直线 *AB* 相交于点 *M*,点 *M* 即为直线 *AB* 的中点,直线 *CD* 为直线 *AB* 的垂直平分线

名称	作图方法与步骤
任意等分直线段 (以五等分为例)	 1. 过端点 A,作任一直线 AC; 2. 用分规在直线 AC 上取 5 段等长线段,分别标注 1、2、3、4、5 点; 3. 连接点 5 和另一端点 B,分别过点 1、2、3、4 作直线 5B 的平行线,与直线 AB 交于点 1′、2′、3′、4′,即为直线 AB 的五等分点
任意等分两平行线间的距离 (以五等分为例)	 1. 将三角板上的 0 点对准直线 CD 上任一点,并使刻度 5 落在直线 AB 上,得点 1、2、3、4; 2. 过点 1、2、3、4 分别作直线 AB、CD 的平行线,即求得五等分两平行线的距离
坡度 (以 1:5 为例)	 1. 过点 A 在直线 AB 上取长度为 l 的五等分点,得点 1′、2′、3′、4′; 2. 以点 B 为圆心,l 为半径过点 4′作大于 $\frac{1}{4}$ 圆的圆弧; 3. 过点 B 作直线 AB 的垂线与圆弧相交于点 D,连接 AD 即为所求坡度

备考锦囊

线段的任意等分在历年学业水平考试中主要考核绘图题,涉及考点主要涉及以下几个方面:

(1)线段的任意等分:用细实线绘制辅助线,对辅助线进行等分,然后再端点连接端点画线,用两个三角板绘制平行线,画图时注意标注等分点。

(2)坡度的绘制:先等分线段,用圆规绘制圆弧时要注意过等分点和垂直点,绘制完成后,要注意标注坡度,箭头指向下坡方向。

(3)两平行线之间距离的任意等分:平分距离通常需要作辅助线,利用刻度尺在辅助线上截取等分点,再通过等分点作平行线即可确定等分的间距。

作图类题目时应注意审题,按照题目要求的工具和方法作答。另外,当题目要求"体现作图过程"或"保留作图痕迹"等时,作图过程中的图线应用细实线绘制,并不得擦除;按题目要求完成的图线应加深以示区别。

真题自测

作图题

1.(2020 年)用平行线法将所示直线 AB 三等分,并标注等分点 1、2(保留作图痕迹)。(8 分)

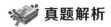

2.(2022 年)将图所示,AB、CD 两平行线间距离五等分,并标注等分点(保留作图痕迹)。

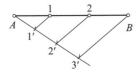

真题解析

作图题

1.本题主要考核线段的三等分的画法。评分细则:

（1）过 A 点作任意射线,在射线上截取三段相等的长度;(3 分)

（2）连接 $3'B$,分别过 $1'$、$2'$ 作 $3'B$ 平行线交 AB 于 1、2 点;(3 分)

（3）标出等分点。(2 分)

2.本题主要考核平行线之间距离的等分。使直尺上的刻度 0 刚好在 CD 线上,转动直尺,使直尺上的刻度 5 恰好落在 AB 线上,标出等分点 1、2、3、4;过点 1、2、3、4 分别作已知直线段 AB 或 CD 的平行线,即为等分距。

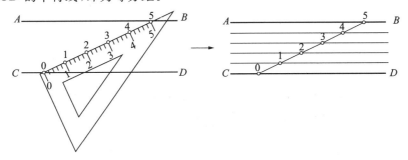

3.3 圆的内接正多边形

圆内接正多边形的作图方法与步骤见表 3.3。

表 3.3　圆内接正多边形的作图方法与步骤

名称	作图方法与步骤
圆内接正三角形	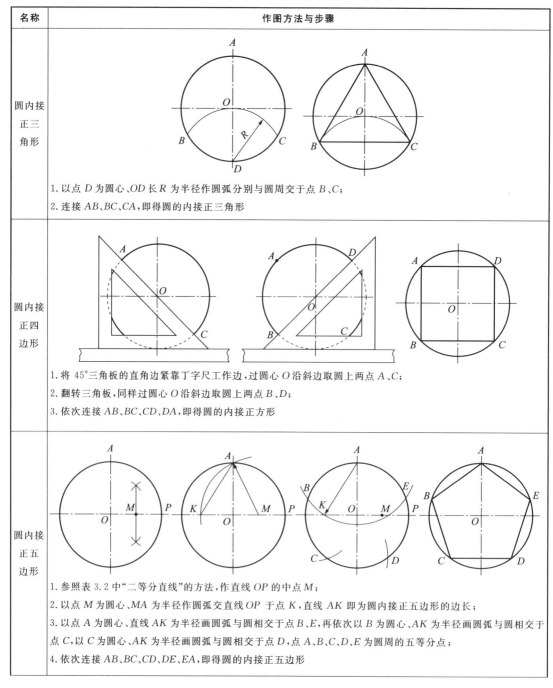 1.以点 D 为圆心、OD 长 R 为半径作圆弧分别与圆周交于点 B、C; 2.连接 AB、BC、CA,即得圆的内接正三角形
圆内接正四边形	1.将 45°三角板的直角边紧靠丁字尺工作边,过圆心 O 沿斜边取圆上两点 A、C; 2.翻转三角板,同样过圆心 O 沿斜边取圆上两点 B、D; 3.依次连接 AB、BC、CD、DA,即得圆的内接正方形
圆内接正五边形	1.参照表 3.2 中"二等分直线"的方法,作直线 OP 的中点 M; 2.以点 M 为圆心、MA 为半径作圆弧交直线 OP 于点 K,直线 AK 即为圆内接正五边形的边长; 3.以点 A 为圆心、直线 AK 为半径画圆弧与圆相交于点 B、E,再依次以 B 为圆心、AK 为半径画圆弧与圆相交于点 C,以 C 为圆心、AK 为半径画圆弧与圆相交于点 D,点 A、B、C、D、E 为圆周的五等分点; 4.依次连接 AB、BC、CD、DE、EA,即得圆的内接正五边形

续表

名称	作图方法与步骤
圆内接正六边形	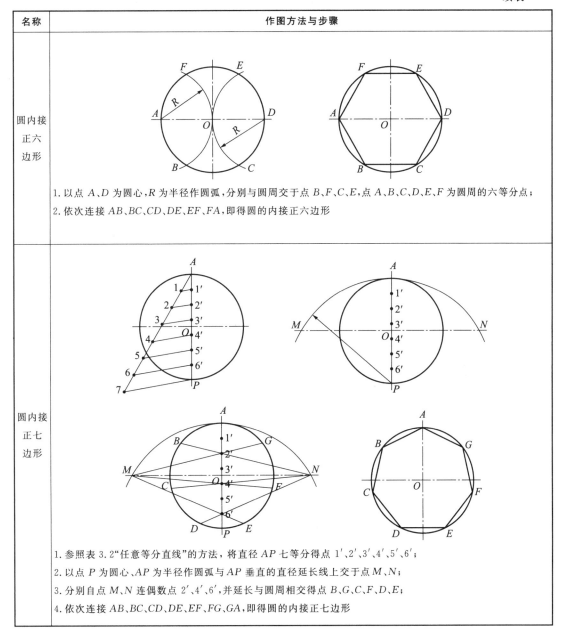 1.以点 A、D 为圆心,R 为半径作圆弧,分别与圆周交于点 B、F、C、E,点 A、B、C、D、E、F 为圆周的六等分点; 2.依次连接 AB、BC、CD、DE、EF、FA,即得圆的内接正六边形
圆内接正七边形	1.参照表 3.2"任意等分直线"的方法,将直径 AP 七等分得点 1'、2'、3'、4'、5'、6'; 2.以点 P 为圆心、AP 为半径作圆弧与 AP 垂直的直径延长线上交于点 M、N; 3.分别自点 M、N 连偶数点 2'、4'、6',并延长与圆周相交得点 B、G、C、F、D、E; 4.依次连接 AB、BC、CD、DE、EF、FG、GA,即得圆的内接正七边形

备考锦囊

圆的内接多边形在历年学业水平考试中主要考核绘图题,涉及考点主要涉及以下几个方面:

(1)圆的内接三角形、六边形:采用圆规以圆周上的点为原点,以圆的半径为半径绘制圆弧,圆弧和圆周上的交点为三角形或六边形的顶点。

(2)圆的内接四边形和八边形:过已知点作圆的直径,再绘制直径的垂直线,连接直径与圆周的交点即为内接四边形的顶点;绘制内接八边形,在圆的内接四边形的基础上再绘制。

　　(3)圆的内接五边形:作图方法较为复杂,同学们一定要牢记绘图步骤。

　　本章要求熟练掌握绘制几何作图方法,提高绘图速度和绘图精确度,建议同学们在深入理解各种制图工具特性的基础上,结合平面几何的理论知识,系统总结并归纳不同几何图形的绘制原理、方法及步骤。同时,日常复习中鼓励大家思考并探索除了课堂上教授的作图方法,是否还存在其他创新性的方法,以此培养自己举一反三、灵活应对各种常见几何作图任务的能力。

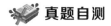 **真题自测**

作图题

1.(2019年)如图所示,作圆的内接正方形 $ABCD$。注意:要标注"B、C、D"。

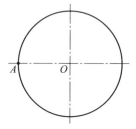

2.(2023年)如图所示,作圆的内接三角形 ABC(保留作图痕迹)。

　　要求:(1)采用尺规作图法绘制;(2)圆的内接三角形的一条边与给定的 y 轴平行。

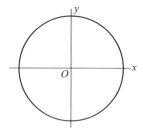

真题解析

作图题

1.本题主要考核圆的内接四边形的画法。用直尺过圆心 O 作任意两条相互垂直的直线,得4个交点 A、B、C、D;依次连接 AB、BC、CD、DA,即可得到圆的内接正四边形。

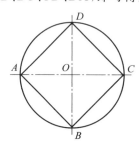

2.本题主要考核圆的内接三角形的画法。以 X 轴上的点 1 或点 2 为圆心、R 为半径,作弧得 B、C 两点;连接 AB、AC、BC 即可得圆心的内接三角形。

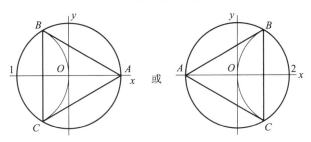

专项提升

作图题(请按要求作答并保留作图痕迹)

1.用尺规作图法,绘制与题图直线 AB 成 $1:5$ 的坡度。

A ——————————— B

2.已知直线的一个端点 A,请在直线标注另外一定 B,使得线段 $AB=40$ mm 并将线段 AB 六等分。

A ———————————————————

3.已知顶层楼梯平面图楼梯的起步线和平台线,楼层间共 20 个踏步,请用等分线段或等分两平行线间距离的方法完成楼梯踏步线。

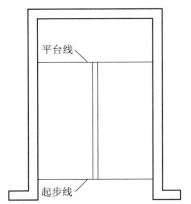

4.根据题图作圆内接正方形 ABCD(注意:要标注"B、C、D")。

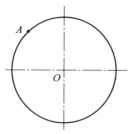

5.以下图 O 点为圆心,以 R＝25mm 画圆,作圆的内接正三角形 ABC,并进行标注。

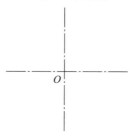

6.根据题图作圆内接正五边形 ABCDE。

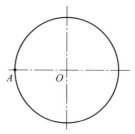

7.根据题图作圆的内接正六边形 ABCDEF。

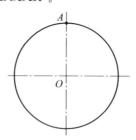

第4章 投影知识及应用

考试大纲

考纲要求	考查题型	分值预测
1. 理解投影的概念； 2. 了解投影的分类及工程制图上常用的投影法； 3. 理解正投影法的基本特征和三面投影图的形成原理； 4. 掌握三面投影图的投影关系； 5. 理解点、直线、平面的三面投影特征； 6. 理解点的坐标与点到投影面的距离关系，理解空间任意两点、两直线相对位置关系； 7. 掌握点、直线、平面的三面投影图的识读与绘制。	单项选择题 判断题 连线题 作图题	25～30分

知识框架

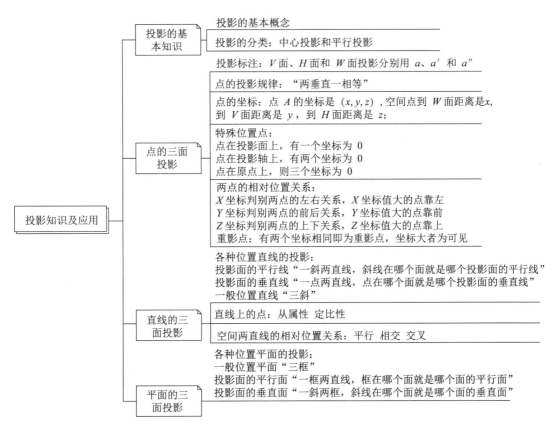

投影的基本知识
- 投影的基本概念
- 投影的分类：中心投影和平行投影

点的三面投影
- 投影标注：V 面、H 面和 W 面投影分别用 a、a' 和 a''
- 点的投影规律："两垂直一相等"
- 点的坐标：点 A 的坐标是 (x, y, z)，空间点到 W 面距离是 x，到 V 面距离是 y，到 H 面距离是 z；
- 特殊位置点：
点在投影面上，有一个坐标为 0
点在投影轴上，有两个坐标为 0
点在原点上，则三个坐标为 0
- 两点的相对位置关系：
X 坐标判别两点的左右关系，X 坐标值大的点靠左
Y 坐标判别两点的前后关系，Y 坐标值大的点靠前
Z 坐标判别两点的上下关系，Z 坐标值大的点靠上
重影点：有两个坐标相同即为重影点，坐标大者为可见

投影知识及应用

直线的三面投影
- 各种位置直线的投影：
投影面的平行线"一斜两直线，斜线在哪个面就是哪个投影面的平行线"
投影面的垂直线"一点两直线，点在哪个面就是哪个投影面的垂直线"
一般位置直线"三斜"
- 直线上的点：从属性 定比性
- 空间两直线的相对位置关系：平行 相交 交叉

平面的三面投影
- 各种位置平面的投影：
一般位置平面"三框"
投影面的平行面"一框两直线，框在哪个面就是哪个面的平行面"
投影面的垂直面"一斜两框，斜线在哪个面就是哪个面的垂直面"

 核心知识

4.1 投影的概念及分类

4.1.1 投影的概念

物体在光源的照射下会出现影子。投影的方法就是从这一自然现象抽象出来,并随着科学技术的发展而发展起来的(图 4.1)。用投影表示物体的形状和大小的方法称为投影法,用投影法画出的物体的图形称为投影。

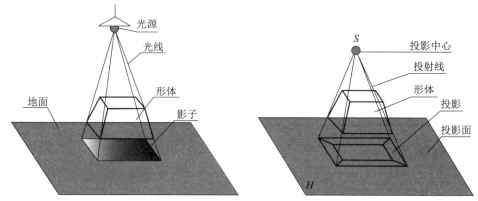

图 4.1 投影的形成

形成投影的三要素:

(1)投射线:投射线是连接形体上的点和投影面的直线。在不同的投影方法中,投射线的性质有所不同。投射线汇聚于一个点时,将这个点称为投射中心。

(2)形体:形体是指需要被投影的三维对象。这个形体可以是简单的几何体,也可以是复杂的机械零件或建筑形体。形体的几何特性决定了其在投影面上的表现形式。

(3)投影面:投影面是形体投影的目标平面,所有的投射线都会在这个平面上形成形体的二维图像。在工程制图中,常见的投影面包括正立投影图、水平投影图和侧立投影图等。

4.1.2 投影的分类

投影法可分为中心投影法和平行投影法两类,见表 4.1。

表 4.1 投影法

名称	图示	形成	特点
中心投影法		投射中心 S 距离投影面有限远时,所有投射线从一点(投射中心)射出	直观性好,但度量性差,不能准确表示形体的形状和大小

名称		图示	形成	特点
平行投影法	正投影法	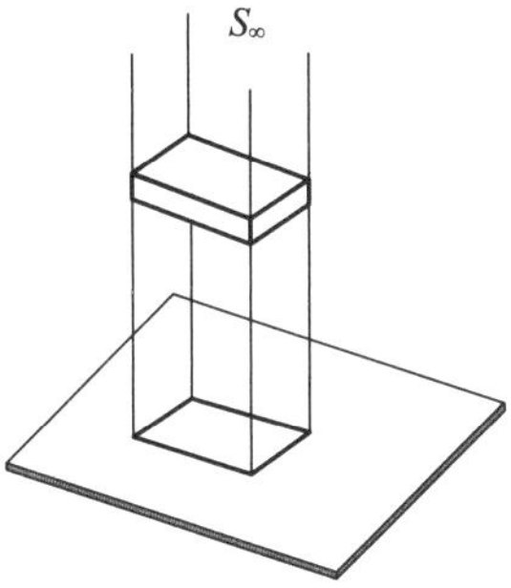	投射中心 S 距离投影面无限远时,所有投射线相互平行,且垂直于投影面	直观性较差,但度量性好,能反映形体的真实形状和大小
	斜投影法	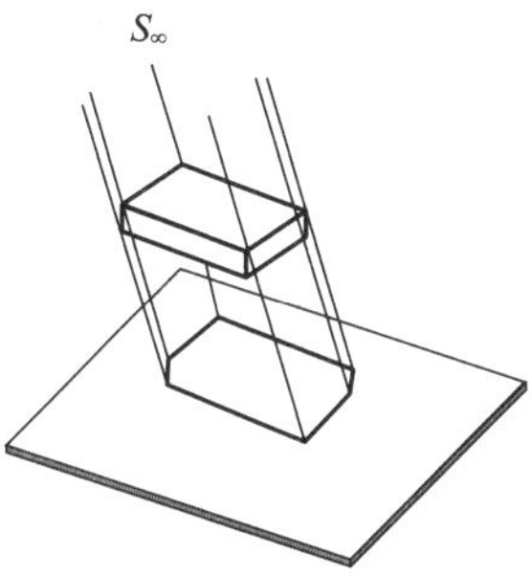	投射中心 S 距离投影面无限远时,所有投射线相互平行,且倾斜于投影面	直观性较差,且度量性差,不能反映形体的真实形状和大小

4.1.3 工程中常用的投影图

在建筑工程中,由于表达的目的和被表达的对象特性不同,往往采用不同的投影图,常用的投影图有以下四种,见表 4.2。

表 4.2 常见的投影图

名称	投影法	图示	特点	工程应用
透视图	中心投影法	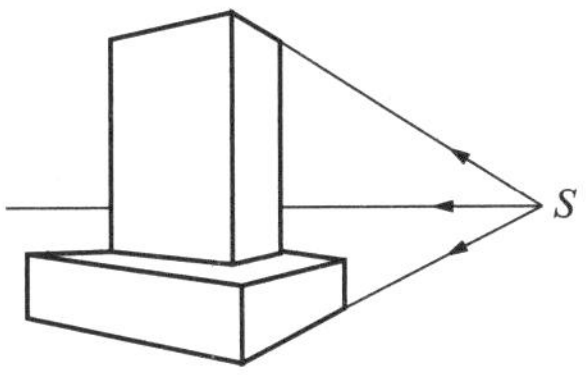	优点:直观性好,有立体感; 缺点:度量性差,绘图复杂	用于建筑物的效果表现图及工业产品的展示图
多面正投影图	正投影法	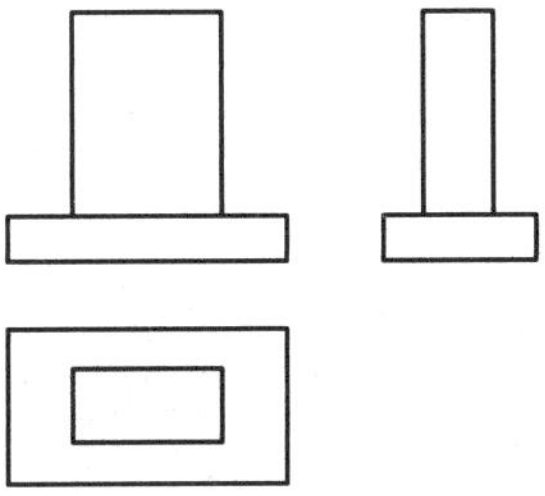	优点:度量性好,作图简单; 缺点:缺乏立体感,识图须具备专业知识	用于建筑施工图如平面图、立面图、剖面图等。是工程中使用最为广泛的图示方法

名称	投影法	图示	特点	工程应用
标高投影图	正投影法	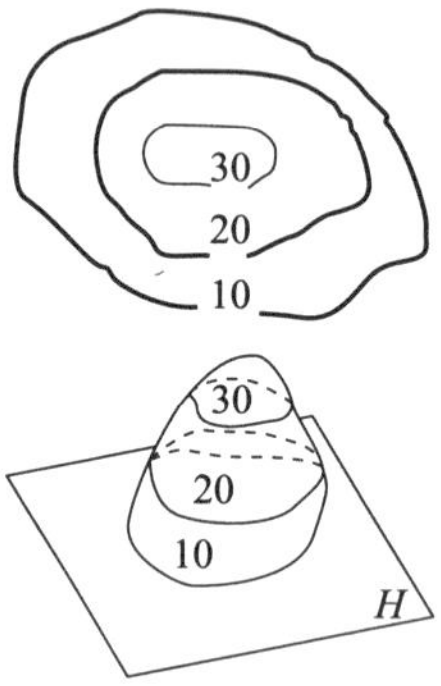	用间隔相等的水平面截切地形,作出其交线(即等高线)在水平面的正投影,并在其上标注出高程数字	在土建工程中常用来绘制地形图、建筑总平面图、道路等方面的平面布置图样
轴测投影图 · 正轴测投影	正投影法	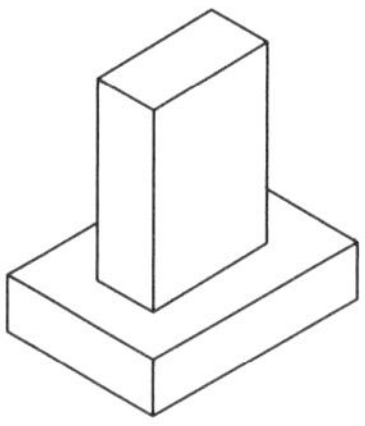	优点:直观性强,有立体感; 缺点:度量性差,表面形状失真,作图复杂	一般用于工程图的辅助图样
轴测投影图 · 斜轴测投影	斜投影法			

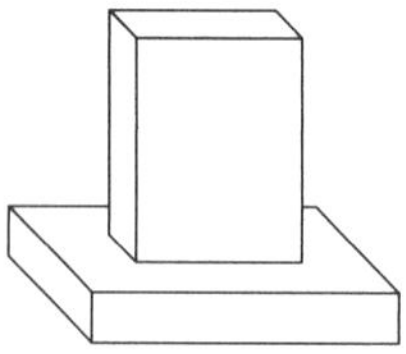

4.1.4 正投影的特性

正投影的特性见表 4.3。

表 4.3 正投影的特性

特性	内容	图示
真实性(又称全等性或实形性)	如果空间直线或平面平行于投影面,则其投影反映实长或实形	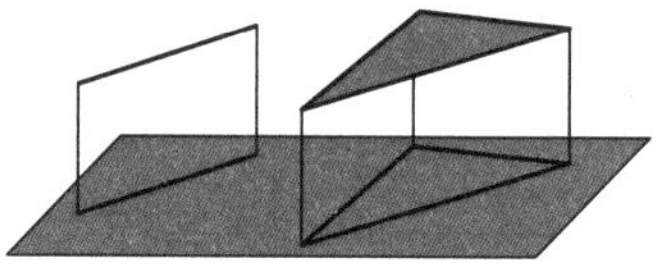

续表

特性	内容	图示
积聚性	如果空间直线或平面垂直于投影面,则其投影积聚成点或直线	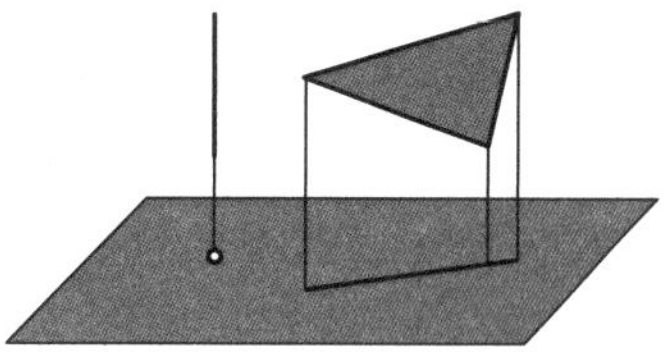
类似性(又称缩小性)	如果空间直线或平面倾斜于投影面,则直线的投影仍然是直线,平面的投影仍然是平面,但其投影小于实长或实形	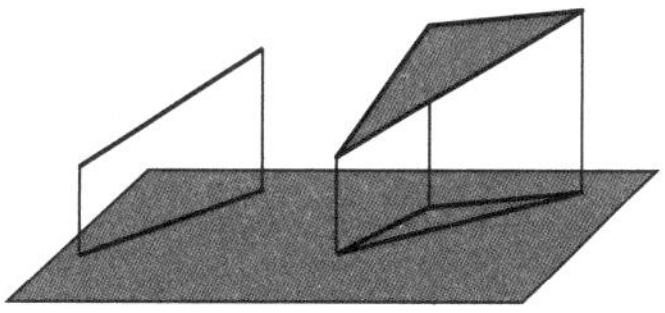

**知识拓展**

类似性和相似性的区别

在工程制图中,相似性和类似性是两个不同的概念,它们各自有特定的定义和应用。

相似性通常指的是两个图形在形状上的相似,但不一定在大小上相同。在工程制图中,相似性涉及到图形的比例关系,即两个图形的对应尺寸之间存在一个恒定的比例因子,这种比例关系使得图形在缩放后能够保持形状上的一致性。例如,两个相似的齿轮可能具有相同的齿形,但大小不同,它们就是相似的。

类似性在工程制图中通常指的是正投影的三个基本特性之一。当直线或平面图形倾斜于投影面时,它们的投影仍然是直线或平面图形,但可能不会反映其实际长度或形状。这些投影通常会与原物体相似,但尺寸和细节可能有所变化。类似性强调的是图形在投影过程中保持直线和平面图形的特性,即使它们的真实尺寸和形状可能无法完全反映出来。

简单来说,在工程制图中,相似性关注的是图形之间的比例关系和形状一致性,而类似性则是指在正投影中,即使图形倾斜于投影面,其投影仍然保持直线和平面图形的基本特性,尽管尺寸和细节可能有所不同。

4.2　三面投影

4.2.1　三面投影体系

一般只用一个方向的投影来表达形体是不确定的(图 4.2),同样,两个方向的投影也不能确定形体的唯一形状。我们要表达的形体是三维的,都有长度、宽度和高度三个度,通常须将形体向三个或三个以上的方向投影,才能完整、正确地表示出形体的形状和大小。

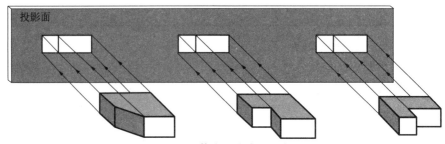

图 4.2　形体在一个方向的投影

要得到三个投影,就必须有三个投影面,我们设立三个互相垂直的投影平面,构成三面投影体系(图 4.3),投影体系中包含以下几个要素。

1. 投影面

(1)水平投影面:简称水平面或 H 面。

(2)正立投影面:简称正立面或 V 面。

(3)侧立投影面:简称侧立面或 W 面。

2. 投影轴

(1)OX 轴:H 面与 V 面的交线。

(2)OY 轴:H 面和 W 面的交线。

(3)OZ 轴:V 面和 W 面的交线。

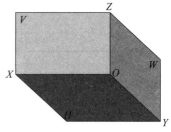

图 4.3　三面投影体系

3. 原点

三条投影轴的交点 O。

4.2.2　三面投影的形成

将形体放置在三面投影体系中,即放置在 H 面的上方,V 面的前方,W 面的左方,并尽量让形体的表面和投影面平行或垂直,如图 4.4 所示。

从前往后对正立投影面进行投射,在正立面上得到正立面投影,简称正立面图。

从上往下对水平投影面进行投射,在水平面上得到水平面投影,简称平面图。

从左往右对侧立投影面进行投射,在侧立面上得到侧立面投影,简称侧立面图。

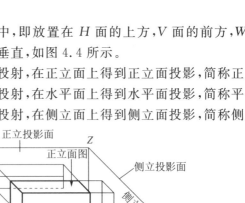
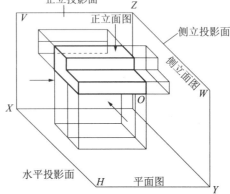

图 4.4　形体放置在三面投影的体系中

4.2.3　三面投影的展开

由于三个投影面是互相垂直的,三个投影图也就不在同一个平面上,为了把三个投影图绘制在同一平面上,就必须将三个互相垂直的投影面连同三个投影展开成一个平面,因此我们规定 V 面保持不动,将 H 面绕 OX 轴向下翻转 $90°$,将 W 面绕 OZ 轴向右旋转 $90°$,这样 H 面、W 面和 V 面就处在同一个平面上,并且此时的 OY 轴分为两条,一条为 OY_H 轴,另一条为 OY_W 轴(图 4.5)。

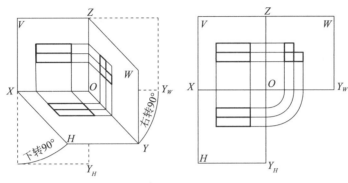

图 4.5　三面投影的展开

4.2.4　三面投影的规律

展开后的三面投影具有以下投影规律。

1. 单个投影

(1)正立面图能反映形体正立面的形状,形体的高度和长度,上下、左右的位置关系。

(2)平面图能反映形体水平面的形状,形体的长度和宽度,前后、左右的位置关系。

(3)侧立面图能反映形体侧立面的形状,形体的宽度和高度,前后、上下的位置关系。

2. 两投影之间的关系(图 4.6)

(1)正立面图与平面图长对正(等长)。

(2)正立面图与侧立面图高平齐(等高)。

(3)平面图与侧立面图宽相等(等宽)。

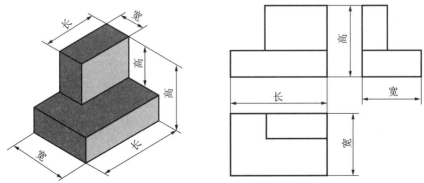

图 4.6　三面投影的规律

长对正、高平齐、宽相等是形体的三面投影之间最基本的投影关系,也是绘图和识图的基础。

4.2.5 三面投影的作图方法

绘制三面投影时,一般先绘制 V 面投影或 H 面投影,然后再绘制 W 面投影。下面是绘制三面投影的具体方法和步骤:

(1)在图纸上先画出水平和垂直的十字相交线,作为投影轴[图 4.7(a)]。

(2)根据形体在三面投影体系中的位置放置,画出能够反映形体特征的 V 面投影或 H 面投影[图 4.7(b)]。

(3)利用投影关系,根据"长对正"的投影规律,画出 H 面投影或 V 面投影;根据"高平齐"的投影规律,把 V 面投影中各相应部位向 W 面作"等高的投影连线";根据"宽相等"的投影规律,用过原点 O 向右下方作 $45°$ 斜线或以原点 O 为圆心作圆弧的方法,将 H 面投影的宽度对应到 W 面投影上,求出与"等高"投影连线的交点,连接关联点得到 W 面投影[图 4-7(c)、图 4-7(d)]。

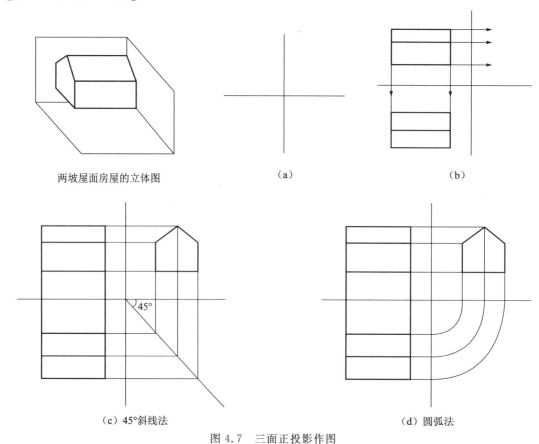

两坡屋面房屋的立体图　　　　　　　　（a）　　　　　　　　　　（b）

（c）$45°$斜线法　　　　　　　　　　　（d）圆弧法

图 4.7　三面正投影作图

 **真题自测**

一、单项选择题

1.(2022 年)下列有关三面投影体系的说法,正确的是(　　)。

　　A.V 面保持不动,将 H 面绕 OX 轴向下旋转 90°

　　B.V 面保持不动,将 W 面绕 OZ 轴向左旋转 90°

　　C.正立面图反映形体的宽度和高度

　　D.水平面图反映形体的长度和高度

2.(2022 年)三面正投影图中,W 面投影图反映形体的(　　)。

　　A.宽度和高度　　　　B.长度和高度　　　　C.长度和宽度　　　　D.长度、宽度和高度

3.(2023 年)下列关于三面投影体系的表述,正确的是(　　)。

　　A.OY 轴表示长度方向

　　B.OZ 轴表示高度方向

　　C.侧立投影图简称 H 面

　　D.处于水平位置的投影面称为水平投影面,简称 V 面

4.(2023 年)下列关于三面投影的描述,正确的是(　　)。

　　A.平面图反映形体的长度和宽度　　　　　　B.侧立面图反映形体的长度和高度

　　C.正立面图反映前后、左右位置关系　　　　D.侧立面图反映上下、左右位置关系

5.(2023 年)工程中用来体现高程数值,表示地面形状的单面投影图是(　　)。

　　A.透视图　　　　　　B.标高投影图　　　　C.斜轴测投影　　　　D.正轴测投影

二、判断选择题

(2023 年)三面投影展开时,H 面保持不动。　　　　　　　　　　　　　　　　　　　　(　　)

A.正确　　　　　　　　　　　　　　B.错误

真题解析

一、单项选择题

1.选 A,本题主要考核三面投影图的展开以及三面投影图的投影规律。在三面投影的展开中,V 面保持不动,H 面绕 OX 轴向下旋转 90°,W 面绕 OZ 轴向右旋转 90°。三个投影面中,正立面图反映形体的长度和高度,水平面图反映形体的长度和宽度,侧立投影面反映形体的宽度和高度,三面投影的关系是"长对正""高平齐""宽相等"。

2.选 A,本题主要考核三面投影的规律。在三面投影的展开中,H 面投影图反映形体的长度和宽度,V 面投影图反映形体的长度和高度,W 面投影图反映形体的宽度和高度。

3.选 B,本题主要考核三面投影的原理。H 面投影由 X 轴和 Y 轴坐标构成,反映形体长度和宽度,OX 轴表示长度方向,OY 轴表示宽度方向。V 投影面由 X 轴和 Z 轴构成,反映形体长度和高度,OZ 轴表示高度方向。

4.选 A,本题主要考核三面投影的规律。在三面投影的展开中,H 面投影图反映形体的长度

和宽度,V 面投影图反映形体的长度和高度,W 面投影图反映形体的宽度和高度。

5. 选 B,本题主要考核常用的四种投影图的特点及工程应用。透视图形象逼真,一般用于建筑整体效果图。斜轴测投影及正轴测投影直观性强、作图简便,常用于工程中辅助图样。标高投影是表示地面形状的单面正投影图,工程中用来表达地形、道路。

二、选择判断题

选 B,本题主要考核三面投影图的展开以及三面投影图的投影关系。在三面投影的展开中,V 面保持不动,将 H 面绕 OX 轴向下旋转 $90°$,将 W 面绕 OZ 轴向右旋转 $90°$。

4.3 点的投影

4.3.1 点的投影特征

点的投影仍然是点。

4.3.2 点的三面投影及投影标注

空间点 A 的三面投影直观图和展开图如图 4.8(a)所示。在三面投影中,空间点用大写字母表示,其 H 面投影用同一字母的小写形式表示,其 V 面投影用同一字母的小写形式加一撇表示,其 W 面投影用同一字母的小写形式加两撇表示。如空间点 A,其 H 面、V 面、W 面的投影分别为 a、a'、a''。常用涂黑或空心的小圆圈或直线相交来表示点的投影。

4.3.3 点的投影规律

1. 点的投影规律

从点的三面投影中可以得出点的投影规律[图 4.8(b)];口诀:"两垂直一相等。"

(1)$a'a \perp OX$:正立面投影和水平面投影连线垂直 OX 轴。

(2)$a'a'' \perp OZ$:正立面投影和侧立面投影连线垂直 OZ 轴。

(3)$aa_x = a''a_z$:水平面投影到 OX 轴的距离等于侧立面投影到 OZ 轴的距离。

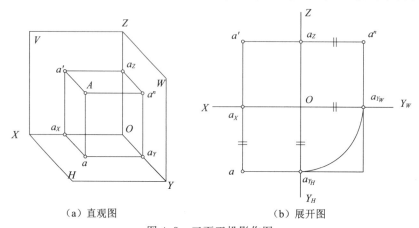

（a）直观图   （b）展开图

图 4.8 三面正投影作图

2. 特殊点三面投影的特点

位于投影面、投影轴、坐标原点上的点统称为特殊位置的点(表4.4)。

(1)点在投影面上的投影特点:三面投影中有两个在投影轴上,另一个在投影面上(两轴一面)。

(2)点在投影轴上的投影特点:三面投影中有两个在同一个投影轴上同一点,另一个面原点上(两轴一原点)。

(3)点在原点上的投影特点:三面投影都在原点(三点重合在原点)。

表4.4 特殊位置点

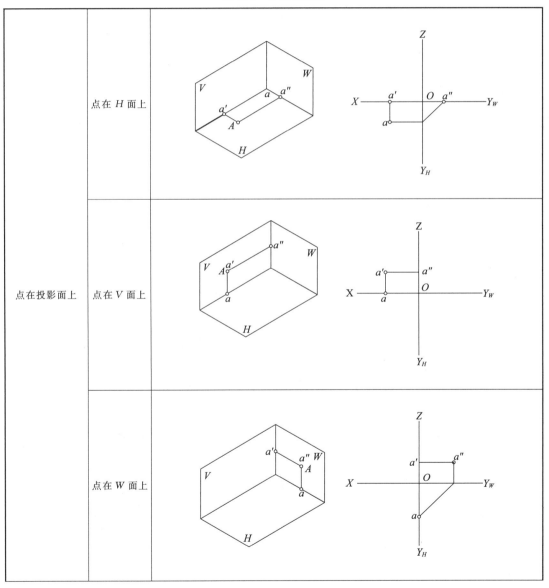

	点在 *OX* 轴上	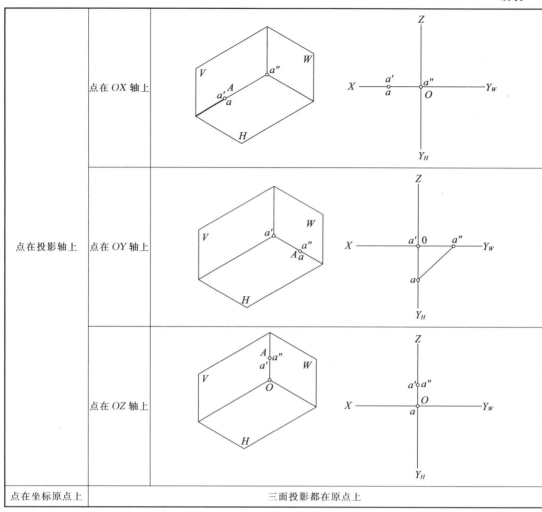
点在投影轴上	点在 *OY* 轴上	
	点在 *OZ* 轴上	
点在坐标原点上		三面投影都在原点上

4.3.4 点的坐标与点到投影面的距离

1. 点的坐标

空间点及其投影位置可用坐标表示。如图 4.9(a)所示,点 A 的空间位置是 $A(x,y,z)$,点 A 的 H 面投影是 $a(x,y,0)$,点 A 的 V 面投影是 $a'(x,0,z)$,点 A 的 W 面投影是 $a''(0,y,z)$。

2. 点到投影面的距离[图 4.9(b)]

点 A 到 W 面的距离为 x 坐标($Aa''=Oa_x=x$);

点 A 到 V 面的距离为 y 坐标($Aa'=Oa_y=y$);

点 A 到 H 面的距离为 z 坐标($Aa=Oa_z=z$)。

3. 特殊点坐标特点

(1)点在投影面上,则有一个坐标为零;当 $x=0$ 时,点在 W 面上;当 $y=0$ 时,点在 V 面上;当 $z=0$ 时,点在 H 面上。

(2)点在投影轴上,则有两个坐标为零。

(3)点在原点上,则三个坐标均为零。

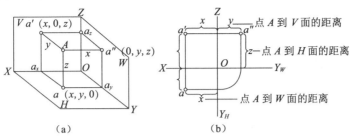

(a)　　　　　　(b)

图 4.9　三面正投影作图

4.3.5　两点的相对位置和重影点

1. 两点的相对位置

任何一个形体都有上、下、左、右、前、后六个方位[图 4.10(a)],这六个方位在投影上也能反映出来[图 4.10(b)]。两点的相对位置是指空间两点的上下、左右和前后的关系。

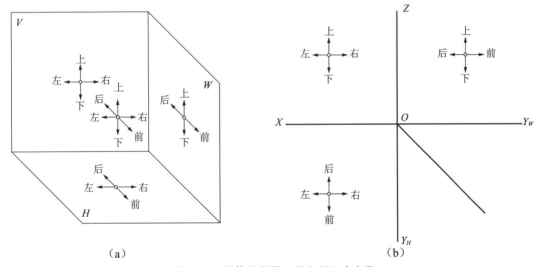

(a)　　　　　　　　　　　　(b)

图 4.10　形体及投影上的空间六个方位

2. 相对位置判别

(1)根据方位判断两点在空间的相对位置。

(2)利用坐标差(绝对因素)判断两点的相对位置:

用 X 坐标判别两点的左、右关系,X 坐标值大的点在左;

用 Y 坐标判别两点的前、后关系,Y 坐标值大的点在前;

用 Z 坐标判别两点的上、下关系,Z 坐标值大的点在上。

3. 重影点及可见性

(1)概念:当两个点位于同一投射线上时,两点在该投影面上的投影必然重叠,该投影称为重影。重影的空间两个点称为重影点。

（2）根据坐标判别重影点：其中有两个坐标相同,则该两点为重影点。

（3）可见性判别：坐标大者可见。

（4）重影点的投影图表示：在投影图中规定,重影点中不可见的投影用同名小写字母加括号表示。

 **真题自测**

一、单项选择题

1.（2022 年）如图所示为点 A 的三面投影,点 A 的空间位置是（　　）。

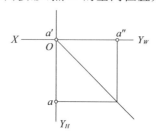

  A. 在 OX 轴上   B. 在 OY 轴上   C. 在 OZ 轴上   D. 在原点上

2.（2022 年）下列有关空间点 $N(15,0,10)$ 的说法,正确的是（　　）。

  A. N 点到 V 面的距离为 15   B. N 点到 H 面的距离为 10

  C. N 点到 W 面的距离为 0   D. N 点在 W 面上

3.（2022 年）空间点 M 在空间点 N 左后上方的是（　　）。

  A. $M(10,30,25)$、$N(15,28,20)$ B. $M(15,25,20)$、$(10,28,25)$

  C. $M(15,25,20)$、$N(20,30,25)$ D. $M(20,15,35)$、$N(15,25,20)$

4.（2023 年）空间两点 P、Q 的坐标分别为：$P(3,9,6)$,$Q(5,10\ 15)$,P 点在 Q 点的（　　）。

  A. 左前下方   B. 右后下方

  C. 左前上方   D. 右后上方

5.（2023 年）下列关于空间点 $K(7,0,5)$ 的描述,正确的是（　　）。

  A. 点 K 在 V 面上   B. K 点到 V 面的距离为 5

  C. 点 K 的 X 坐标为 0   D. K 点到 H 面的距离为 7

6.（2023 年）若圆柱表面上点 A 的 V 面、W 面投影均不可见,则点 A 在圆柱表面上的位置是（　　）。

  A. 左前方   B. 右后方   C. 左后方   D. 右前方

7.（2023 年）若空间一点的两面投影均在 X 轴上,则其第三面投影必在（　　）。

  A. Y 轴上   B. Z 轴上   C. H 面上   D. 坐标原点

二、判断选择题

（2022 年）如果两个点位于同一投射线上,则这两点在该投影面上的投影必然重叠,且离投影面较远的点是可见的。   （　　）

  A. 正确   B. 错误

 **真题解析**

一、单项选择题

1. 选 B,本题主要考核特殊位置点的投影。从图中可以看出,点 A 的三面投影特征是 H 面投影和 W 面投影位于 Y 轴上,V 面投影位于原点,结合特殊位置点的投影规律,可得出该点在 OY 轴上。

2. 选 B,本题主要考核点的坐标和点到投影面的距离判别。在三面投影体系中,空间点投影的位置由点的坐标来确定,点 (X,Y,Z) 分别表示点到 W 面,V 面和 H 面的距离。该题点 N 坐标为 $(15,0,10)$ 可得,该点到 W 面距离为 15 mm,到 V 面距离为 0,到 H 面距离为 10 mm。故本题选 B.

3. 选 D,本题主要考核空间中两点相对位置关系的判断。点的空间位置可通过点的坐标来确定,判别依据是:X 轴坐标值越大越左,Y 轴坐标值越大越前,Z 轴坐标值越大越上。依据此判别方法该题中 A 选项 M 点位于 N 点的右前上,B 选项 M 点位于 N 点的左后下,C 选项中 M 点位于 N 点的右后下,D 选择点 M 位于点 N 的左后上。

4. 选 B,本题主要考核空间中两点相对位置关系的判断。

5. 选 A,本题主要考核投影图判断点的空间位置。点的空间位置通过点的 X、Y、Z 三个坐标值表示,X 轴坐标值反映点到 W 面距离,Y 轴坐标值反映点到 V 面距离,Z 轴坐标值反映点到 H 面距离。

6. 选 B,本题主要考核点的可见性的判断。对于圆柱体,从上向下投影的俯视图,圆柱上底面可见、下底面不可见;从前向后的主视图,圆柱体靠前面一半圆柱面可见;从左向右的左视图,圆柱体靠左面的一半圆柱面可见。圆柱上的 A 点 V 面主视图,W 面左视图不可见,则点位于圆柱右后方。

7. 选 D,本题主要考核特殊位置点的投影特性。特殊位置点在投影面时,它的三个投影中有两个位于投影面上,一个投影位于投影轴上;点在轴线上时,则该点有两个投影位于投影轴上,另一个投影位于原点。空间点位于 X 轴线上时,点的 H 面和 V 面投影位于 X 轴线上,W 面投影位于原点。

二、判断选择题

选 A,本题主要考核点的可见性的判断。

4.4　直线的投影

4.4.1　直线的投影特征

直线与投影面有三种位置关系:

(1)直线平行于投影面:其投影反映直线的实长,如图 4.11 所示直线 AB 的投影 ab。

(2)直线垂直于投影面:其投影积聚为一点,如图 4.11 所示直线 CD 的投影 $c(d)$。

(3)倾斜于投影面:其投影是比实际短的直线,如图 4.11 所示直线 EF 的投影 ef。

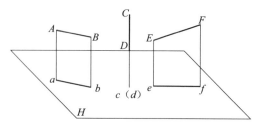

图 4.11　直线的投影面特征

4.4.2　直线投影的作法

两点决定一条直线,因此作直线的三面投影首先要作出直线上两点在三个投影面上的投影,然后分别连接两点的同名投影,就得到直线的投影(图 4.12)。

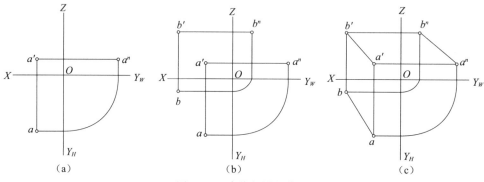

（a）　　　　　　　　　（b）　　　　　　　　　（c）

图 4.12　直线投影的作法

4.4.3　各种位置直线的投影

空间直线按照其与投影面的相对位置可分为三种:一般位置直线、投影面平行线和投影面垂直线。其中投影面平行线、投影面垂直线统称为特殊位置直线。

1. 一般位置直线

一般位置直线是指倾斜于三个投影面的直线,其投影如图 4.13 所示,它在三个投影面上的投影均为倾斜于投影轴的缩短线段。（判别口诀:三斜）

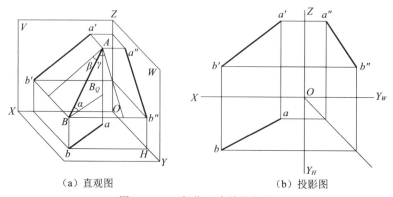

（a）直观图　　　　　　　　　（b）投影图

图 4.13　一般位置直线的投影

2. 投影面平行线

投影面平行线是指仅平行于一个投影面,而倾斜于另两个投影面的直线。投影面平行线可分为三种。

(1)H 面平行线:平行于 H 面,倾斜于 V、W 面的直线,又称水平线。

(2)V 面平行线:平行于 V 面,倾斜于 H、W 面的直线,又称正平线。

(3)W 面平行线:平行于 W 面,倾斜于 H、V 面的直线,又称侧平线。

投影面平行线的投影和投影特征见表 4.5。

表 4.5　投影面平行线

名称	水平线	正平线	侧平线
直观图	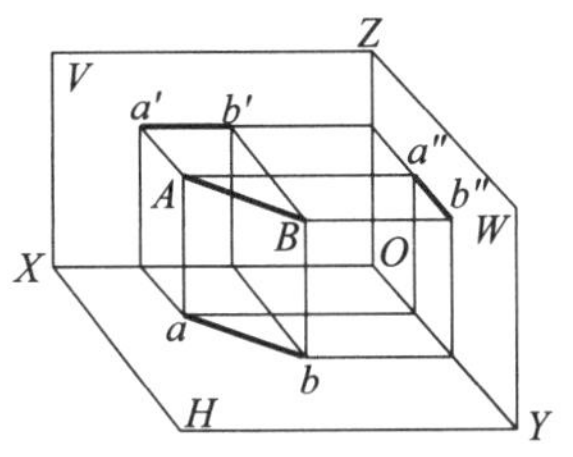	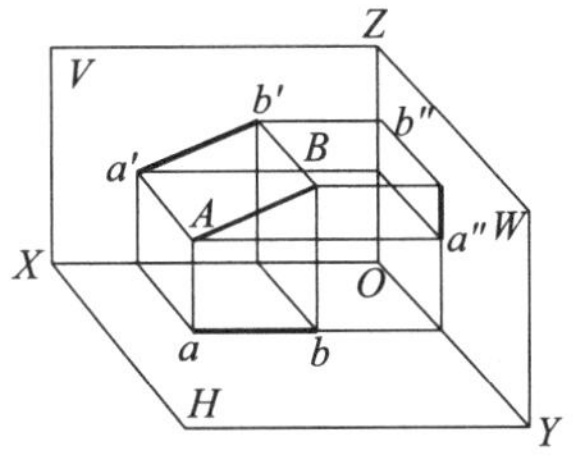	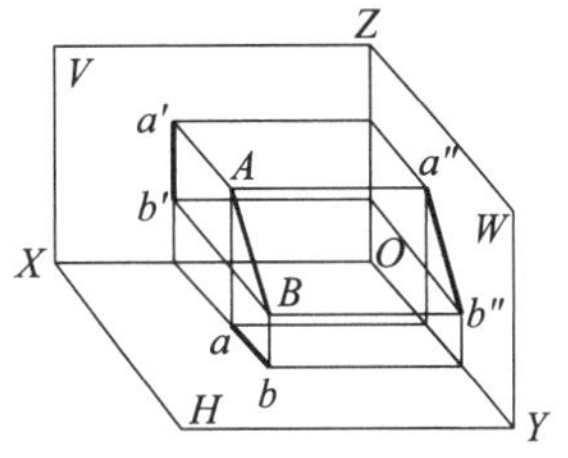
投影图	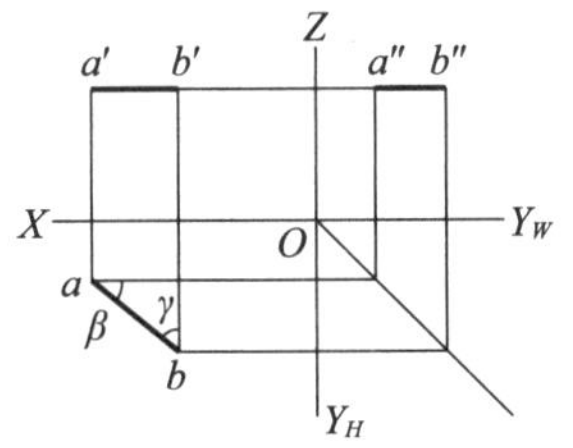	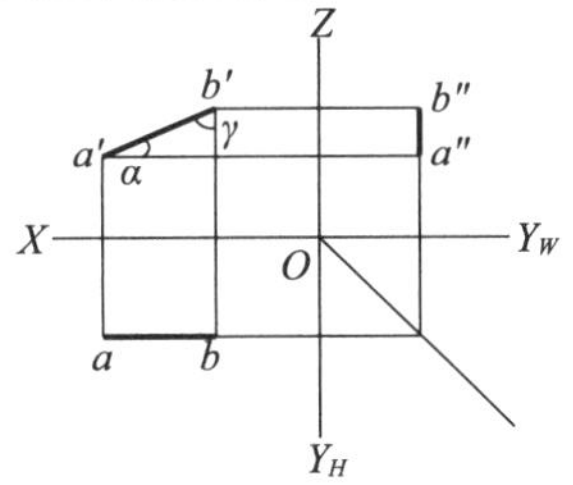	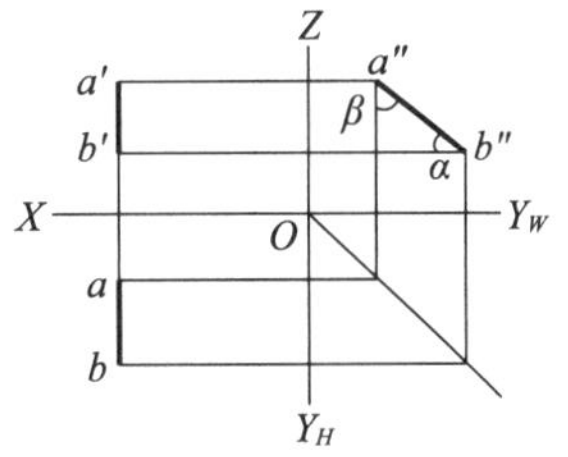
实例	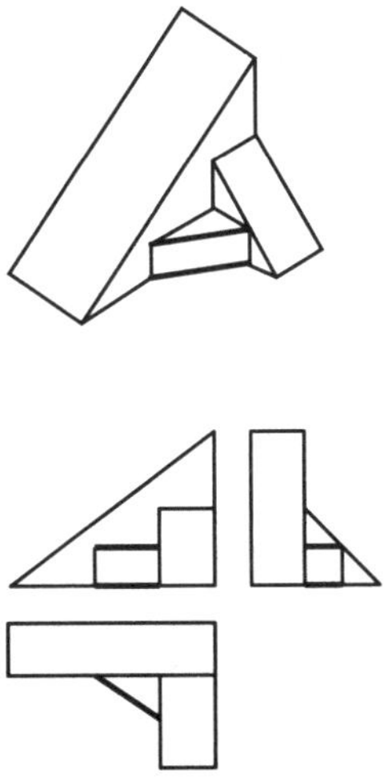	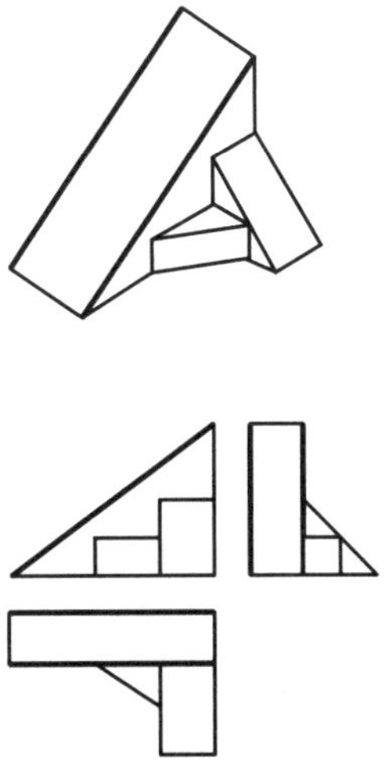	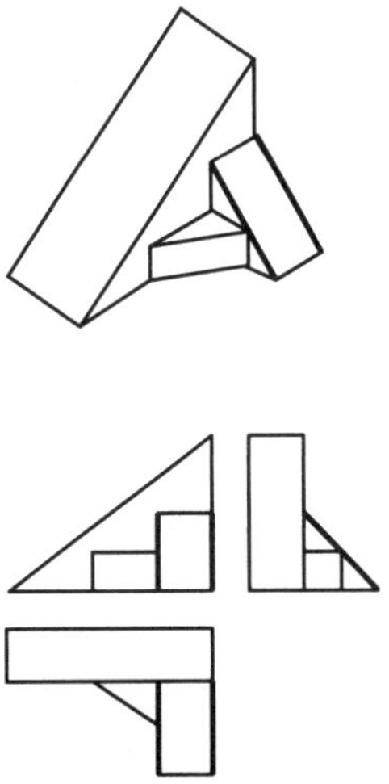
判别口诀	一斜两直线		
投影特征	1."一斜":在它平行的投影面上的投影倾斜于投影轴,反映实长,其倾斜的投影与投影轴的夹角反映直线对另两个投影面的倾角(直线对 H 面、V 面、W 面的倾角分别为 α、β、γ); 2."两直线":在另两个投影面上的投影平行于相应的投影轴,长度缩短		

3. 投影面垂直线

投影面垂直线是指垂直于一个投影面,而平行于另两个投影面的直线。投影面垂直线可分为三种:

(1)H 面垂直线:垂直于 H 面,平行于 V、W 面的直线,又称铅垂线。

(2)V 面垂直线:垂直于 V 面,平行于 H、W 面的直线,又称正垂线。

(3)W 面垂直线:垂直于 W 面,平行于 H、V 面的直线,又称侧垂线。

投影面垂直线的投影和投影特征见表 4.6。

表 4.6 投影面垂直线

名称	铅垂线	正垂线	侧垂线
直观图	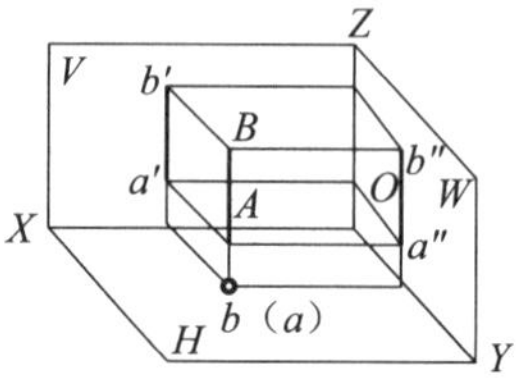	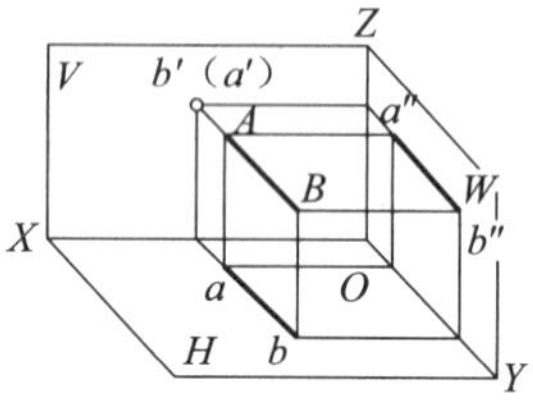	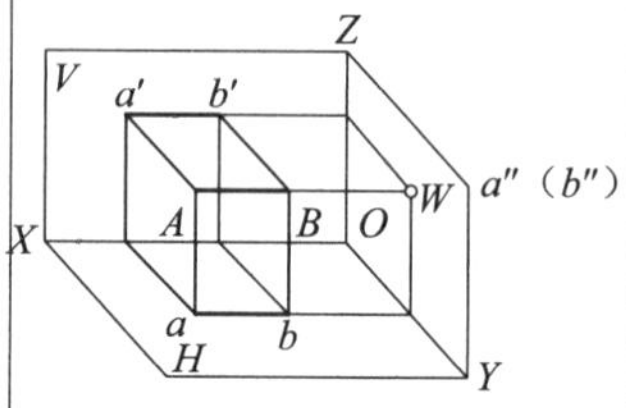
投影图	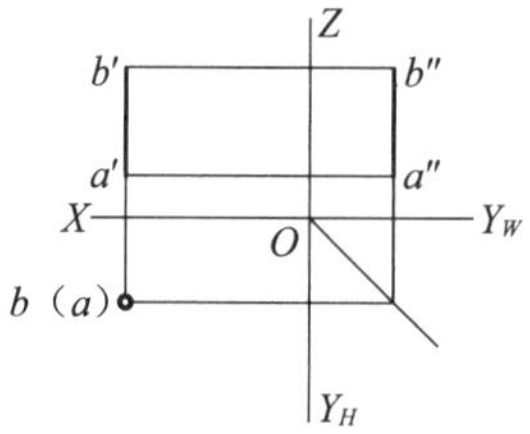	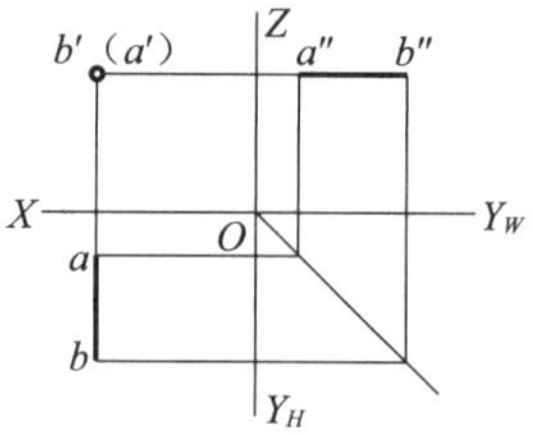	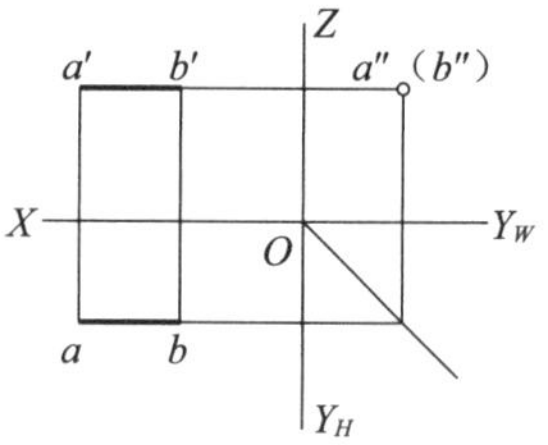
实例	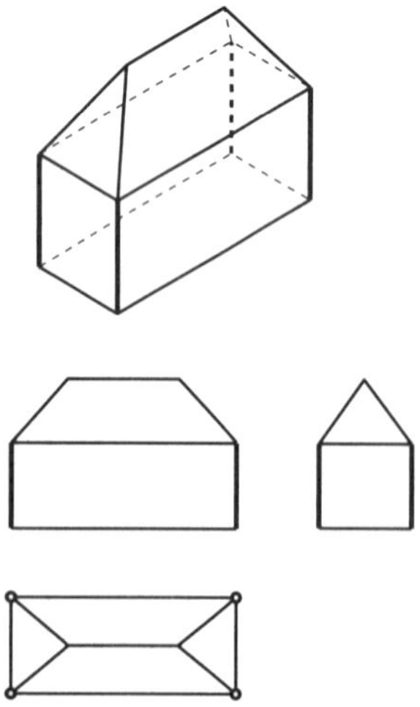	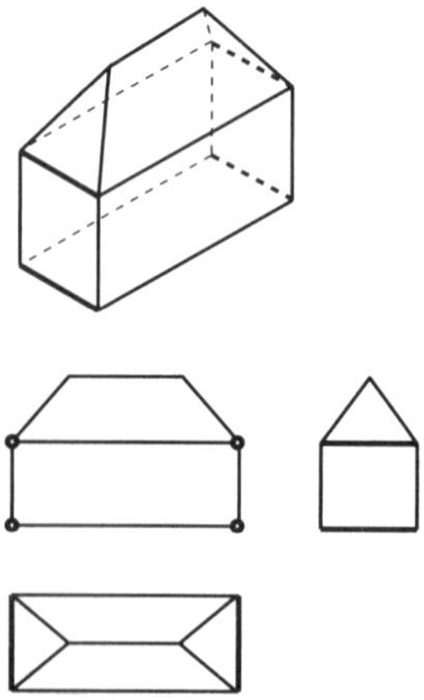	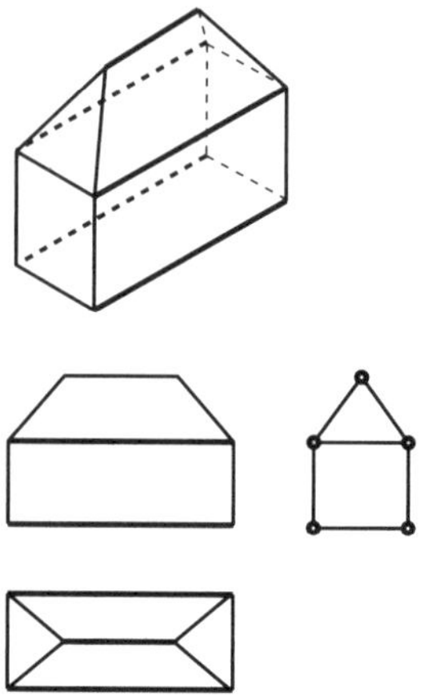
判别口诀	一点两直线		
投影特征	1."一点":直线在它垂直的投影面上的投影积聚为一个点; 2."两直线":直线在另两个投影面上的投影平行于同一投影轴,且反映实长		

4.4.4　直线上的点

1. 从属性

直线上的点的投影,必定在该直线的同名投影上。

2. 定比性

如果直线上一个点把直线分为一定比例的两段,则该点投影也分直线同名投影为相同比例的两段。

4.4.5　两直线的相对位置

空间两直线的相对位置关系有:平行、相交、交叉。

两直线的相对位置的投影和投影特性见表 4.7。

表 4.7　两直线的相对位置的投影和投影特性

相对位置	平行	相交	交叉
直观图	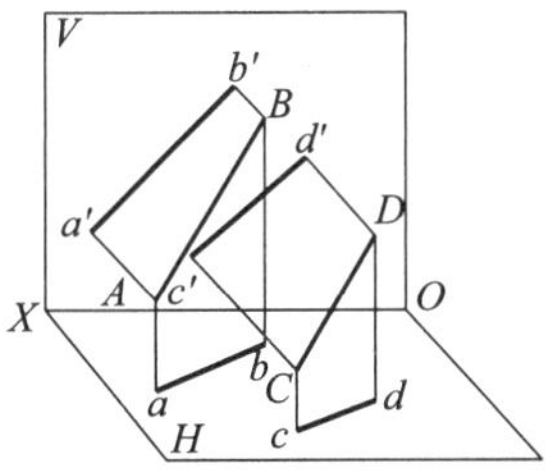	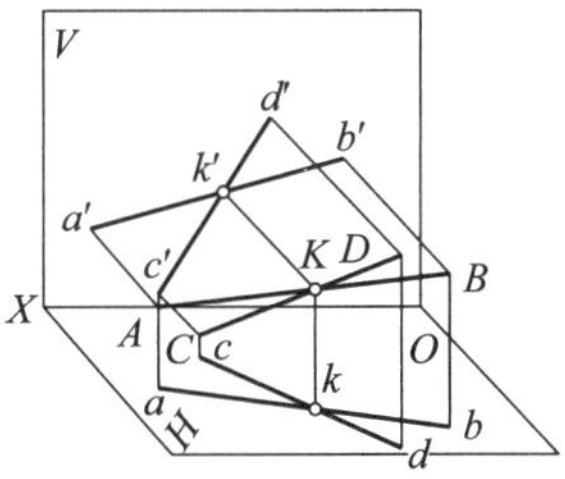	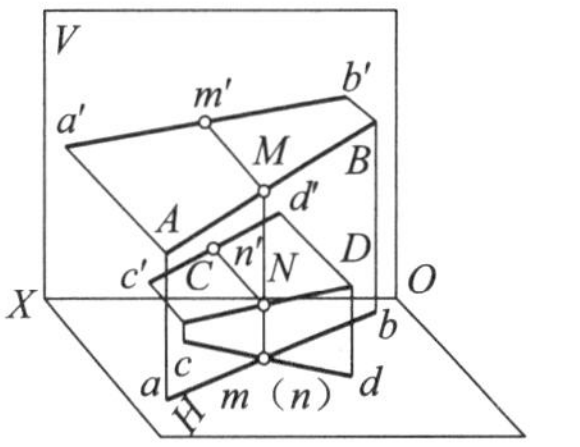
投影图	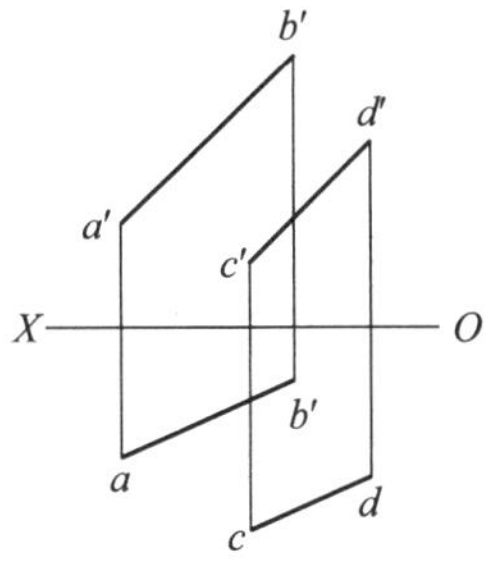	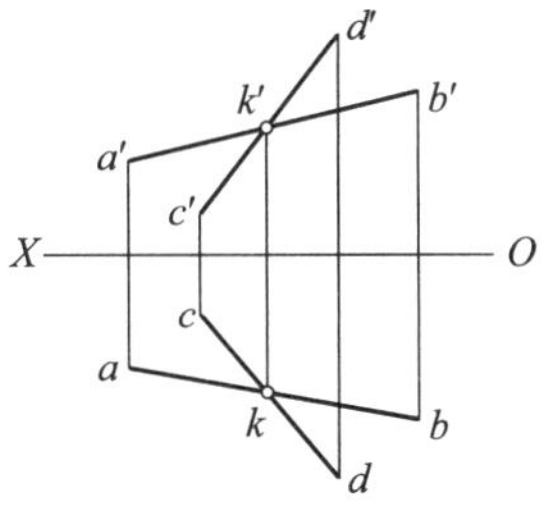	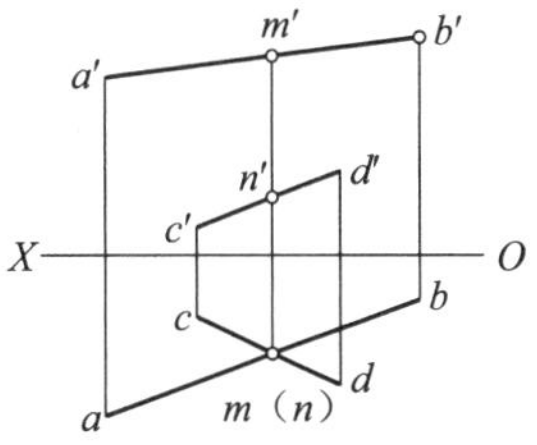
投影特性	空间相互平行的两直线的同名投影也相互平行。反之,若两直线的同名投影都相互平行,则这两直线在空间一定相互平行。 某些特殊位置的空间两直线,如投影面的平行线,只根据它们在两投影面上的同名投影是平行的还不能说明这两条空间直线是相互平行的,常需作出它们的第三面投影才能进行判别	两直线相交,它们的同名投影仍然相交,且各同名投影的交点应符合空间点的投影规律。反之,若两直线的同名投影相交,而且交点符合空间的投影规律,则这两条直线在空间也必定相交。 某些特殊位置的空间两直线是否相交,常需作出第三面投影后才能正确判别	交叉直线:既不平行也不相交的空间两直线。 两直线在空间如果不平行,也不相交,那么它们的位置关系一定是交叉。 交叉两直线的同名投影可能有时为相互平行,但其在三个投影面上的同名投影不会全都相互平行;交叉两直线的同名投影也可能有时为相交,但其同名投影的交点不符合空间点的投影规律。如在两个投影面中无法判别两直线的关系时,应作出它们的第三面投影

真题自测

一、单项选择题

1.(2022年)如图所示为直线 AB 的投影,该直线为(　　)。

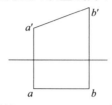

A. 水平线 　　　　　　 B. 正平线 　　　　　　 C. 侧平线 　　　　　　 D. 一般位置直线

2.(2022年)如图所示为直线 AB 与直线 CD 的三面投影,则直线 AB 与 CD 的空间关系为(　　)。

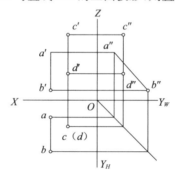

A. 平行 　　　　　　 B. 相交 　　　　　　 C. 交叉 　　　　　　 D. 垂直交叉

3.(2023年)如图所示为直线 MN 的三面投影、则直线 MN 是(　　)。

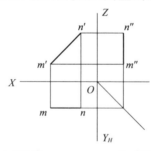

A. 水平线 　　　　　　 B. 正平线 　　　　　　 C. 侧平线 　　　　　　 D. 一般位置直线

4.(2023年)如图所示,四组直线投影中两直线相互平行的是(　　)。

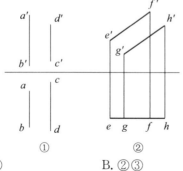 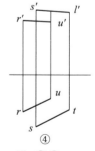

A. ①② 　　　　　　 B. ②③ 　　　　　　 C. ②④ 　　　　　　 D. ①④

二、判断选择题

1.(2022 年)两直线的同名投影均相交,且交点符合空间点的投影规律,则这两直线在空间
　必定是相交直线。　　　　　　　　　　　　　　　　　　　　　　　　　　（　　）

　A. 正确　　　　　　　　　　　　　　　B. 错误

2.(2023 年)侧垂线在 V 面上反映实长。　　　　　　　　　　　　　　　　（　　）

　A. 正确　　　　　　　　　　　　　　　B. 错误

3.(2023 年)如图所示为两直线 AB、CD 的投影,从图中可知两直线相交。　　（　　）

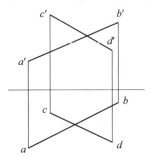

　A. 正确　　　　　　　　　　　　　　　B. 错误

 **真题解析**

一、单项选择题

1.选 B,本题主要考核直线的三面投影特征。直线与投影面的相对位置关系包括:平行、垂
　直、和倾斜三种。投影面平行线投影特点是"一斜两直线",投影面垂直线投影特性是"一
　点两直线",投影面倾斜线的特性是"三斜"。从图中可以看出,ab 是平行于 X 轴的直线,
　$a'b'$ 是倾斜于 X 轴的斜线,且斜线 $a'b'$ 出现在 V 面,可判断为是正平线。

2.选 C,本题主要考核了空间两直线相对位置关系。空间两直线的相对位置关系有三种:平
　行、相交和交叉。相互平行的两直线它们的同名投影也应为相互平行;相交的两直线它们
　的同名投影也应相交,且交点应符合点的投影规律。图中两直线的同名投影的交点不符
　合点的投影规律,所以不是相交而为交叉。

3.选 B,本题主要考核了直线的三面投影特征。

4.选 C,本题主要考核了空间两直线相对位置关系。交叉两直线在某一个或两个投影面上
　有时也会相互平行,但在第三面投影不会平行,通过作出第三面投影可知①和③的第三面
　投影不平行,②和④的第三面平行。

二、判断选择题

1.选 A,本题主要考核空间两直线相对位置关系。题目中"两直线的同名投影均相交,且交
　点符合空间点的投影规律"是空间相交两直线的判断依据。

2.选 A,本题主要考核直线的三面投影特征。直线与投影面的相对位置关系有平行、垂直、
　和倾斜三种。直线平行投影面则反映真实性,直线垂直投影面反映积聚性,直线倾斜于投
　影面反映类似性。侧垂线的特点是垂于 W 面且平行于 V 和 H 面,其投影特性是在 W 面
　上积聚为一点,在 H 面和 V 面上反映实长。故本题判断正确。

3.选 B,本题主要考核空间两直线相对位置关系的判断。空间两直线的相对位置关系有三种:平行、相交和交叉。相交的两直线它们的同名投影也应相交,且交点应符合点的投影规律。本题相交的两直线它们的同名投影相交,但未满足交点应符合点的投影规律。故本题判断为错误。

4.5 平面的投影

4.5.1 平面的投影特征

平面与投影面有三种位置关系。

(1)平面平行于投影面:其投影反映平面的实形,如图 4.14 所示平面 ABC 的投影 abc。

(2)平面垂直于投影面:其投影积聚为一条线,如图 4.14 所示平面 DEF 的投影 def。

(3)平面倾斜于投影面:其投影仍然是平面,但不反映实形,是缩小的类似形,如图 4.14 所示平面 GHJ 的投影 ghj。

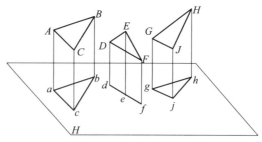

图 4.14 平面的投影特征

4.5.2 平面投影的作法

平面一般是由若干轮廓线围成的,而轮廓线可以由其上的若干点来确定,所以求作平面的投影,实质上也就是求作点和线的投影。图 4.15(a)为空间一个△ABC 的直观图,求出它的三个点 A、B 和 C 的投影[图 4.15(b)],再分别连接各同名投影,就得到△ABC 的投影[图 4.15(c)]。

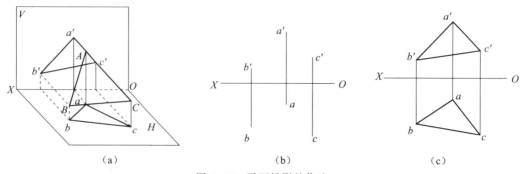

(a)   (b)   (c)

图 4.15 平面投影的作法

4.5.3　各种位置平面的投影

平面按照其与投影面的相对位置可分为三种:一般位置平面、投影面平行面和投影面垂直面。其中投影面平行面和投影面垂直面统称为特殊位置平面。

1. 一般位置平面(判别口诀:三框)

在三面投影体系中,倾斜于三个投影面的平面,称为一般位置平面(图 4.16),平面在三个投影面上的投影均为缩小的类似形。

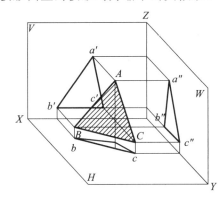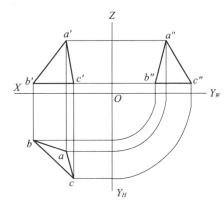

图 4.16　一般位置平面

2. 投影面平行面(判别口诀:一框两直线)

在三面投影体系中,平行于一个投影面,同时垂直于另两个投影面的平面,称为投影面平行面。投影面平行面又可分为三种。

(1) H 面平行面:平行于 H 面的平面,又称水平面。

(2) V 面平行面:平行于 V 面的平面,又称正平面。

(3) W 面平行面:平行于 W 面的平面,又称侧平面。

投影面平行面的投影及投影特征见表 4.8。

表 4.8　投影面平行面的投影及投影特征

名称	水平面	正平面	侧平面
直观图			

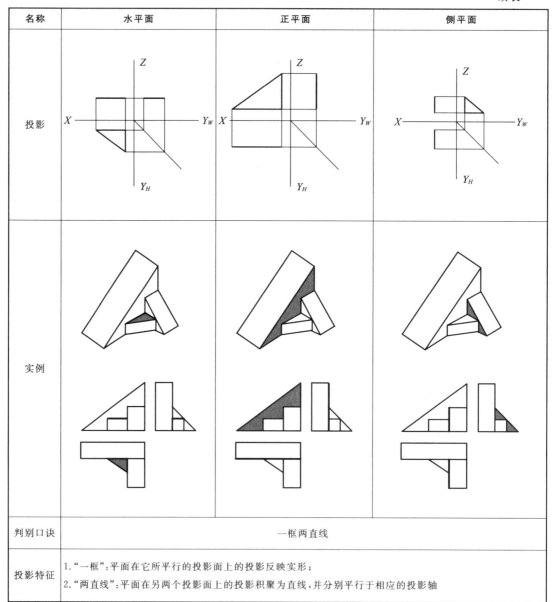

名称	水平面	正平面	侧平面
投影			
实例			
判别口诀	一框两直线		
投影特征	1."一框":平面在它所平行的投影面上的投影反映实形; 2."两直线":平面在另两个投影面上的投影积聚为直线,并分别平行于相应的投影轴		

3.投影面垂直面(判别口诀:两框一斜线)

在三面投影体系中,垂直于一个投影面,同时倾斜于另两个投影面的平面,称为投影面垂直面。投影面垂直面又可分为三种。

(1)H 面垂直面:垂直于 H 面,倾斜于 V、W 面的平面,又称铅垂面。

(2)V 面垂直面:垂直于 V 面,倾斜于 H、W 面的平面,又称正垂面。

(3)W 面垂直面:垂直于 W 面,倾斜于 H、V 面的平面,又称侧垂面。

投影面垂直面的投影及投影特征见表 4.9。

表 4.9　投影面垂直面的投影及投影特征

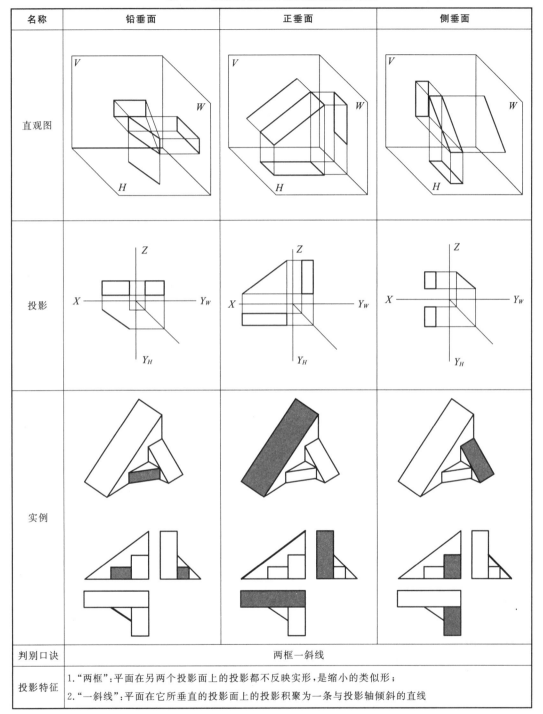

名称	铅垂面	正垂面	侧垂面
直观图			
投影			
实例			
判别口诀	两框一斜线		
投影特征	1."两框":平面在另两个投影面上的投影都不反映实形,是缩小的类似形; 2."一斜线":平面在它所垂直的投影面上的投影积聚为一条与投影轴倾斜的直线		

4.5.4　平面上的点和直线

在平面上取点,先要在平面上取线;在平面上取线,又离不开在平面上取点。

1. 平面上点的投影作法(图 4. 17)

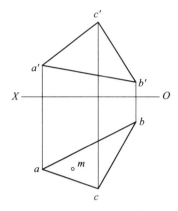

（a）已知△ABC及点 M 的投影 m

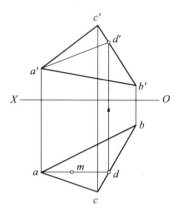

（b）过直线 am 作辅助线交直线 bc 于点 d，自点 d 向上引 OX 轴的垂线交直线 b'c' 于点 d

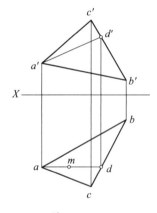

（c）连 a'd

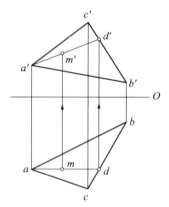

（d）自点 m 向上引 OX 轴的垂线交直线 a'd' 于点 m'，即为所求点 M 的另一投影

图 4. 17　作平面上点的投影

2. 平面上正平线的投影作法(图 4. 18)

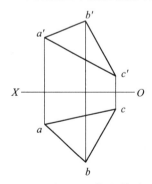

（a）已知△ABC的两面投影

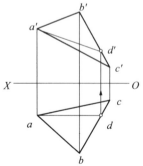

（b）过点 a 作平行于 OX 轴的直线 ad 交直线 bc 于点 d，过点 d 向上引垂线与直线 b'c' 相交于点 d'

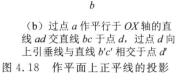

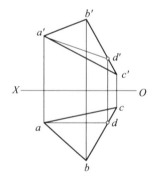

（c）连接 a'd'，则直线 ad 和直线 a'd' 即为所求正平线的投影

图 4. 18　作平面上正平线的投影

**真题自测**

单项选择题

1. (2022 年)某平面在 H 面、V 面、W 面上的投影均为缩小的类似形,该平面为(　　)。
   A. 正平面　　　　　　B. 水平面　　　　　　C. 侧平面　　　　　　D. 一般位置平面

2. (2022 年)某平面的水平面投影为一条与投影轴倾斜的直线,另两个投影 是封闭图形,该平面为(　　)。
   A. 水平面　　　　　　B. 铅垂面　　　　　　C. 侧垂面　　　　　　D. 正垂面

3. (2023 年)三面投影均不是直线的平面是(　　)。
   A. 水平面　　　　　　　　　　　　　B. 侧平面
   C. 铅重面　　　　　　　　　　　　　D. 一般位置平面

4. (2023 年)如图所示为平面 P 的三面投影,该平面为(　　)。

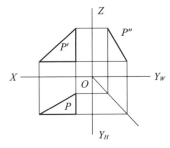

   A. 正垂面　　　　　　B. 铅垂面　　　　　　C. 侧垂面　　　　　　D. 一般位置平面

真题解析

单项选择题

1. 选 D,本题主要考核平面的三面投影特征。平面相对于投影面的位置关系包括:投影面平行面、投影面垂直面、倾斜于三个投影面的一般位置平面三种。平面平行于投影面,其投影反映实形;平面垂直于投影面,其投影积聚成线;平面倾斜于投影面,则其投影反映缩小的类似性。本题中三个投影均为缩小类似形,故为一般位置平面。

2. 选 A,本题主要考核平面的三面投影特征。投影面平行面的投影特性是"一框两直线",投影面垂直面的投影特性是"两框一斜线",一般位置平面投影特性是"三框"。依本题题意得该平面为投影面的垂直面,且其在水平面上为斜线,则可得该平面在 H 面上反映积聚性,故为水平面。

3. 选 D,本题考核平面的投影特征。平面与投影的相对位置关系有三种:投影面的平行面、投影面的垂直面和一般位置平面。投影面平行面的判别口诀是"一框两直线",投影面垂直面的判别口诀是"两框一斜线"。一般位置平面的判别口诀为"三框",三面投影均不是直线的平面为一般位置平面。

4. 选 C,本题考核平面的投影特征。从图可以看出平面 P 投影反映的是口诀"两框一斜线",且斜线所在的投影面是 W 面,则可判定该平面为侧垂面。

📖 专项提升

一、单项选择题

1. 三视图之间的投影关系可归纳为:正面投影和水平投影(　　)，正面投影和侧面投影(　　)，水平投影和侧面投影(　　)。

    A. 宽相等、高平齐、长对正   B. 长对正、高平齐、宽相等

    C. 高平齐、宽相等、长对正   D. 长相等、高平齐、宽对正

2. 三面投影的展开要求:(　　)面保持不动,(　　)面绕 OX 轴向下旋转 $90°$,(　　)面绕 OZ 轴向右旋转 $90°$。

    A. W、H、V B. V、H、W C. W、V、H D. H、V、W

3. 三面正投影图中的水平面投影能反映形体的(　　)的位置关系。

    A. 前后、左右   B. 上下、左右

    C. 上下、前后   D. 左右、前后、上下

4. 正投影法的基本特征不包括(　　)。

    A. 全等性   B. 类似性   C. 积聚性   D. 相似性

5. 下列不属于投影的三要素是(　　)。

    A. 形体   B. 投射中心   C. 投影面   D. 投射线

6. 中心投影法是投射线(　　)的投影法。

    A. 倾斜投影面   B. 相互垂直   C. 相互平行   D. 汇交一点

7. 下列投影类型中不是采用正投影法绘制的是(　　)。

    A. 透视投影   B. 正投影   C. 正轴测投影   D. 标高投影

8. 能真实反映形体的实际形状和大小,便于度量和尺寸标注的投影是(　　)。

    A. 正投影   B. 透视投影   C. 正轴测投影   D. 斜轴测投影

9. 三面正投影中,两两投影之间的关系错误的是(　　)。

    A. 正立面图与平面图宽相等   B. 平面图与侧立面图宽相等

    C. 正立面与侧立面图高平齐   D. 正立面图与平面图长对正

10. 工程中应用最为广泛的图示方法是(　　)。

    A. 透视投影   B. 正投影   C. 轴测投影   D. 标高投影

11. 已知两点坐标:$M(18,12,8)$、$N(15,6,10)$,则 M 点在 N 点的(　　)。

    A. 右前下方   B. 左后上方   C. 右后下方   D. 左前下方

12. 判断右图中两点的相对位置关系,点 B 在点 A 的(　　)。

    A. 右前下方

    B. 左后上方

    C. 右后下方

    D. 左前下方

13. 关于空间点 $P(12,8,15)$ 描述正确的是(　　)。

    A. P 点到 H 面的距离为 12

B. P 点到 V 面的距离为 8

C. P 点到 W 面的距离为 15

D. P 点到 V 面的距离为 12

14.空间点 K 的坐标为(9,13,0),则该点位于(　　)。

    A. H 面上　　　　　B. V 面上　　　　　C. W 面上　　　　　D. Y 轴上

15.空间两点 $A(15,5,10)$, $B(10,5,10)$,则点在(　　)上重影。

    A. H 面上　　　　　B. V 面上　　　　　C. W 面上　　　　　D. Y 轴上

16.若空间中一点的水平投影和侧面投影均在 Y 轴上,则其正面投影在(　　)。

    A. W 面上　　　　　B. Y_w 轴上　　　　　C. Z 轴上　　　　　D. 原点上

17.下列不属于点投影规律的选项是(　　)。

    A.正面投影和水平投影的连线垂直于 OX 轴

    B.正面投影和侧面投影的连线垂直于 OZ 轴

    C.正面投影到 OZ 的距离等侧面投影到 OZ 轴的距离

    D.水平投影到 OX 轴的距离等于侧面投影到 OZ 轴的距离

18.下列判别空间中两点位置关系说法不正确的是(　　)。

    A. X 坐标值越大的越左

    B. Y 轴坐标越大的越前

    C. Z 轴坐标越大的越上

    D. 根据坐标值无法判断两点相对位置

19.下列关于重影点的说法正确的是(　　)。

    A.两点的三个坐标值中只要有一个坐标值相等,就可能在某一投影面上重影

    B.重影点可见性判别,离投影面较近的点可见

    C.如果两个点位于同一投射线上,则此两点在该投影面上必然重影

    D.通过两点的三个坐标值,无法判别是否存在重影

20.空间点 A 在 V 面的投影点的标注形式为(　　)。

    A. a　　　　　B. a'　　　　　C. a''　　　　　D. a^o

21.关于正平线的说法错误的是(　　)。

    A. V 面投影反映实际长度

    B. W 面投影平行于 Z 轴

    C. H 面投影平行于 Y 轴

    D. V 面投影反映直线与 H 面的真实倾角

22.下列说法不符合铅垂线投影特性的是(　　)。

    A.在 V 面投影积聚成一个点　　　　　B.在 H 面投影积聚成一个点

    C.在 V 面投影反映直线实际长度　　　　　D.在 W 面投影反映直线实际长度

23.直线空间位置与两个投影面平行,与第三个投影面垂直,该直线可能为(　　)。

    A.水平线　　　　　　　　　B.铅垂线

    C.投射线　　　　　　　　　D.一般位置直线

24. 直线与一个投影面平行,与另外两个投影面倾斜,则该直线可能为(　　)。

    A. 水平线   B. 铅垂线

    C. 投射线   D. 一般位置直线

25. 直线 AB 的 H 面投影垂直于 X 轴,则直线 AB 可能为(　　)。

    A. 正平线   B. 水平线

    C. 正垂线   D. 铅垂线

26. 直线 MN 的 V 面投影平行于 X 轴,则直线 MN 可能为(　　)。

    A. 铅垂线   B. 侧垂线

    C. 正平线   D. 侧平线

27. 下列各图,空间点 K 有在直线上的一项是(　　)。

          A   B   C   D

28. 如下图所示,空间直线 AB、CD 的空间位置关系为(　　)。

    A. 平行   B. 相交   C. 交叉   D. 无法确定

29. 如下图所示,相对于投影面,空间直线 MN 是(　　)。

    A. 正平线   B. 水平线   C. 侧平线   D. 一般位置直线

30. 如下图所示,相对于投影面,空间直线 AB 是(　　　)。

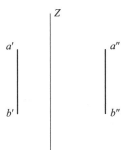

　　A. 铅垂线　　　　　　B. 正平线　　　　　　C. 正垂线　　　　　　D. 侧垂线

31. 下列平面表示方法,说法错误的是(　　　)。
　　A. 两相交直线可确定唯一平面
　　B. 两平行直线可确定唯一平面
　　C. 两个点可确定唯一平面
　　D. 任意几何平面图形可确定唯一平面

32. 某平面在侧立投影面上反映全等性,该平面为(　　　)。
　　A. 水平面
　　B. 正垂面
　　C. 侧平面
　　D. 一般位置平面

33. 关于铅垂面三面正投影,下列说法错误的是(　　　)。
　　A. 正立投影面反映平面的类似形
　　B. 侧立投影面反映平面的类似形
　　C. 水平投影积聚成线
　　D. 侧立投影积聚成线

34. 关于正平面的说法正确的是(　　　)。
　　A. 正立投影面反映平面的类似形
　　B. 侧立投影面反映平面的类似形
　　C. 正立投影面反映平面的实际形状
　　D. 侧立投影面反映平面的实际形状

35. 某三角形平面在三个投影面上的投影均呈现为不同形状的三角形,该三角形平面为
　　(　　　)。
　　A. 水平面　　　　　　　　　　　　　B. 正垂面
　　C. 侧平面　　　　　　　　　　　　　D. 一般位置平面

36. 平面的积聚投影反映平面对 H 面和 V 面的实际倾角,该平面为(　　　)。
　　A. 铅垂面　　　　　　　　　　　　　B. 正垂面
　　C. 侧垂面　　　　　　　　　　　　　D. 一般位置平面

37.如下图所示,已知平面 ABC 的 H 面和 V 面投影,则该平面为(   )。

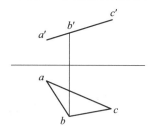

    A.铅垂面   B.正垂面   C.侧垂面   D. 一般位置平面

38.如下图所示,已知平面的 H 面和 V 面投影,则该平面为(   )。

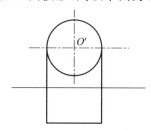

    A.正平面   B.正垂面   C.侧垂面   D. 一般位置平面

39.如下图所示,已知平面 ABC 的 H 面和 V 面投影,则该平面为(   )。

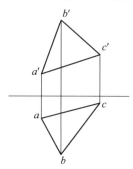

    A.铅垂面   B.正垂面   C.侧垂面   D. 一般位置平面

40.平面上直线与点说法正确的是(   )。

    A.点 K 的投影在平面 ABC 的投影上,则空间点 K 为平面 ABC 内的一点

    B.直线的投影在平面的投影上,则空间直线为平面上的直线

    C.直线过平面上的一点,可认定直线在该平面内

    D.若一个点在平面内的某一直线上,则该点必在该平面内

二、判断选择题

1.平行投影的投射线相互平行,且垂直于投影面。   (   )

    A.正确   B.错误

2.投影法可分为平行投影和中心投影,平行投影又分为正投影和斜投影。   (   )

    A.正确   B.错误

3.正投影图具有直观性强,作图简便的特点。   (   )

    A.正确   B.错误

4.掌握形体三面正投影图的画法是绘制和识读工程图样的基础。　　　　（　　）
　　A.正确　　　　　　　　　　　　　　　　B.错误

5.通常情况下,我们用一个正投影图就能表达形体的形状和大小;特殊情况时,采用三面投
　影或多面投影表达。　　　　　　　　　　　　　　　　　　　　　　　　（　　）
　　A.正确　　　　　　　　　　　　　　　　B.错误

6.点的投影仍然是点,且位于过该点作投影面垂线的垂足处。　　　　（　　）
　　A.正确　　　　　　　　　　　　　　　　B.错误

7.空间任意点在三面投影中,只要给出任意两个投影,就能求出第三投影。　（　　）
　　A.正确　　　　　　　　　　　　　　　　B.错误

8.点的投影不符合正投影的特性。　　　　　　　　　　　　　　　　　（　　）
　　A.正确　　　　　　　　　　　　　　　　B.错误

9.若空间实际点位于某个投影面上,则该点的三个投影中有两个点位于投影面上,还有一个
　位于投影轴上。　　　　　　　　　　　　　　　　　　　　　　　　　（　　）
　　A.正确　　　　　　　　　　　　　　　　B.错误

10.判别两个点的相对位置关系时,通过 Y 轴坐标值判断两点的左右关系。　（　　）
　　A.正确　　　　　　　　　　　　　　　　B.错误

11.点的投影只能是点,直线的投影只能是直线。　　　　　　　　　　（　　）
　　A.正确　　　　　　　　　　　　　　　　B.错误

12.空间中两直线相互平行,则两直线的同名投影必定相互平行。　　（　　）
　　A.正确　　　　　　　　　　　　　　　　B.错误

13.直线上的点,它的投影必然也在该直线的同名投影上。　　　　　（　　）
　　A.正确　　　　　　　　　　　　　　　　B.错误

14.空间点 K 在一般位置直线 MN 上,且 $MK:KN=1:2$,通过调整直线 MN 与投影面的
　　倾角,有可能将其在 H 面上的投影调整为 $mk:kn=1:1$。　　　　（　　）
　　A.正确　　　　　　　　　　　　　　　　B.错误

15.两直线的三面投影均相交,则空间两直线必然相交。　　　　　　（　　）
　　A.正确　　　　　　　　　　　　　　　　B.错误

16.平面的空间位置可通过各种位置平面的投影特性来判定。　　　　（　　）
　　A.正确　　　　　　　　　　　　　　　　B.错误

17.某平面的三面投影中,有两个面的投影为该平面的类似形,则可判定该平面为一般位置
　　平面。　　　　　　　　　　　　　　　　　　　　　　　　　　　　（　　）
　　A.正确　　　　　　　　　　　　　　　　B.错误

18.一平面在 H 面和 W 面上的投影均为垂直于 Y 轴的直线,则可判定该平面为正平面。（　　）
　　A.正确　　　　　　　　　　　　　　　　B.错误

19.直线通过平面上的两个点,则直线可能在平面上,也可能不在平面上。　（　　）
　　A.正确　　　　　　　　　　　　　　　　B.错误

20.直线过平面上一点,且平行于平面内的另一条直线,则此直线必定在该平面上。（　　）
　　A.正确　　　　　　　　　　　　　　　　B.错误

三、连线题

1.判别图中直线与投影面的相对位置关系并连线。

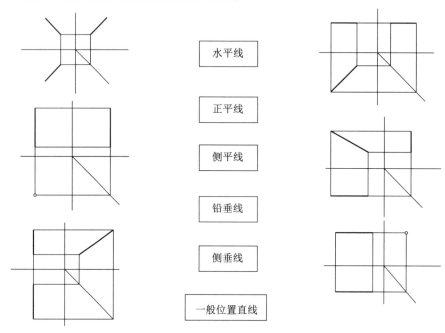

水平线

正平线

侧平线

铅垂线

侧垂线

一般位置直线

2.根据直线投影,判断空间两直线的相对位置关系并连线。

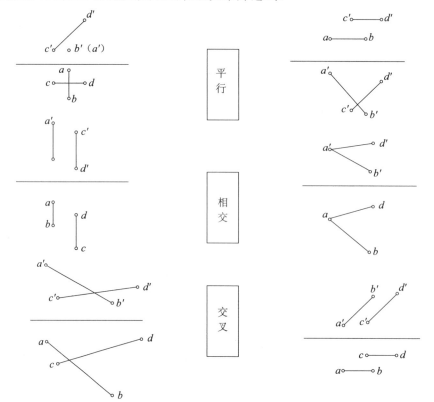

平行

相交

交叉

3.根据平面的投影,判断空间两直线的相对位置关系并连线。

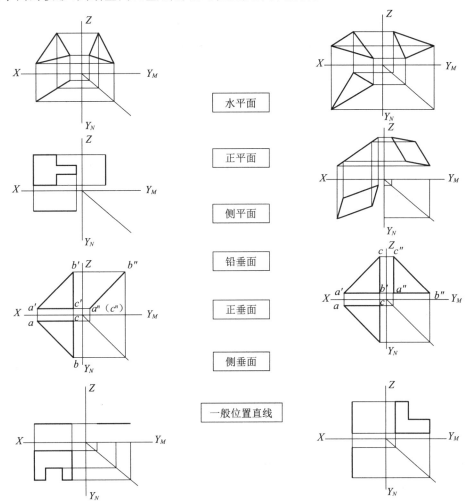

水平面

正平面

侧平面

铅垂面

正垂面

侧垂面

一般位置直线

第5章 形体的投影

考试大纲

考纲要求	考查题型	分值预测
1.了解基本平面体和曲面体的种类和特征； 2.理解平面体和曲面体的投影特征,掌握基本形体的三面投影图的识读与绘制； 3.理解组合体的组合形式,能识读与绘制平面组合体的投影图； 4.理解截切体的投影特性、同坡屋面投影特性。	单项选择题 判断题 连线题 作图题	40～45 分

知识框架

形体的投影
- 平面体的投影
  - 概念：表面由平面围成的立体
  - 常见的平面体：棱柱、棱锥、棱台
  - 投影特性：
    棱柱：底面平行投影面的投影为反映实形的多边形,另外两面投影为若干个矩形围成的大矩形；
    棱锥：底面平行投影面的投影外轮廓为多边形,另外两个投影面上的投影为若干个具有公共顶点的三角形围成的大三角形；
    棱台：顶面和地面是相互平行的相似多边形,另外两面投影通常为梯形
- 曲面体的投影
  - 概念：曲面或者既有曲面又有平面的立体称为曲面体
  - 常见的曲面体：通常为回转体,主要有圆柱、圆锥、球
  - 形成原理：
    圆柱：母线绕与其平行的轴线旋转一周形成；
    圆锥：母线绕与它相交于一点的轴线旋转一周形成；
    球：一条曲母线绕其任意直径旋转而成
  - 投影特性：
    圆柱：当圆柱的轴线垂直于水平投影面,水平投影为反映实形的圆,另外两面投影为大小相等的矩形；
    圆锥：当圆锥的轴线垂直于水平投影面时,水平投影为反映实形的圆,另外两面投影为大小相等的等腰三角形；
    球：三面投影均为大小相等的圆
- 组合体的投影
  - 组合方式：叠加式、切割式、混合式
  - 形体表面的连接方式：平齐、相切、相交
  - 组合体的识读：形体分析法、线面分析法

🏗 **核心知识**

建筑物的形状是复杂多样的,但它们都是由一些简单的基本几何体按照不同的方式组合而成的(图 5.1)。

基本几何体又称为基本形体,基本形体可以分为平面体和曲面体两种。

表面由平面图形围成的形体称为平面体,常见的平面体有棱柱、棱锥、棱台等。表面由曲面或曲面与平面共同围成的形体称为曲面体,常见的曲面体有圆柱、圆锥、圆台、圆环、球等。

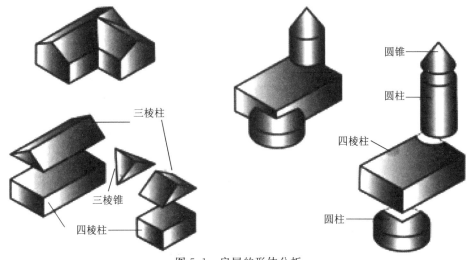

图 5.1　房屋的形体分析

5.1　平面体的投影

5.1.1　常见平面体的投影及特性(表 5.1)

表 5.1　常见平面体的投影及特性

平面体		直观图	投影	形体和投影特性
棱柱	三棱柱			棱柱形体特性: 两底面为全等且相互平行的多边形,各侧棱垂直底面且相互平行,各侧表面均为矩形。 棱柱投影特性: 两底面投影为反映实形且重合的多边形,另两面投影为矩形
	四棱柱			
	五棱柱			

平面体		直观图	投影	形体和投影特性
棱锥	三棱锥	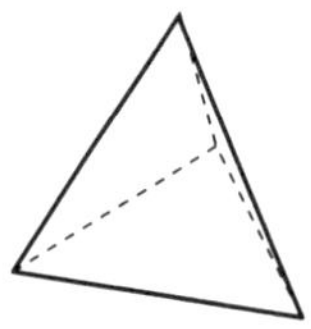	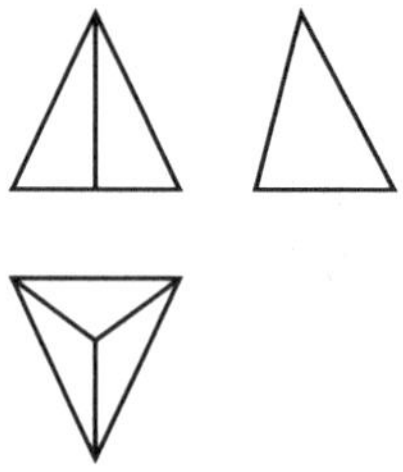	
	四棱锥	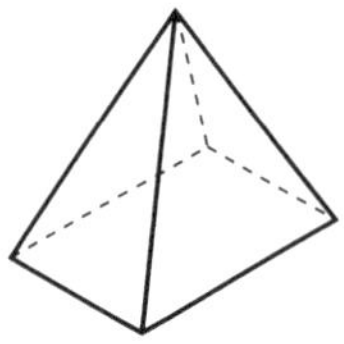	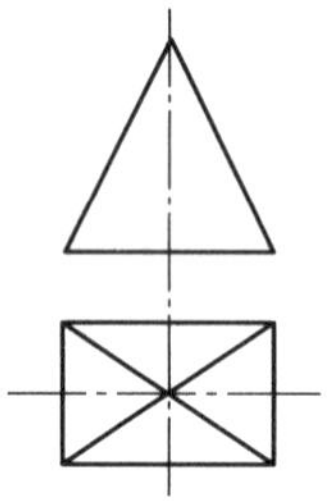	棱锥形体特性: 底面为多边形,各侧表面均为有公共顶点的三角形。 棱锥投影特性: 底面投影为反映实形的多边形,内有若干侧棱交于顶点的三角形,另两面投影为等高的三角形
	六棱锥	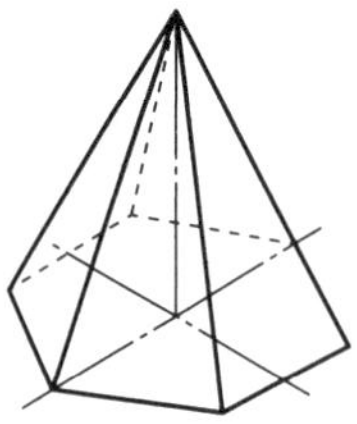	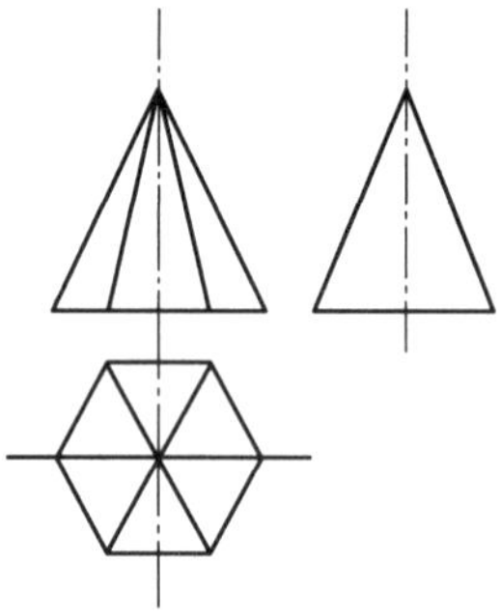	
棱台	三棱台	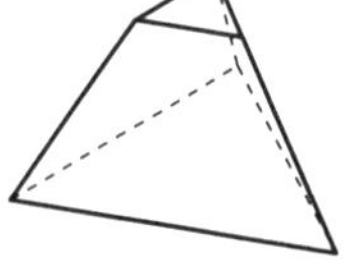	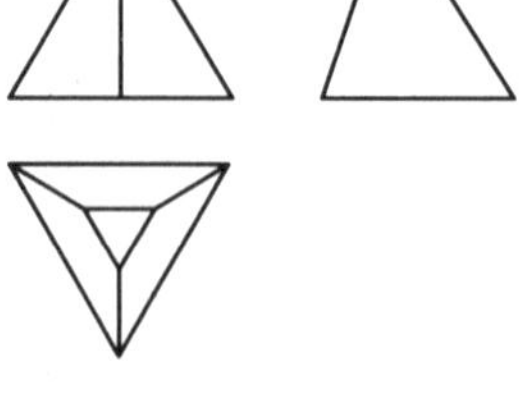	棱台形体特性: 两底面为相互平行的多边形,各侧表面均为梯形。 棱台投影特性: 底面投影为两个多边形,对应顶点有侧棱,另两面投影为梯形
	四棱台	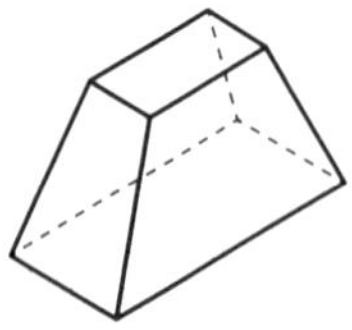	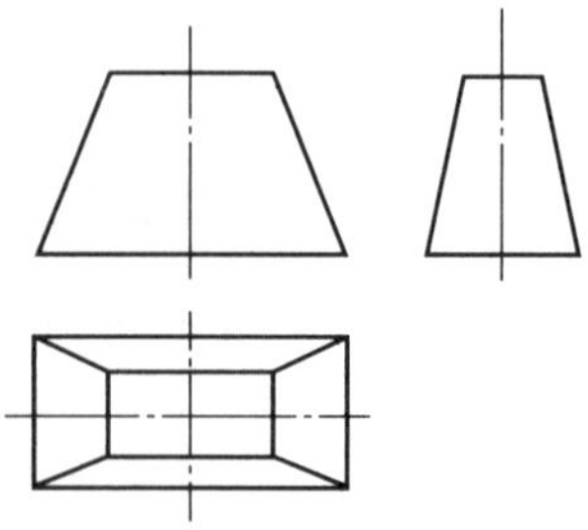	

5.1.2 平面体的绘制方法

1. 棱柱的作图步骤

(1)先画出投影轴和中心基准线,确定三视图的位置[图 5.2(a)]。

(2)按"长对正、高平齐、宽相等"的投影规律,画出棱柱上下面的 H 面投影和 V 面、W 面投影[图 5.2(b)]。

(3)最后检查整理,加深图线[图 5.2(c)]。

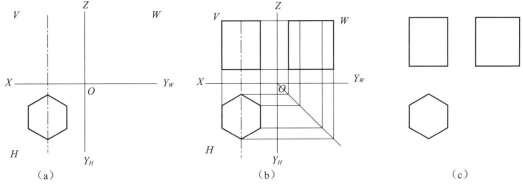

图 5.2 正六棱柱的作图步骤

2. 棱锥的作图步骤(图 5.3)

(1)先画出投影轴和中心基准线,在 H 面上画出五棱锥底面的水平投影。

(2)按"长对正、高平齐、宽相等"的投影规律,确定棱锥的高度并作出 V 面、W 面投影。

(3)最后检查整理,加深图线。

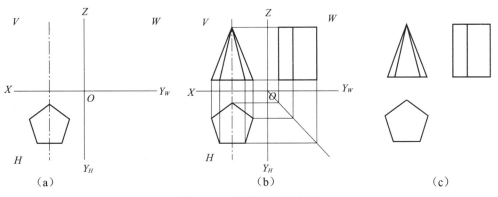

图 5.3 五棱锥的作图步骤

3. 棱台的作图步骤(图 5.4)

(1)先画出投影轴和中心基准线,在 H 面上画出棱台的水平投影。

(2)按"长对正、高平齐、宽相等"的投影规律,确定棱台的高度并作出 V 面、W 面投影。

(3)最后检查整理,加深图线。

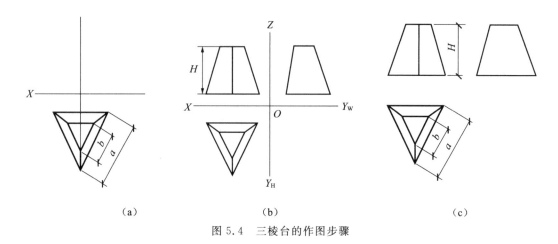

（a）　　　　　　　　　　（b）　　　　　　　　　　（c）

图 5.4　三棱台的作图步骤

5.1.3　平面体表面上点和线的投影

平面体表面上点和直线的问题,实质上是平面上点和直线以及直线上点的问题,所不同的是平面体表面上点和直线的投影存在可见性的问题。其投影特性为:

（1）平面体表面上点和直线的投影应符合平面上点和直线的投影特性。

（2）凡是可见侧表面、底面上的点和直线,以及可见侧棱上的点都是可见的,反之是不可见的。

已知正三棱柱上底面 ABF 上点 G 的 H 面投影 g,侧表面 $ABCD$ 上直线 MN 的 V 面投影 $m'n'$[图 5.5(a)],求作点 G 和直线 MN 的其他两面投影。

作法如图 5.5(b) 所示。

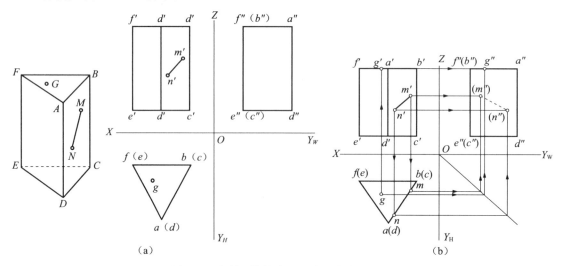

（a）　　　　　　　　　　　　　　　　　（b）

图 5.5　绘制三棱柱表面上点和直线的投影

已知正三棱锥侧表面 SAB 上点 M 的 V 面投影 m'[图 5.6(a)],求作点 M 的其他两面投影。

作法如图 5.6(b) 所示。连接 $s'm'$ 交直线 $a'b'$ 于点 d',再分别求得点 d、d'',连接 sd、$s''d''$,则点 m、m'' 必在直线 sd、$s''d''$ 上。

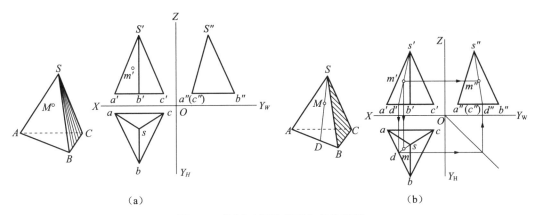

（a）　　　　　　　　　　　　　（b）

图 5.6　绘制三棱锥表面上点的投影

5.1.4　平面截切体的投影特征

当一平面 P 将一平面体截切后在平面体的表面上形成的交线称为截交线,平面 P 称为截平面,由截交线围成的封闭多边形称为截断面,被截平面切割后的形体称为截切体,如图 5.7 所示。

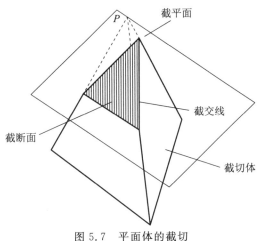

图 5.7　平面体的截切

1. 截交线的基本性质

（1）共有性。平面体的截交线是截平面与平面体表面的共有线,截交线上的点是截平面与平面体表面上的共有点。

（2）封闭性。由于平面体表面是有范围的,所以截交线一般是封闭的平面多边形。

2. 截交线的形状

截交线的真实形状取决于被截平面体的形状,以及截平面与平面体的相对位置,投影形状取决于截平面与投影面的相对位置。截交线的数量取决于截平面与平面体表面相交的个数。

 **真题自测**

单项选择题

1.(2019 年)如图所示形体的三面投影,该形体为(   )

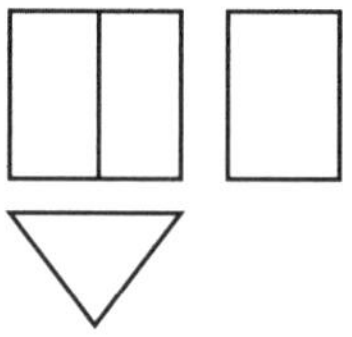

A. 长方体   B. 三棱柱   C. 三棱锥   D. 三棱台

2.(2020 年)如图所示形体的立体图,其正确的三面投影是(   )。

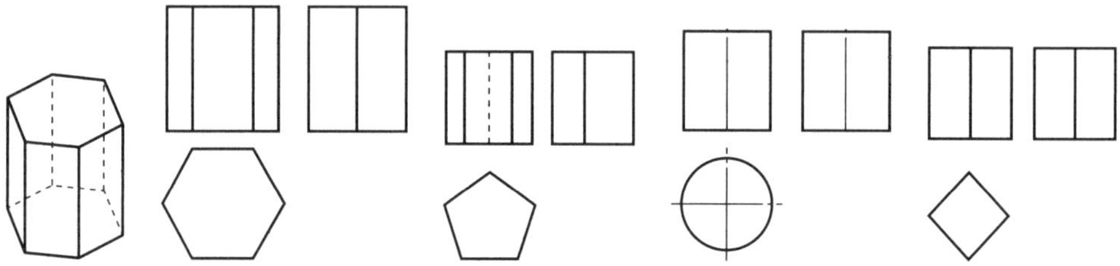

A   B   C   D

3.(2022 年)如图所示为形体的三面投影,该形体为(   )。

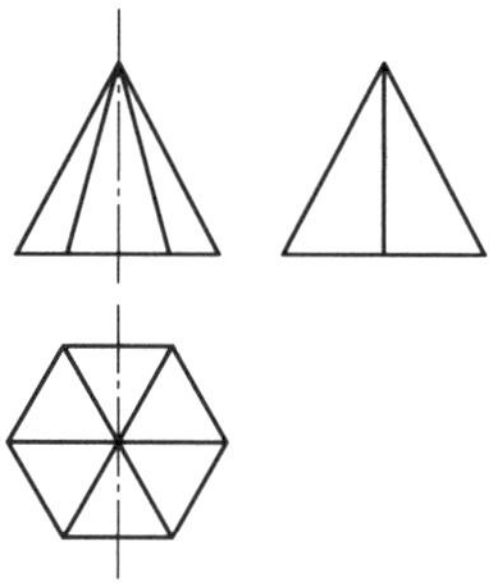

A. 正三棱锥   B. 正四棱锥   C. 正五棱锥   D. 正六棱锥

真题解析

单项选择题

1.选 B,本题主要考核棱柱体的投影特性。底面平行的投影面上的投影反映底面实形。

2.选 A,本题主要考核棱柱的投影规律。底面平行的投影面上的投影反映底面实形(六边形),多边形的边数反映了棱柱的侧棱数量,另外两面投影为若干个矩形围合而成的大矩形。

3.选 D,本题主要考核棱锥的投影规律。底面平行的投影面上的投影的外轮廓为多边形,多边形的边数和内部三角形的个数反映棱锥的棱数,另外两面投影为若干个三角形围合而成的等高大三角形。

5.2 曲面体的投影

表面全是曲面或既有曲面又有平面的立体称为曲面体,常见的曲面体是回转体,主要有圆柱、圆锥、球体等。

5.2.1 常见曲面体的投影及特性(表 5.2)

表 5.2 常见曲面体的投影及特性

曲面体	直观图	投影	形体和投影特性
圆柱	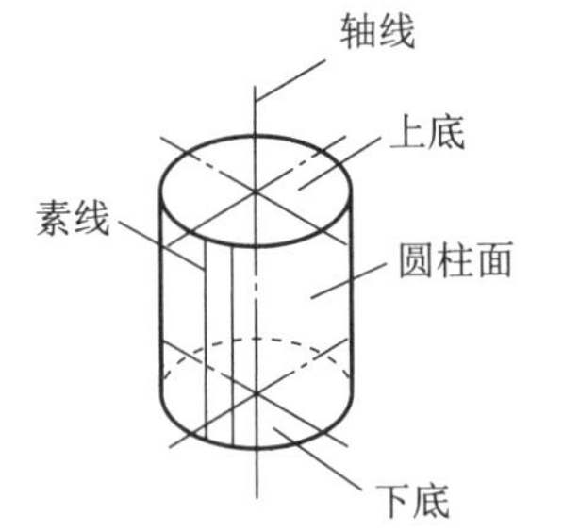	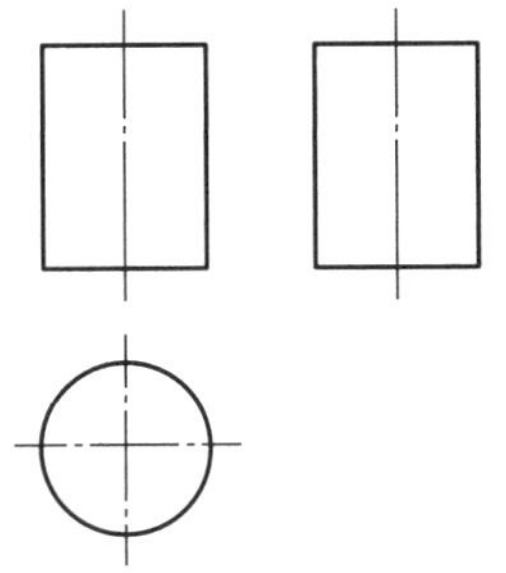	圆柱形体特性: 两底面为全等且相互平行的圆,圆柱面可看作是直母线绕与它平行的轴线旋转而成,所有素线相互平行 圆柱投影特性: 两底面的投影为重合的圆,另两面投影为矩形(矩形由处在不同位置的两条素线的投影与两底面积聚投影的直线围成)
圆锥	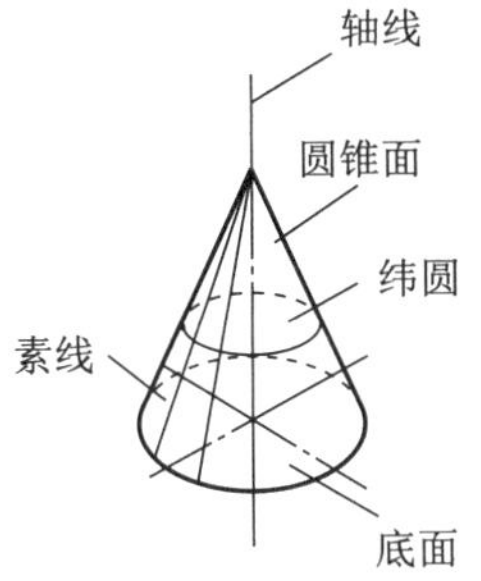	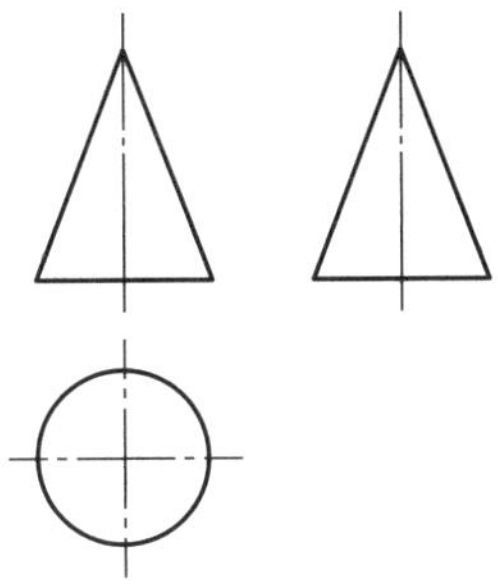	圆锥形体特性: 底面为圆,圆锥面可看作是直母线绕与它相交的轴线旋转而成,所有素线交汇于圆锥顶 圆锥投影特性: 底面为圆,另两面投影为三角形(三角形由处在不同位置的两条素线的投影与底面积聚投影的直线围成)
圆台	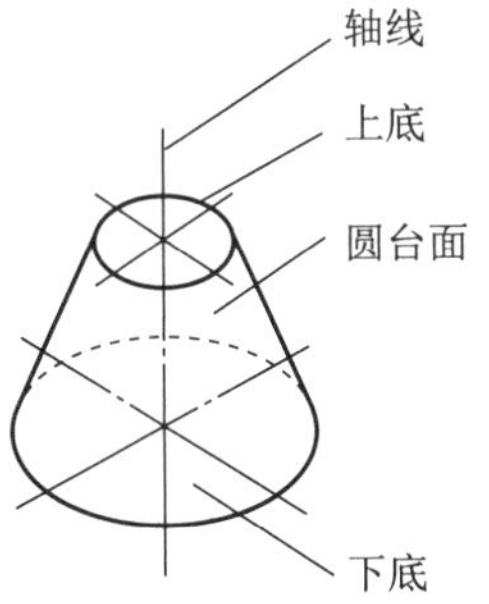	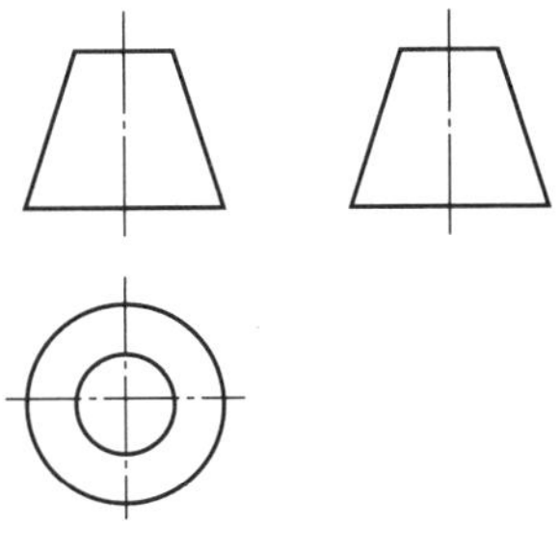	圆台形体特性: 两底面为相互平行的圆,圆台面可看作是直母线绕与它倾斜的轴线旋转而成,所有素线延长后交于一点 圆台投影特性: 上、下底面的投影为两个同心圆,另两面投影为梯形
球	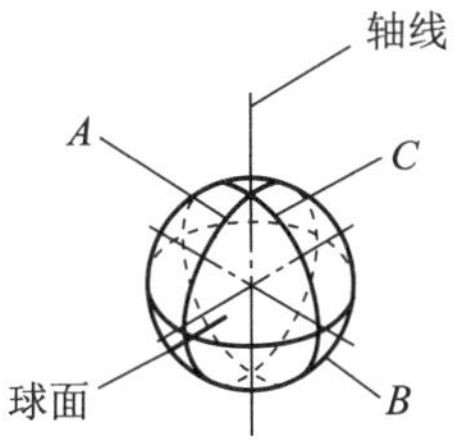	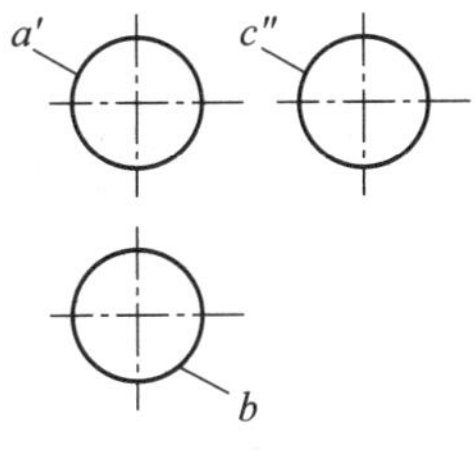	球形体特性: 球面可看作是母线圆绕直径为轴线旋转而成,所有素线均为大圆 球投影特性: 三个投影均为圆,且为直径相等并等于球径的圆

5.2.2　曲面体的绘制方法

1.圆柱的作图步骤

将圆柱立放在三面投影体系中,使上、下底面平行于 H 面,圆柱面垂直于 H 面[图 5.8(a)]。

(1)先作 H 面投影[图 5.8(b)]。

(2)根据"长对正"和圆柱的高画出 V 面投影,它们是由上、下底面的积聚投影和最左、最右轮廓素线围成的矩形[图 5.8(c)]。

(3)根据"高平齐、宽相等"画出 W 面投影,它们也是上、下底面的积聚投影和最前、最后轮廓素线围成的矩形。最后加深图线[图 5.8(d)]。

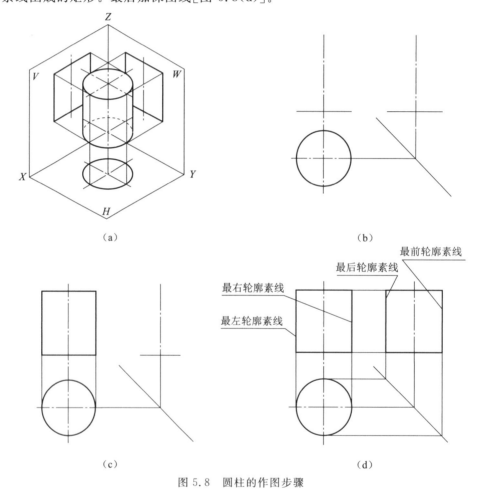

图 5.8　圆柱的作图步骤

2.圆锥的作图步骤(图 5.9)

(1)先画出投影轴和中心基准线,在 H 面上画出圆锥底面的水平投影。

(2)按"长对正、高平齐、宽相等"的投影规律,确定棱锥的高度并作出 V 面、W 面投影。

(3)最后检查整理,加深图线。

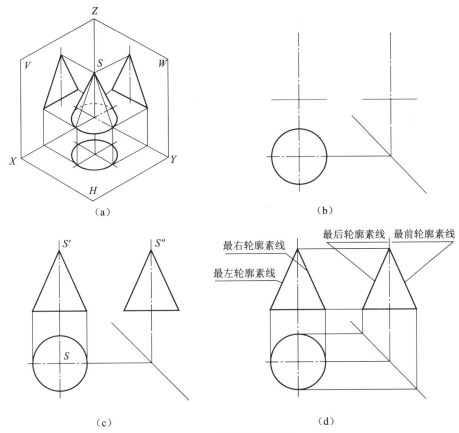

图 5.9　圆锥的作图步骤

3.球体的作图步骤(图 5.10)

(1)画出圆的中心线及球体的水平投影。

(2)按"长对正、高平齐、宽相等"的投影关系,作出 V 面、H 面投影。

(3)最后检查整理,加深图线。

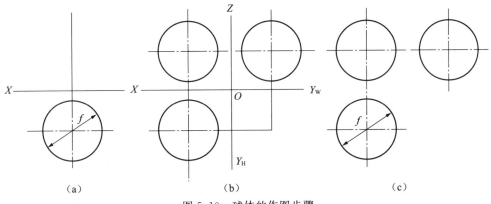

图 5.10　球体的作图步骤

5.2.3 曲面体表面上点和线的投影

在曲面体表面上取点,与在平面体表面上取点类似,即通过该点在曲面上作辅助线,然后利用线上点的投影原理,作出该点的投影。具体做法是:

(1)处于特殊位置上的点,如圆柱和圆锥的最前、最后、最左、最右轮廓素线,底边圆周及球平行于三个投影面的最大圆周等位置的点,可直接利用轮廓线上求点的投影方法求得。

(2)处于其他位置的点,可利用曲面体投影的积聚性,用素线法或纬圆法求得。

作曲面体表面上线的投影时,可先作出线段首尾点及中间若干点的三面投影,再用光滑的曲线连接起来即可。

曲面体表面上点和线的可见性与曲面的可见性有关,可见曲面上的点和线是可见的,反之是不可见的。

已知圆柱表面上点 A 的投影 a',点 B 的投影 b',下底面上点 C 的投影 c',求作点 A、B、C 的其他两面投影。作法如图 5.11 所示。

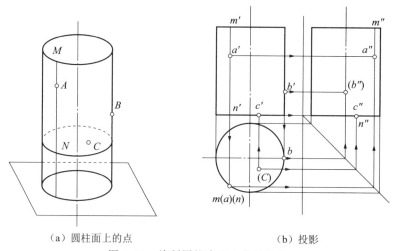

（a）圆柱面上的点　　　　　　　　　（b）投影

图 5.11　绘制圆柱表面上点的投影

已知圆锥表面上点 A 的投影 a',求作点 A 的其他两面投影。可采用素线法(图 5.12)和纬圆法(图 5.13)绘制圆锥表面上点的投影。

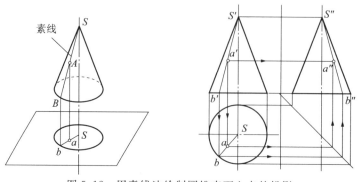

图 5.12　用素线法绘制圆锥表面上点的投影

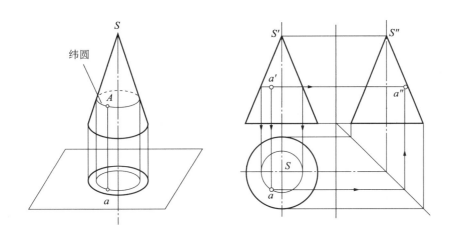

图 5.13　用纬圆法绘制圆锥表面上点的投影

5.2.4　曲面截切体的投影特征

1. 截交线分析

平面与曲面体相交,其截交线一般为封闭的平面曲线。其形状取决于曲面体的几何特征,以及截平面与曲面体的相对位置。

2. 平面截切圆柱

平面截切圆柱时,根据截平面与圆柱轴线的相对位置不同,截交线有三种不同的形状,见表 5.3。

表 5.3　平面与圆柱的截交线

名称	截平面平行于轴线	截平面垂直于轴线	截平面倾斜于轴线
立体图			
投影图			
截交线形状	矩形	圆	椭圆

3. 平面截圆锥

平面截切圆锥时,根据截平面与圆锥相对位置的不同,截交线有五种不同的形状,见表 5.4。

表 5.4　平面与圆锥的截交线

截平面的位置	与轴线垂直	与轴线倾斜且与所有素线相交	平行于任一素线	与轴线平行	过圆锥顶点
立体图	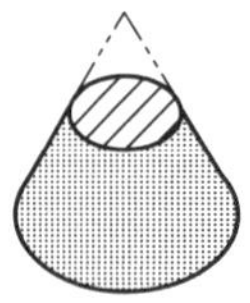	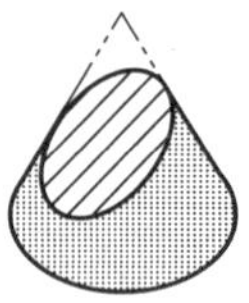	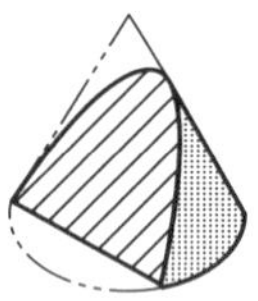	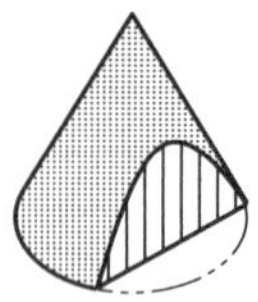	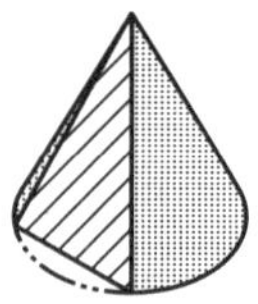
投影图	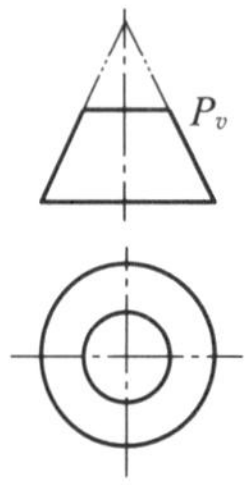	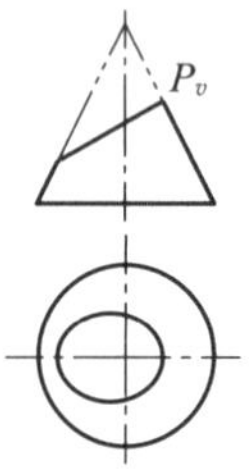	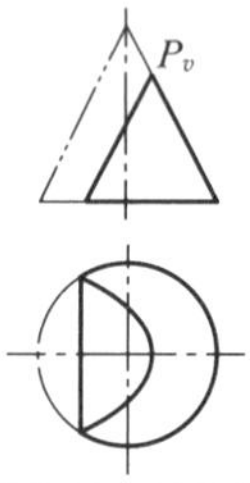	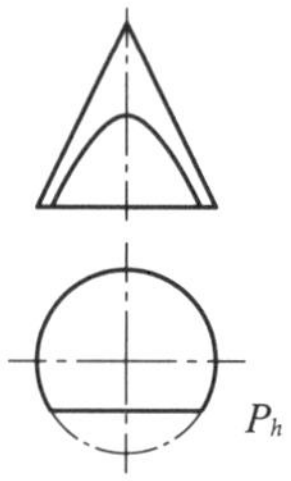	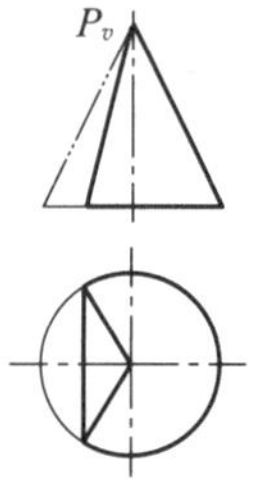
截交线形状	圆	椭圆	抛物线与直线组成	双曲线与直线组成	等腰三角形

4. 平面截切球体

平面与球体相交,不管截平面的位置如何,截交线的形状均为圆。根据截平面与投影面的相对位置的不同,截交线的投影有三种不同的情况,见表 5.5。

表 5.5　平面与球的截交线

截平面位置	与 V 面平行	与 H 面平行	与 W 面平行
立体图	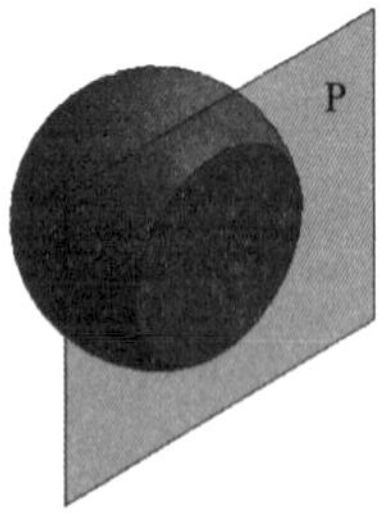	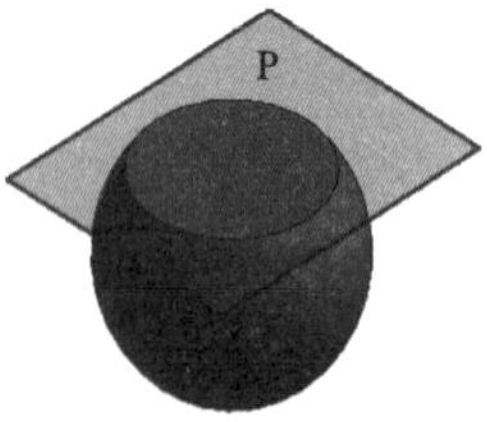	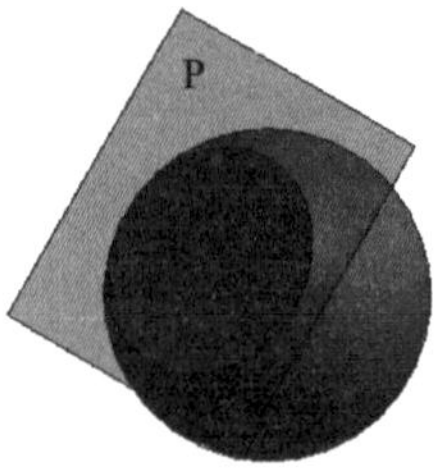
投影图	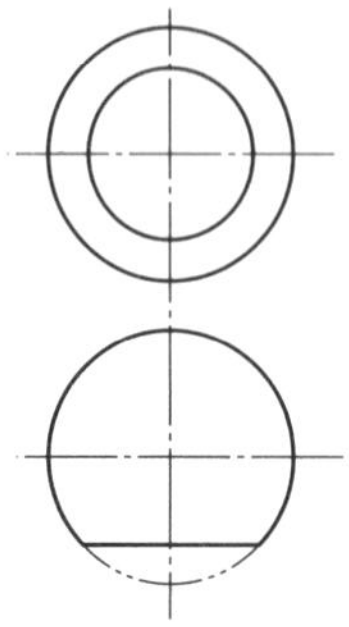	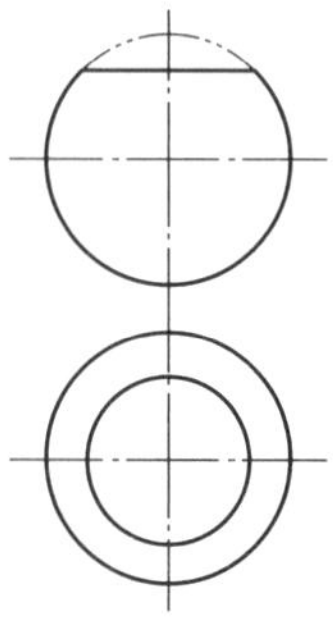	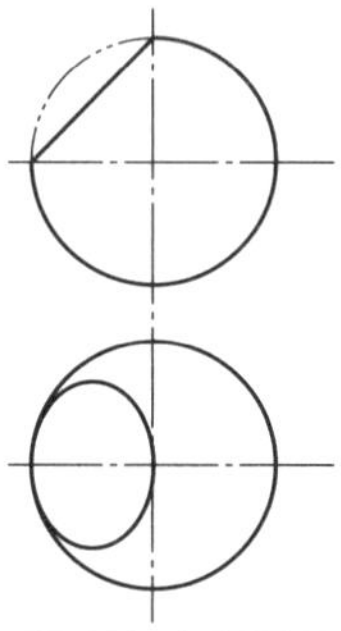

真题自测

一、单项选择题

1.(2019 年)如图所示形体的三面投影图,正确的立体图是(　　)。

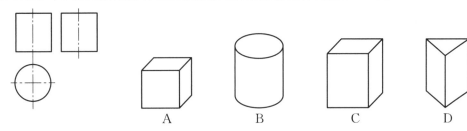

2.(2020 年)某形体的某一投影图是圆,则该形体一定不是(　　)。

　　A.球体　　　　　　　　B.圆锥　　　　　　　　C.圆柱　　　　　　　　D.长方形

3.(2022 年)用垂直于圆锥轴线的平面截切圆锥,截交线为(　　)。

　　A.双曲线　　　　　　　B.椭圆　　　　　　　　C.圆　　　　　　　　　D.抛物线

二、判断选择题

1.(2019 年)球体的三面投影都是圆。　　　　　　　　　　　　　　　　　　　　　(　　)

　　A.正确　　　　　　　　　　　　　　　B.错误

2.(2020 年)当截平面倾斜于圆柱体轴线时,截交线为圆。　　　　　　　　　　　　(　　)

　　A.正确　　　　　　　　　　　　　　　B.错误

真题解析

一、单项选择题

1.选 B,本题主要考核基本体的三面投影规律。当圆柱的轴线为铅垂线时,其水平投影为圆,另外两面投影为矩形。

2.选 D,本题主要考核曲面体的投影规律。四棱柱的三面投影均为矩形。

3.选 C,本题主要考核平面与圆锥的截交线。用垂直于圆锥轴线的平面截切圆锥,截交线为圆。

二、判断选择题

1.选 A,本题主要考核曲面体的投影特性。球看作是母线圆绕直径为轴线旋转而成,所有素线均为大圆,其三面投影均为圆,且为直径相等并等于球径的圆。

2.选 B,本题主要考核平面与圆锥的截交线。当截平面倾斜于圆柱体轴线时与所有的素线都相交,其截交线为椭圆。

5.3　组合体的投影

建筑物及其构配件的形状是多种多样的,但都可以看作是由一些基本形体按一定的组合形式组合而成的。把由两个或两个以上的基本形体按一定形式组合而成的形体称为组合体。

5.3.1 组合体的类型

1. 组合体的组合方式

常见的组合体有三种类型。

（1）叠加型[图 5.14(a)]：由若干基本形体堆砌或拼合而成，这是组合体最基本的形式。

（2）切割型[图 5.14(b)]：由一个基本形体切除了某些部分而成。

（3）混合型[图 5.14(c)]：由上述叠加型和切割型混合而成。

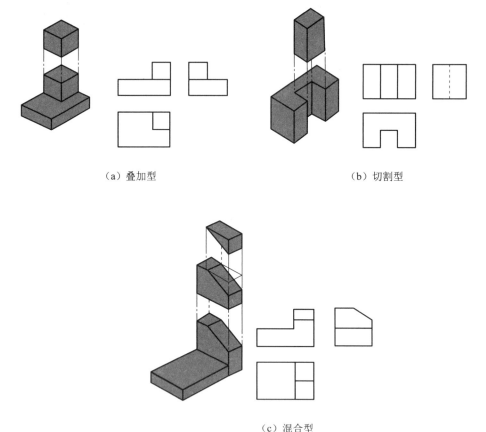

（a）叠加型　　　　　　　　　　　　　　　（b）切割型

（c）混合型

图 5.14　组合体的类型

2. 形体表面的连接关系

识读组合体的投影图时，必须注意各基本体组合表面的连接关系，才能理解形体的正确形状。组合体各表面之间的连接关系可分为平齐、不平齐、相切和相交四种情况。

（1）平齐（共面）[图 5.15(a)]：两个基本体表面位于同一平面上，它们之间不存在分界线，因此两表面间不画线。

（2）相切[图 5.15(b)]：两个基本体表面相切，相切处光滑过渡，不存在轮廓线，不画线。

（3）相交[图 5.15(c)]：两个基本体表面相交，在相交处表面形成交线，必须画出交线。

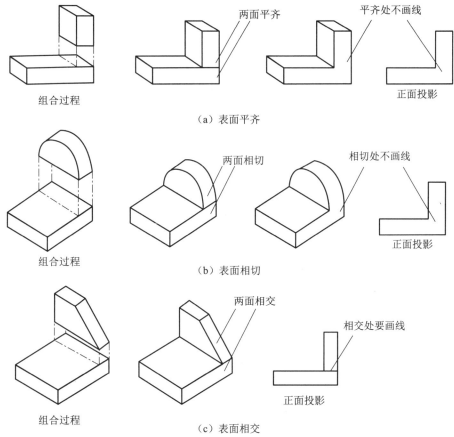

（a）表面平齐

（b）表面相切

（c）表面相交

图 5.15　形体表面的连接关系

5.3.2　组合体投影图的识读

1. 形体分析法

根据基本体的投影特点,在组合体投影图上分析其组合方式、各组成部分的形状、表面连接方式以及相互位置关系,然后综合起来确定组合体的空间形状。

识读图 5.16 所示组合体投影。

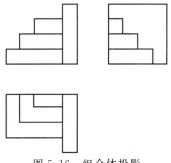

图 5.16　组合体投影

识读过程如图 5.17 所示。

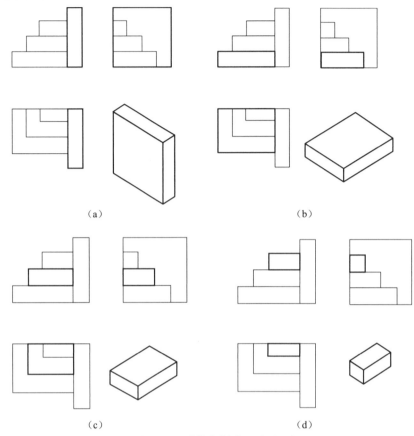

（a）　　　　　　　　　　　（b）

（c）　　　　　　　　　　　（d）

图 5.17　形体分析法识读过程

最后想象出该组合体的空间形状，如图 5.18 所示。

图 5.18　组合体的空间形状

2. 线面分析法

对于较复杂的组合体，局部投影弄不清楚时，可对投影图中的每条线和线框进行分析，根据线、面的投影特征，明确空间形状和位置关系，综合起来就能想象出整个形体的形状。

识读图 5.19(a)所示组合体投影。

从图中可以看出，H 面投影有三个线框 1、2、3，根据投影关系在 V 面投影和 W 面

投影中确定 $1'$、$2'$、$3'$ 和 $1''$、$2''$、$3''$。V 面投影的三个线框中除已标定的 $3'$ 外,还有两个线框 $4'$、$5'$。根据投影关系可在 H 面投影和 W 面投影中确定 4、5 和 $4''$、$5''$。W 面投影的两个线框中除已标定的 $2''$ 外,还有线框 $6''$,同理可在 H 面投影和 V 面投影中确定 6、$6'$。

平面 I 是水平面,在形体的最上部;平面 II 是正垂面,在形体的左上部;平面 III 是侧垂面,在形体的前上部;平面 IV 是正平面,在形体的左前部;平面 V 也是正平面,在形体的右前部;平面 VI 是侧平面,在形体的最左侧。由以上对六个面空间位置的分析,想象出该组合体的空间形状如图 5.19(b)所示 。

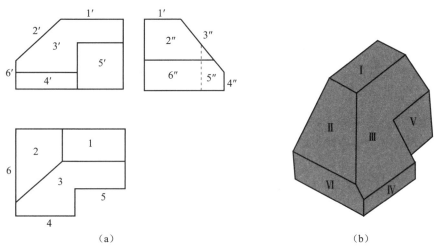

（a）　　　　　　　　　　　　　　　（b）

图 5.19　用线面分析法识读组合体投影

5.3.3　组合体投影的绘制

绘制组合体投影,首先应对组合体进行形体分析:是由哪些基本形体组合而成? 与投影面之间的关系如何? 它们之间的相对位置如何? 然后选择视图,画底稿,最后清理图面,加深图线。

绘制组合体投影时还要注意组合体在三面投影体系中所放的位置:一般应使形体中复杂而且反映形体特征的面平行于 V 面;使作出的投影虚线少,图形清楚。

现以图 5.20(a)所示立体图为例,说明绘制组合体投影图的具体步骤。

1.形体分析

由已知立体图判断,该形体是由底板 I 、左侧板 II 、右侧板 III 叠加组成的[图 5.20(b)]。

2.投影分析

确定安放位置、投影方向,将形体平放,底面与 H 面平行(图 5.21)。

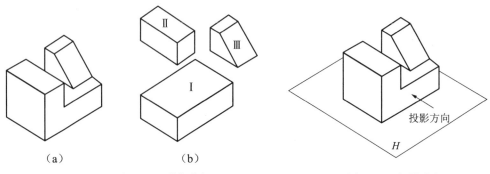

（a） （b）
图 5.20 形体分析

图 5.21 投影分析

3.绘制投影图

（1）根据形体大小,选择适当的图幅和比例。

（2）布置投影图,大致安排三个投影的位置。

（3）绘制投影图底稿,根据形体分析的结果进行绘制,依次为:

绘制最下面底板Ⅰ的三面投影[图 5.22(a)];

绘制左侧板Ⅱ的三面投影并与底板Ⅰ组合[图 5.22(b)];

绘制右侧板Ⅲ的三面投影并与Ⅰ、Ⅱ组合[图 5.22(c)];

去掉多余图线[图 5.22(d)];

判断可见性[图 5.22(e)]。

（4）检查整理、加深图线[图 5.22(f)]。

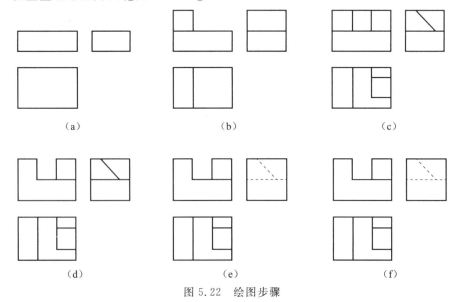

（a） （b） （c）

（d） （e） （f）

图 5.22 绘图步骤

真题自测

一、单项选择题

1.(2020 年)如图所示为形体的立体图、H 面及 V 面投影,正确的 W 面投影是(　　)。

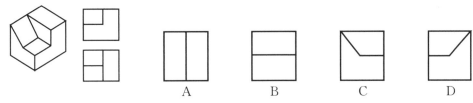

2.(2022 年)如图所示为形体的 V 面、W 面投影,则形体的 H 面投影为(　　)。

3.(2023 年)如图所示为形体的三面投影,该形体的立体图为(　　)。

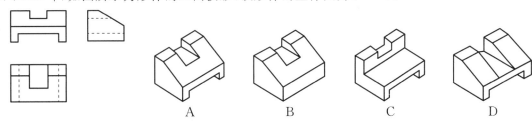

二、判断选择题

(2022 年)识读组合体投影,当图形比较复杂时,用形体分析法。　　　　(　　)

A. 正　确　　　　　　　　　　　　　　B. 错误

三、作图题

1.(2020 年)补全投影图中所缺的图线。

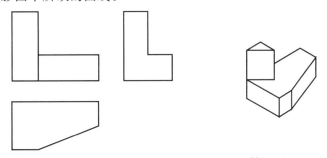

2.(2020 年)根据形体的立体图、正面投影和侧面投影,绘制形体的水平投影图。

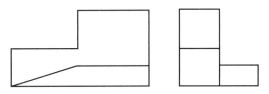

3.(2022 年)补全投影图中所缺的图线。

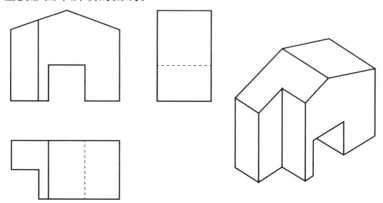

4.(2022 年)根据形体的立体图、正面投影和侧面投影,绘制形体的水平投影图。

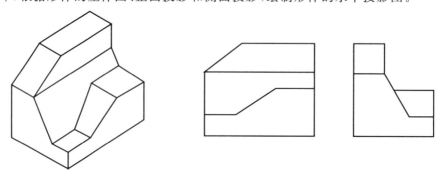

5.(2023 年)根据形体的水平投影和侧面投影,补绘正面投影。

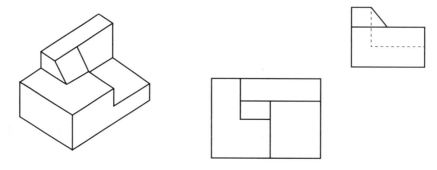

6.(2024 年)根据形体的 *V* 面 和 *W* 面投影,求 *H* 面投影

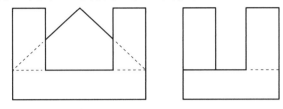

 真题解析

一、单项选择题

1.选 C,本题主要考核平面组合体的投影图的识读。根据已知的组合体轴测图、*V* 面、*H* 面投影,利用基本体的投影特征,分析表面连接关系,以及相互位置关系来确定 *W* 面投影。

2.选 A,本题主要考核组合体的投影图的识读。根据 *V* 面、*W* 面投影,利用线、面的投影特征,分析投影图中的每条虚、实线和表面连接关系以及相互位置关系,来确定 *H* 面投影。

3.选 A,本题主要考核组合体的识读。利用线、面的投影特征,对投影图中的线和面的投影特征、相对位置关系进行分析,确定形体的空间形状。

二、判断选择题

选 B,对于复杂的组合体,可采用线面分析法对投影图中的线和线框进行分析,利用投影规律,想象形体的空间形状。

三、作图题

1.本题主要考核三面投影图的识读和绘制。绘图结果如下图所示:

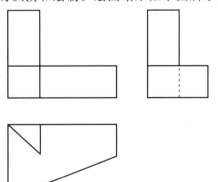

2.本题主要考核三面投影图的识读和绘制。绘图结果如下图所示：

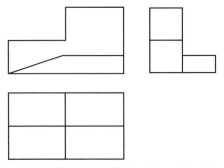

3.本题主要考核三面投影图的识读和绘制。绘图结果如下图所示：

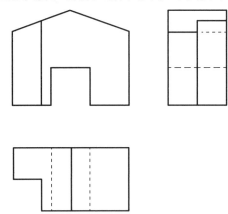

4.本题主要考核三面投影图的识读和绘制。绘图结果如下图所示：

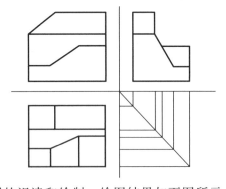

5.本题主要考核三面投影图的识读和绘制。绘图结果如下图所示：

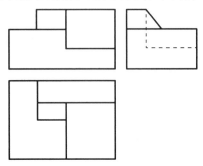

6.本题主要考核三面投影图的识读和绘制。绘图结果如下图所示：

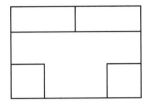

5.4 同坡屋面

坡屋顶是排水坡度较大的屋顶形式,由承重结构和屋面两个基本部分组成,坡面组织由房屋平面和屋顶形式决定,使用坡度一般大于 10%。

屋顶坡面交接形成屋脊、斜脊、天沟和檐口等。

5.4.1. 同坡屋面

檐口高度相等的同一屋面上,如各坡面与水平面的倾角相等,则称为同坡屋面。同坡屋面各部分名称如图 5.23 所示。

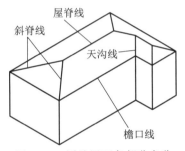

图 5.23 同坡屋面各部分名称

5.4.2. 同坡屋面的投影特性

檐口线等高的同坡屋面交线的特征如下。

(1)坡屋面的檐口线平行且等高时,前、后坡面必相交于一条水平屋脊线,屋脊线的水平投影平行于檐口线的水平投影,且与其等距,即在水平投影中位于两平行檐口线的正中央。

(2)檐口线相交的相邻两个坡面,必相交于斜脊线或天沟线,斜脊线或天沟线的水平投影必平分檐口线水平投影的夹角。若墙角均为直角,则斜脊线或天沟线的水平投影与檐口线的水平投影为 45°。

(3)在屋面上,如果有一水平屋脊与两斜脊或两天沟、一斜脊一天沟相交于一点,则这个点就是三个相邻屋面的共有点。

5.4.3. 同坡屋面的立体图及三面投影(图 5.24)。

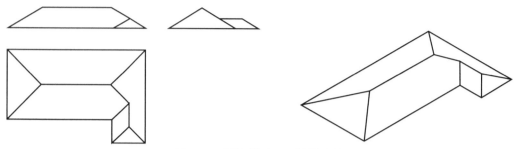

图 5.24 同坡屋面三面投影示例

 **真题自测**

判断选择题

(2022 年)同坡屋面的 H 面投影中,屋脊线平行于其相应两檐口线并等分两檐口线间距离。

( )

A. 正确   B. 错误

 **真题解析**

判断选择题

选 A,本题主要考核同坡屋面的投影特性。坡屋面的檐口线平行且等高时,前、后坡面必相交于一条水平屋脊线,屋脊线的水平投影平行于檐口线的水平投影,且与其等距,即在水平投影中位于两平行檐口线的正中央。

专项提升

一、单项选择题

1. 某基本体由一个多边形平面及有公共顶点的多个三角形平面围合而成,该形体可能是( )。

   A. 四棱锥   B. 三棱柱   C. 三棱台   D. 四棱台

2. 某基本平面体顶面与底面投影为相似多边形,侧面投影呈现为梯形,则该平面体可能为( )。

   A. 四棱锥   B. 四棱柱   C. 四棱台   D. 圆柱

3. 下列基本体为曲面体的是( )。

   A. 棱锥   B. 棱柱   C. 棱台   D. 圆台

4. 下列选项中,不属于组合体组合形式的是( )。

   A. 叠加式   B. 切割式   C. 相贯式   D. 综合式

5. 下列选项中不属于组合体尺寸类型的选项是( )。

   A. 标高尺寸   B. 总尺寸   C. 定位尺寸   D. 定形尺寸

6.下列选项中,只能利用纬圆法进行表面取点的形体是(　　)。

　　A.圆柱　　　　　　　　　　　　　B.圆台

　　C.圆锥　　　　　　　　　　　　　D.圆球

7.把一个复杂形体分解成若干个基本形体进行形体分析的方法称为(　　)。

　　A.叠加分析法　　　　　　　　　　B.切割分析法

　　C.形体分析法　　　　　　　　　　D.线面分析法

8.根据形体的 H 面、V 面投影,正确的 W 面投影为(　　)。

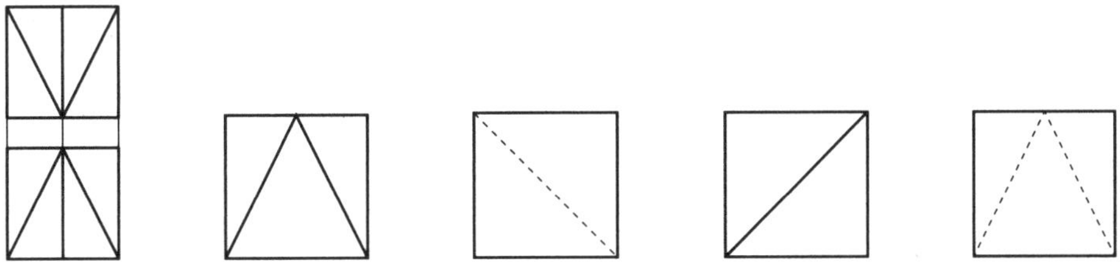

A　　　　　B　　　　　C　　　　　D

9.根据形体的 H 面、W 面投影,正确的 V 面投影为(　　)。

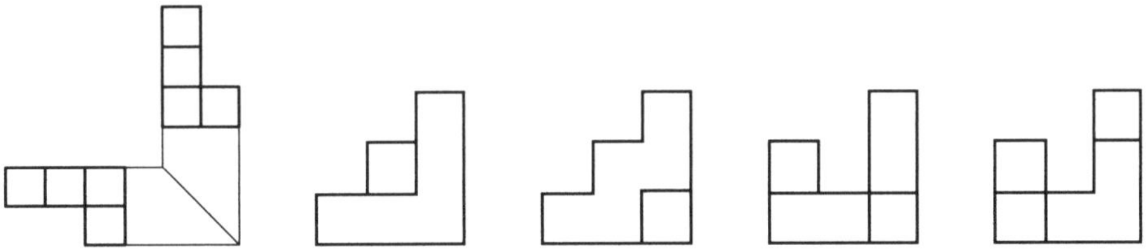

A　　　　　B　　　　　C　　　　　D

10.根据形体的 H 面、W 面投影,正确的 V 面投影为　　　　　　　　(　　)

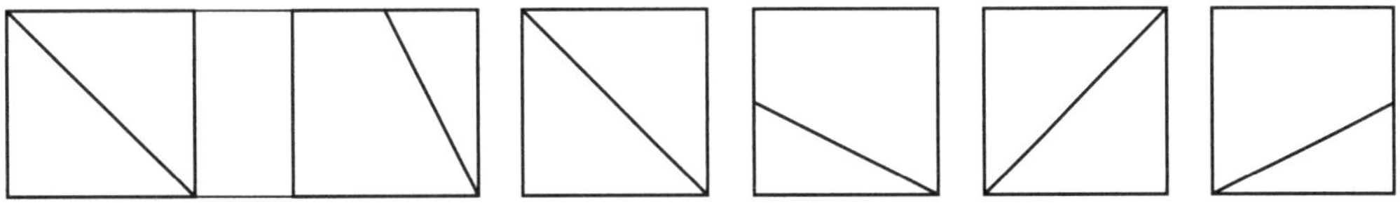

A　　　　　B　　　　　C　　　　　D

二、判断选择题

1.表面全为平面的形体称为平面体,表面全由曲面围成的形体称为曲面体。　　(　　)

　　A.正确　　　　　　　　　　　　　B.错误

2.平面体上取点只能用素线法,曲面体上取点只能用纬圆法。　　　　　　　　(　　)

　　A.正确　　　　　　　　　　　　　B.错误

3.平面体表面上的点和直线投影应符合平面上点和直线投影的特性。　　　　(　　)

　　A.正确　　　　　　　　　　　　　B.错误

4.以线和面投影特点为基础,对投影图的线框进行分析,想象形体形状的方法称为线面分析
　　法。　　　　　　　　　　　　　　　　　　　　　　　　　　　　　　　(　　)

　　A.正确　　　　　　　　　　　　　B.错误

5.两面投影为矩形的形体一定是四棱柱。　　　　　　　　　　　　　　　　(　　)

　　A.正确　　　　　　　　　　　　　B.错误

三、作图题

1. 根据直观图,绘制形体的三面投影。

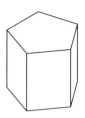

2. 根据直观图,绘制形体的三面投影。

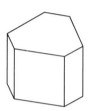

3. 根据直观图,绘制形体的三面投影。

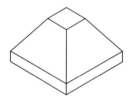

4. 根据直观图,绘制形体的三面投影。

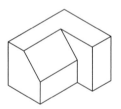

5. 根据直观图,绘制形体的三面投影。

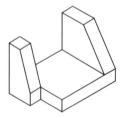

6. 根据直观图,绘制形体的三面投影。

7.根据直观图,绘制形体的三面投影。

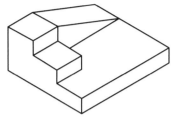

8.根据 *V* 面、*W* 面投影,补绘形体 *H* 面投影。

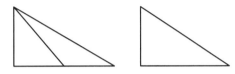

9.根据 *H* 面、*V* 面投影,补绘形体 *W* 面投影。

10.根据 *H* 面、*V* 面投影,补绘形体 *W* 面投影。

11.根据 *H* 面、*V* 面投影,补绘形体 *W* 面投影。

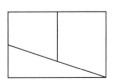

12.根据 H 面、V 面投影,补绘形体 W 面投影。

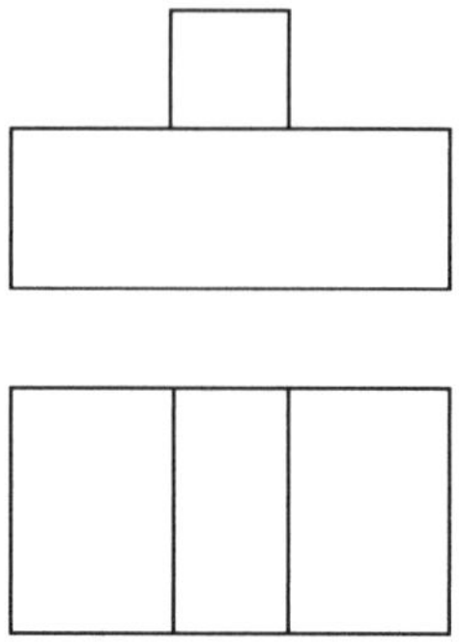

13.根据两面投影,绘制第三面投影。

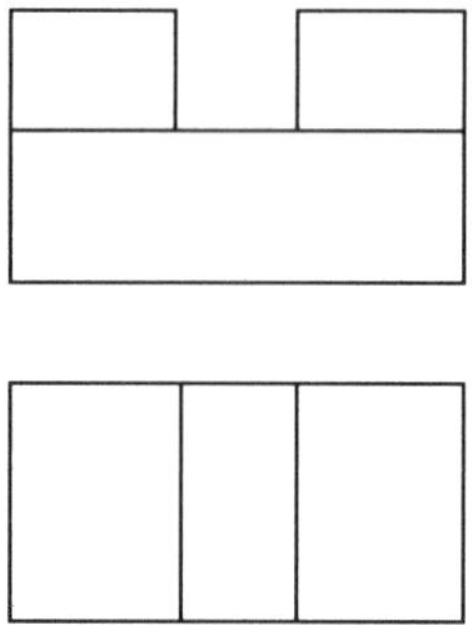

14.根据两面投影,绘制第三面投影。

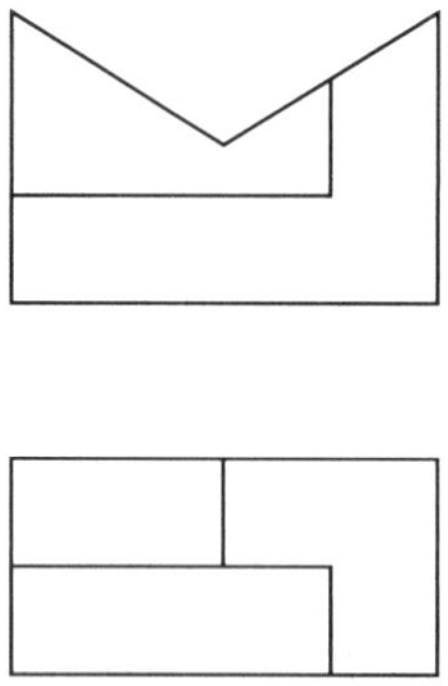

15.根据两面投影,绘制第三面投影。

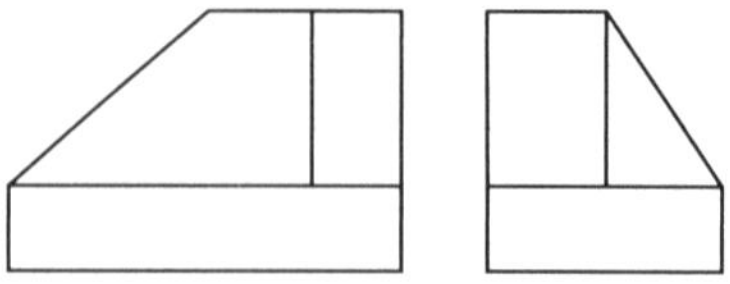

16.根据两面投影,绘制第三面投影。

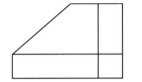

17.根据两面投影,绘制第三面投影。

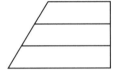

18.根据两面投影,绘制第三面投影。

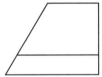

19.根据两面投影,绘制第三面投影。

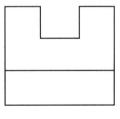
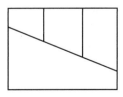

20.根据两面投影,绘制第三面投影。

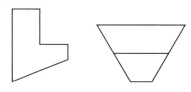

21.根据直观图,补全三面投影的图线。

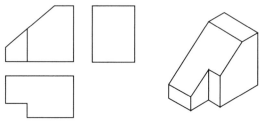

22.补全图中所缺的图线。

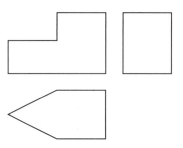

23.补全图中所缺的图线。

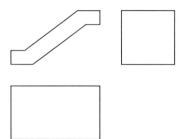

24.补全图中所缺的图线。

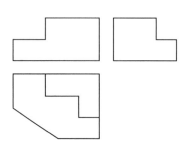

25.补全图中所缺的图线。

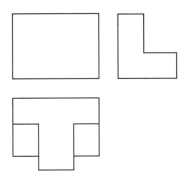

第6章 轴测投影

考试大纲

考纲要求	考查题型	分值预测
1.了解轴测投影的种类和特点； 2.理解正等轴测投影和正面斜轴测投影（斜二测）的基本概念； 3.掌握简单平面形体正等轴测图的绘制。	单项选择题 判断题 连线题 绘图题	10～20分

知识框架

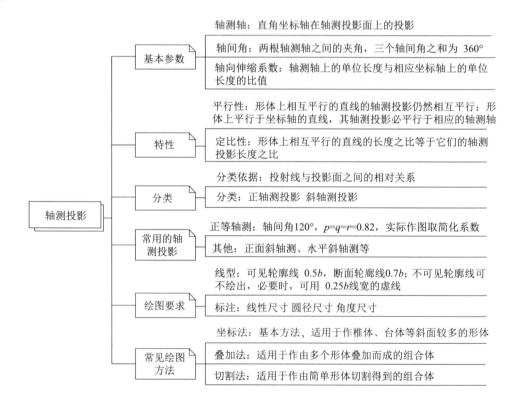

轴测投影
- 基本参数
  - 轴测轴：直角坐标轴在轴测投影面上的投影
  - 轴间角：两根轴测轴之间的夹角，三个轴间角之和为360°
  - 轴向伸缩系数：轴测轴上的单位长度与相应坐标轴上的单位长度的比值
- 特性
  - 平行性：形体上相互平行的直线的轴测投影仍然相互平行；形体上平行于坐标轴的直线，其轴测投影必平行于相应的轴测轴
  - 定比性：形体上相互平行的直线的长度之比等于它们的轴测投影长度之比
- 分类
  - 分类依据：投射线与投影面之间的相对关系
  - 分类：正轴测投影 斜轴测投影
- 常用的轴测投影
  - 正等轴测：轴间角120°，$p=q=r=0.82$，实际作图取简化系数
  - 其他：正面斜轴测、水平斜轴测等
- 绘图要求
  - 线型：可见轮廓线 $0.5b$，断面轮廓线$0.7b$；不可见轮廓线可不绘出，必要时，可用 $0.25b$线宽的虚线
  - 标注：线性尺寸 圆径尺寸 角度尺寸
- 常见绘图方法
  - 坐标法：基本方法，适用于作椎体、台体等斜面较多的形体
  - 叠加法：适用于作由多个形体叠加而成的组合体
  - 切割法：适用于作由简单形体切割得到的组合体

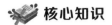核心知识

6.1 轴测投影的基本知识

前面学习的形体的三面投影能够完整、准确地反映物体的形状和大小,且作图简便,度量性好,是工程上应用最广泛的图样。但是,形体的每一面投影都只能反映形体的长、宽、高三个方向中的两个方向的尺度和形状,缺乏立体感,识读时必须将三个投影联系起来才能想象出空间形体的形状,必须具备一定的识图能力才能看懂。

在工程中,通常采用轴测投影作为一种辅助图样进行交流和沟通。轴测投影能同时反映物体的长、宽、高,具有较强的立体感,与人们的视觉形象一致,比较容易看懂。

形体的三面投影与轴测投影如图 6.1 所示。

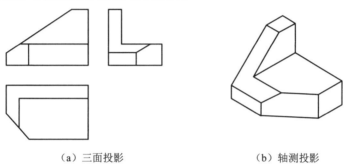

（a）三面投影　　　　　　　　　　（b）轴测投影

图 6.1　形体的三面投影与轴测投影

6.1.1 轴测投影形成

将物体连同确定其空间位置的直角坐标系,沿不平行于任一坐标面的方向,用平行投影法将其投射在单一投影面上所得的具有立体感的图形叫作轴测图(图 6.2)。

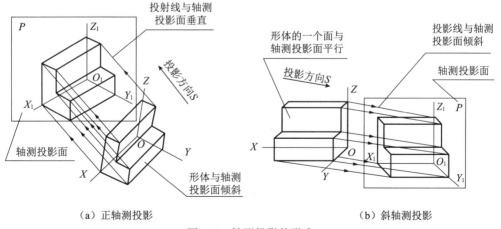

（a）正轴测投影　　　　　　　　　　（b）斜轴测投影

图 6.2　轴测投影的形成

6.1.2 轴测投影两个参数

1. 轴测轴与轴间角

直角坐标轴 OX、OY、OZ，在轴测投影面上的投影 O_1X_1、O_1Y_1、O_1Z_1 称为轴测轴；轴测投影中，两根轴测轴之间的夹角称为轴间角，三个轴间角之和为 $360°$（图 6.3）。

坐标轴：OX、OY、OZ；

轴测轴：O_1X_1、O_1Y_1、O_1Z_1；

轴间角：$\angle X_1O_1Z_1$、$\angle X_1O_1Y_1$、$\angle Y_1O_1Z_1$。

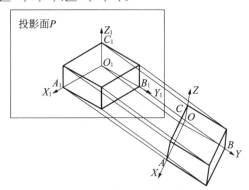

图 6.3 坐标轴、轴测轴与轴间角

2. 轴向伸缩系数

轴测轴上的单位长度与相应坐标轴上的单位长度的比值，称为轴向伸缩系数（或轴向变形系数、轴向缩短系数）。轴测图中，p、q、r 分别表示 OX 轴、OY 轴、OZ 轴的轴向伸缩系数，用轴向伸缩系数来控制轴向投影的大小变化（图 6.4）。

OX 轴轴向伸缩系数：$p = O_1A_1 / OA$；

OY 轴轴向伸缩系数：$q = O_1B_1 / OB$；

OZ 轴轴向伸缩系数：$r = O_1C_1 / OC$。

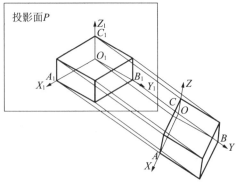

图 6.4 轴向伸缩系数

6.1.3 轴测投影的特性

轴测投影是应用平行投影的原理绘制的立体图，因此具有平行投影的特性。

1. 平行性

(1)形体上相互平行的直线的轴测投影仍然相互平行；

(2)形体上平行于坐标轴的直线,其轴测投影必平行于相应的轴测轴,均可沿轴的方向量取其尺寸,其投影长度可按轴向伸缩系数 p、q、r 量取确定。

2. 定比性

形体上相互平行的直线的长度之比,等于它们的轴测投影长度之比。

6.1.4　轴测投影的分类

(1)根据投射方向与轴测投影面之间的相对位置关系,将轴测投影分为正轴测投影和斜轴测投影两类。

正轴测投影[图 6.2(a)]:投射线垂直于轴测投影面,形体的三个方向的面与坐标轴与投影面倾斜。

斜轴测投影[图 6.2(b)]:投射线倾斜于轴测投影面,形体的一个方向的面及其两个坐标轴与投影面平行。

(2)根据轴向伸缩系数是否相等,以上两类轴测图又分别分为三种类型。

6.1.5　常用的轴测投影

工程中常用的轴测投影见表 6.1。

表 6.1　工程中常用的轴测投影

分类	概念	轴间角	轴向伸缩系数	示例	特点
正等轴测图（正等测）	投射方向垂直于轴测投影面,三个轴向伸缩系数都相等	Z_1，$120°$，$120°$，$120°$，X_1，Y_1	实际:$p=q=r\approx0.82$ 简化: $p=q=r=1$		作图简便,应用广
正面斜轴测图	轴测投影面平行于正立投影面,投射方向倾斜于轴测投影面	Z_1，$90°$，$135°$，X_1，$135°$，Y_1	$p=r=1$,取 $q=1$(正面斜等测)或 $q=0.5$(正面斜二测)		作图简便,立体感强,特别适合正面曲线多或复杂的形体
水平斜轴测图	轴测投影面平行于水平投影面,投射方向倾斜于轴测投影面	Z_1，$120°$，$150°$，0，X_1，$90°$，Y_1	$p=q=1$,取 $r=0.5$(水平斜二测)或 $r=1$(水平斜等测)		作图简便,立体感强,特别适合水平面曲线多或复杂的形体

 **知识拓展**

为了帮助读图,以便更直观地了解空间形体结构,工程中常用富有立体感的轴测图表达工程设计的结果或作为辅助图样。如将给水排水工程图及供暖与通风工程图中的系统轴测图作为工程直接生产用图样。在建筑工程图中,因为轴测图可以在单面投影图中表明形体的三个向度,所以常用来作为辅助图样。

图 6.5(a)是楼板、主梁、次梁和柱组成的楼盖节点的三面投影,需要一定的读图能力才能完全看懂。图 6.5(b)是仰视的正等测,它把梁、板、柱相交处的构造表达得非常清楚。

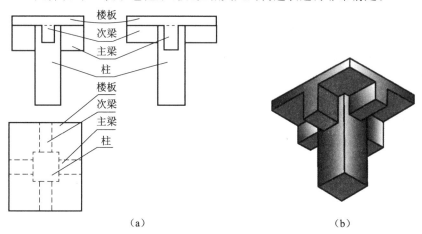

(a)   (b)

图 6.5 楼盖节点的三面正投影图和轴测图

备考锦囊

1. 轴测图与正投影图的区别

轴测图和正投影图都是工程制图中常用的图形表示方法,在备考过程中要注意它们之间的显著区别。

(1)轴测图:采用平行投影法,将物体连同其参考直角坐标系,沿不平行于任一坐标面的方向,投射到单一投影面上,轴测投影图属于单面投影图,有较强的立体感。

(2)正投影图:采用正投影法,将物体分别投射到三个相互垂直的投影面上,形成三个视图,属于多面投影图。

2. 三面投影和轴测投影的优缺点

选择题、判断题中也经常会考核三面投影和轴测投影优缺点的对比,要注意总结和归纳。

(1)轴测投影图:

①优点:直观性强,易于理解物体的三维形状,具有一定的度量性,作图相对简单,不需要复杂的投影变换。

②缺点:难以直接从图中准确读取物体的实际尺寸,不能确切地反映形体真实的形状和大小,在工程中一般仅作为辅助图样。

（2）三面投影图：

①优点：尺寸标注精确，能够详细表达物体的尺寸和形状，度量性好；

②缺点：直观性较差，需要观察者具备一定的空间想象能力；作图过程较为复杂，需要进行多个视图的投影和综合分析。

复习时，可以通过制作图表、对比记忆和实际应用场景来加深对这些知识点的理解和记忆。

真题自测

一、单项选择题

1.（2019 年）正等测图的轴间角是（　　）。

    A. $30°$　　　　　　　B. $90°$　　　　　　　C. $120°$　　　　　　　D. $135°$

2.（2020 年）轴向伸缩系数 p、q、r 及轴间角均相等的轴测图是（　　）。

    A. 正等测图　　　　B. 正二测图　　　　C. 斜等测图　　　　D. 斜二测图

3.（2020 年）下列属于轴测图的是（　　）。

    A. 透视图　　　　　B. 正等测图　　　　C. 标高投影图　　　　D. 三面投影图

4.（2023 年）正等轴测图实际作图时，选取的简化轴向伸缩系数为（　　）。

    A. $p=r=1,q=0.5$　　B. $p=q=1,r=0.5$　　C. $p=q=r=1$　　D. $p=q=r=0.82$

二、判断选择题

1.（2019 年）轴测投影图是按照中心投影法绘制的。　　　　　　　　　　　　　（　　）

    A. 正确　　　　　　　　　　　　　　B. 错误

2.（2020 年）轴测图属于单面投影图。　　　　　　　　　　　　　　　　　　　（　　）

    A. 正确　　　　　　　　　　　　　　B. 错误

3.（2023 年）轴测投影属于平行投影。　　　　　　　　　　　　　　　　　　　（　　）

    A. 正确　　　　　　　　　　　　　　B. 错误

真题解析

一、单项选择题

1.选 C，本题主要考核轴测投影的参数。正等轴测图的轴间角均相等，为 $120°$。

2.选 A，本题主要考核轴测投影的参数。正等轴测图的轴间角均相等，为 $120°$，其轴向伸缩系数为 0.82，绘图中一般简化为 1。

3.选 B，本题考核的是轴测图的分类。轴测图可以分成正轴测图和斜轴测图。其中正轴测图依据轴间角和轴向伸缩系数的不同可以分为正等轴测图（简称正等测）、正二测和正三测，同理，斜轴测图也可以一样分类。

4.选 C，本题主要考核正等轴测图的轴向伸缩系数。

二、判断选择题

1.选 B，本题考核的是轴测投影的概念。将物体连同确定其空间位置的直角坐标系，沿不平行于任一坐标面的方向，用平行投影法将其投射在单一投影面上所得的具有立体感的图形叫作轴测图,因此轴测图采用的是平行投影法来绘制的。

2.选 A,本题主要考核轴测图的基本概念。轴测投影采用平行投影法,将物体连同其参考直角坐标系,沿不平行于任一坐标面的方向,投射到单一投影面上,因此轴测投影图属于单面投影图。

3.选 A,轴测投影采用的是平行投影法进行投影形成。

6.2 轴测图的画法

轴测图的基本作图步骤如下:

(1)根据正投影图了解所画形体的实际形状和特征。

(2)选择轴测投影的种类。选择时应考虑作图简便,能全面反映形体的形状,通常方正、平直的形体宜采用正轴测投影,对形体复杂或带有曲线的形体考虑采用斜轴测投影。

(3)选定比例,沿轴按比例量取尺寸。根据空间平行线在轴测投影中仍平行的特性,确定图线方向,连接所作平行线,即完成轴测图底稿(底稿应轻、细、准)。

(4)检查底稿,加深轮廓线,擦去辅助线,完成轴测图。

6.2.1 轴测图作图基本规定

1.轴测图绘制的线型相关规定

(1)轴测图的可见轮廓线宜用 $0.5b$ 线宽的实线绘制,断面轮廓线宜用 $0.7b$ 线宽的实线绘制。不可见轮廓线可不绘出,必要时,可用 $0.25b$ 线宽的虚线绘出所需部分。

(2)轴测图的断面上应绘出其材料图例线,图例线应按其断面所在坐标面的轴测方向绘制。如以 45°斜线为材料图例线时应按图 6.6 绘制。

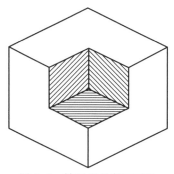

图 6.6 轴测图的断面画法

2.轴测图的尺寸标注

作为辅助图样的轴测图,为了表明形体各部分的实际大小,就需要标注尺寸。

(1)轴测图的线性尺寸标注:标注在各自所在的坐标面内,尺寸线应与被注长度平行,尺寸界线应平行于相应的轴测轴,尺寸数字的方向应平行于尺寸线,如出现字头向下倾斜时,应将尺寸线断开,在尺寸线断开处水平方向注写尺寸数字。轴测图的尺寸起止符号宜用小圆点(图 6.7)。

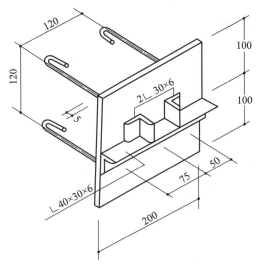

图 6.7 轴测图线性尺寸的标注方法

（2）轴测图中的圆径尺寸标注：标注在圆所在的坐标面内；尺寸线与尺寸界线应分别平行于各自的轴测轴。圆弧半径和小圆直径尺寸也可引出标注，但尺寸数字应注写在平行于轴测轴的引出线上（图 6.8）。

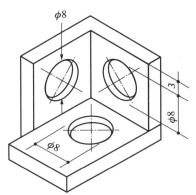

图 6.8 轴测图圆直径的标注方法

（3）轴测图角度的尺寸标注：标注在该角所在的坐标面内，尺寸线应画成相应的椭圆弧或圆弧。尺寸数字应水平方向注写（图 6.9）。

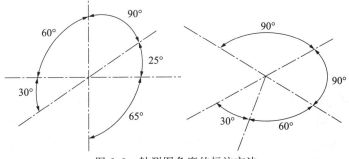

图 6.9 轴测图角度的标注方法

6.2.2　正等轴测图的绘制

房屋建筑的轴测图宜采用正等测投影,并用简化轴向伸缩系数绘制,即 $p=q=r=1$。

这里注意:正等测的三个轴向伸缩系数均约为 0.82,为了作图方便,减少计算量,采用简化轴向伸缩系数,取 $p=q=r=1$。所以绘图时平行于轴线的所有线段都可以按形体的实际尺寸量取,这样画出来的轴测图沿轴测轴方向分别放大了 1/0.82 倍(约1.22倍)

根据三视图画正等轴测图的关键是要弄清直角坐标系与轴测坐标系间的对应关系。点是描述形体最基本的几何元素,因此,先介绍点正等轴测图的画法,然后再总结其他形体正等轴测图的画法。

1. 点正等轴测图的绘制

如图 6.10(a)所示,A 点的直角坐标用 (x_a,y_a,z_a) 表示,为作图简便,简化伸缩系数取1,A 点正等轴测图的画法如下:

(1)按图 6.10(b)所示的形式画出正等轴测坐标系 O_1-$X_1Y_1Z_1$。

(2)在轴测轴 O_1X_1 上找出投影图中 a_x 的对应点 a_1X_1,即在 O_1X_1 轴上截取 $O_1a_1X_1=Oa_x=x_a$。

(3)在 O_1-$X_1Y_1Z_1$ 坐标系中,过 a_1X_1 作 O_1Y_1 的平行线,根据投影图在该平行线上截取 $a_1X_1a_1=a_xa=y_a$。

(4)在 O_1-$X_1Y_1Z_1$ 坐标系中,过 a_1 作 O_1Z_1 轴的平行线,在该平行线上截取 $a_1A_1=a_xa'=z_a$,所得点即为空间点 A 的正等轴测图[图 6.10(c)]。

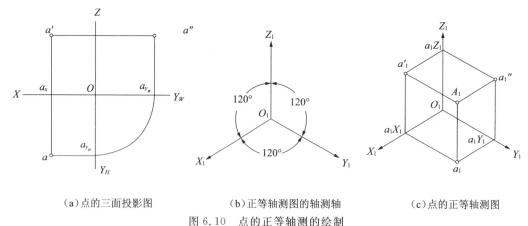

(a)点的三面投影图　　(b)正等轴测图的轴测轴　　(c)点的正等轴测图

图 6.10　点的正等轴测的绘制

2. 平面立体的正等轴测图绘制

轴测图常用的作图方法有:坐标法、叠加法、切割法等几种,其中,坐标法是最基本的绘图方法,正等轴测图的绘制也是一样的。在实际绘图中,要根据形体的形状和特点来选择合理、简便的作图方法。在实际绘制正等轴测图时,往往是几种方法混合使用。

正等轴测图常用的作图方法见表 6.2。

表 6.2　正等轴测图常用的作图方法

作图方法	坐标法	叠加法	切割法
基本思路	1.分析平面形体的长、宽、高等尺寸； 2.确定形体上各顶点的坐标值画出轴测图	1.把形体分解成若干基本体； 2.逐一画出每一基本形体	1.把形体看成一个完整的基本体； 2.根据投影关系,切去多余部分,画出截面
投影	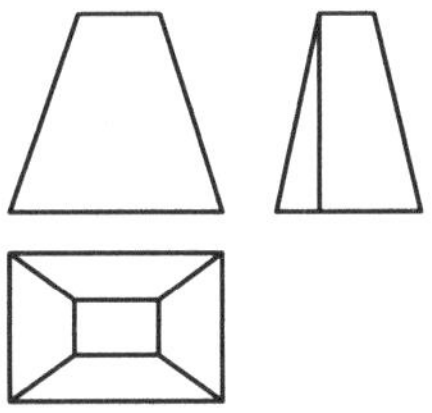	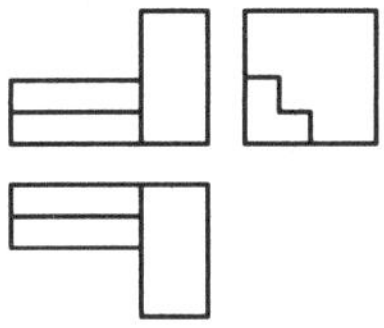	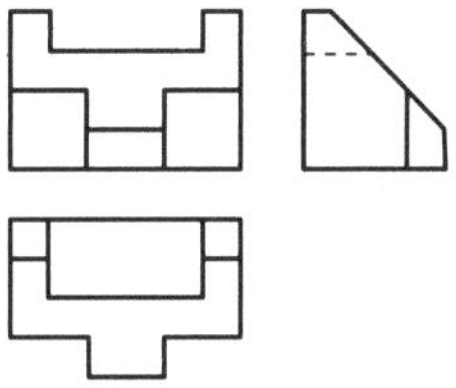
画法	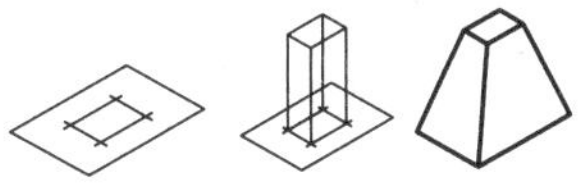	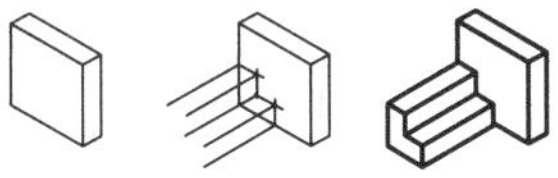	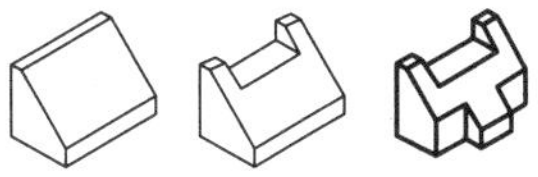
备注	绘制轴测图的基本方法,适用于作椎体、台体等斜面较多的形体的轴测图	适用于作由多个形体叠加而成的组合体的轴测图	适用于作由简单形体切割得到的组合体的轴测图

备考锦囊

本小节主要内容是轴测图的绘图标准和标注等相关规定,在此基础上要求能熟练绘制形体正等轴测图。

(1)轴测图的线型要求比较特殊,比较容易在选择题或者判断题中考核到,同时在绘图题时,线型也应满足规范要求:轴测图的可见轮廓线宜用 0.5b 线宽的实线绘制,断面轮廓线宜用 0.7b 线宽的实线绘制。不可见轮廓线可不绘出,必要时,可用 0.25b 线宽的虚线绘出所需部分。

(2)轴测图的标注和三视图的标注有显著的区别,需要归纳总结。

(3)轴测图的绘制必须多加练习,尽量采用较为简便的方法来绘制。

为了减少不必要的图线,方便时可先从可见部分开始画图,如先画形体的顶面、前面、左面等(也就是绘图的时候尽量从上往下,从前往后,从左往右画)。绘制正等轴测图时,只有平行于轴向的线段才能直接量取尺寸绘制,不平行于轴向的线段必须先确定其两个端点的位置,再连接成其轴测投影。

真题自测

一、单项选择题

1.（2023年）轴测图的尺寸起止符号宜采用（　　）。

　　A.中粗斜短线　　　　　　B.空心小圆点　　　　　C.实心箭头　　　　　D.实心小圆点

2.（2019年）下图所示形体的三面投影图,正确的立体图是（　　）。

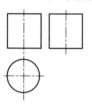 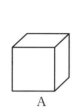 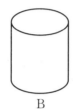 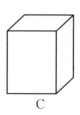 

　　A　　　　　　　B　　　　　　　C　　　　　　　D

3.（2020年）根据下图所示形体的三面投影,正确的立体图是（　　）。

　　A　　　　　　　B　　　　　　　C　　　　　　　D

二、作图题

1.（2019年）根据形体的三面投影,按1:1的比例绘制正等测图（尺寸直接从图上量取）。

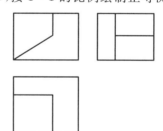

2.（2020年）根据下图所示三面投影图,绘制该形体的正等测图（尺寸直接从图中量取）。

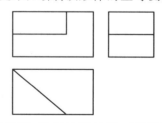

3.（2020年）根据下图所示三面投影图,绘制该形体的正等测图（尺寸直接从图中量取）。

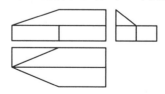

4.（2021 年）根据下图所示三面投影图,绘制该形体的正等测图(尺寸直接从图中量取)。

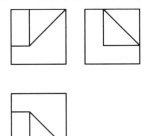

5.（2022 年）根据下图所示三面投影图,绘制该形体的正等测图(尺寸直接从图中量取)。

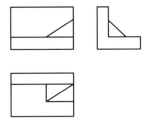

6.（2023 年）根据下图所示三面投影图,以 1∶1 的比例按照图示尺寸(单位:mm)采用简化系数绘制该形体的正等测图。

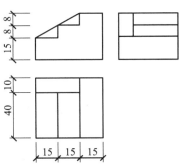

7.（2024 年）根据下图所示三面投影图,采用简化系数绘制该形体的正等测图(尺寸直接从图中量取)。

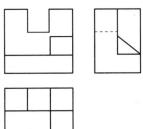

🎯 **真题解析**

一、单项选择题

1. 选 D,本题主要考核轴测图的尺寸标注的问题。轴测投影的尺寸标注与三视图的尺寸标注不同,起止符号应采用直径约为 1 mm 的小黑圆点。

2. 选 B,本题主要考核的是基本形体的轴测投影,注意认真审题即可。

3. 选 D,本题主要考核三面投影与轴测投影的对应关系,注意虚线的含义。

二、作图题

1. 本题可采用切割法进行轴测图的绘制,绘图结果如下图所示。

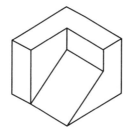

2. 本题可采用切割法进行轴测图的绘制,绘图结果如下图所示。

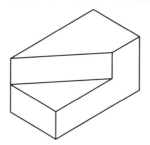

3. 本题可采用切割法、叠加法综合运用,进行轴测图的绘制,绘图结果如下图所示。

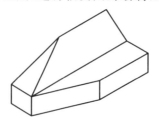

4. 本题可采用切割法进行轴测图的绘制,绘图结果如下图所示。

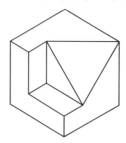

5.本题可采用叠加法进行轴测图的绘制,绘图结果如下图所示。

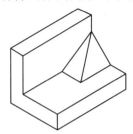

6.本题考核以 1∶1 的比例按照图示尺寸采用简化系数绘制该形体的正等测图,需要按图示
　尺寸 1∶1 绘制,不能直接从图上量取尺寸。绘图结果如下图所示。

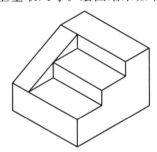

7.本题可综合运用切割法、叠加法进行轴测图的绘制,绘图结果如下图所示。

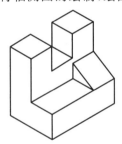

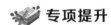专项提升

一、单项选择题

1.在轴测投影中,若轴向伸缩系数 $p \neq q \neq r$,则此轴测图可能为(　　)。
　　A.正等测　　　　　　B.斜二测　　　　　　C.斜等测　　　　　　D.正三测
2.轴间角相同、轴向伸缩系数相等的轴测图称为(　　)。
　　A.正二测　　　　　　B.水平斜等测　　　　C.正等测　　　　　　D.斜二测
3.相邻两轴测轴之间的夹角称为(　　)。
　　A.夹角　　　　　　　B.两面角　　　　　　C.倾斜角　　　　　　D.轴间角
4.关于轴测投影特点的描述中,不正确的是(　　)。
　　A.轴测投影是采用平行投影法绘制的
　　B.形体上相互平行的直线的轴测投影仍然相互平行
　　C.轴测投影真实性强,工程中常用来表达地形和道路
　　D.形体上相互平行的直线的长度之比等于它们的轴测投影长度之比

5.关于轴测投影的描述正确的是(　　　)。

    A.轴测投影图是采用中心投影法绘制的　　　　B.轴测投影属于多面投影

    C.轴测投影图具有立体感但失真度较大　　　　D.轴测投影图绘制比较复杂且不易看懂

6.在轴测投影中,形体与轴测投影面的位置关系可能有(　　　)。

    ①形体三个方向的面与投影面倾斜　　②形体只有一个方向的面与投影面平行

    ③形体有两个方向的面与投影面平行　　④形体三个方向的面均与投影面平行

    A.①②　　　　　　　　B.②③　　　　　　　　C.③④　　　　　　　　D.①③

7.确定轴测投影图种类的要素是(　　　)。

    A.轴间角和轴向伸缩系数　　　　　　　　B.投影面数量

    C.坐标轴数量　　　　　　　　　　　　　　D.投影面和坐标轴的数量

8.轴测投影图是利用(　　　)绘制的。

    A.斜投影法　　　　　　　　　　　　　　　B.中心投影法

    C.平行投影法　　　　　　　　　　　　　　D.正投影法

9.正等测图是利用(　　　)原理绘制的。

    A.斜投影法　　　　　　　B.中心投影法　　　　　C.平行投影法　　　　　D.正投影法

10.采用简化伸缩系数的目的是(　　　)。

    A.实际伸缩系数不正确

    B.实际伸缩系数不合理

    C.采用简化伸缩系数可以简化计算,方便作图

    D.实际简化伸缩系数不可信

11.正等测的轴间角是(　　　)。

    A.120°　　　　　　　　B.135°　　　　　　　　C.150°　　　　　　　　D.90°

12.轴测图中,可见轮廓线与不可见轮廓线的画法应是(　　　)。

    A.可见部分和不可见部分都必须画出

    B.画出可见部分

    C.一般画出可见部分,必要时才画出不可见部分

    D.画出不可见部分

13.空间互相平行的线段,在同一轴测投影中(　　　)。

    A.互相平行

    B.互相垂直

    C.根据具体情况有时互相平行,有时两者不平行

    D.根据具体情况有时互相垂直,有时两者不垂直

14.正轴测投影法和斜轴测投影法中物体的放置情况分别是(　　　)。

    A.前者正放,后者斜放　　　　　　　　　　B.前者斜放,后者正放

    C.两者都斜放　　　　　　　　　　　　　　D.两者都正放

15.正轴测投影中投影线与投影面之间的关系是(　　　)。

    A.垂直　　　　　　　B.倾斜　　　　　　　C.平行　　　　　　　D.不确定

16.能反映物体正面实形的投影法是(　　)。

　　A.正等测投影　　　　B.正二测投影　　　　C.斜二测投影　　　　D.以上都是

17.工程上有时采用轴测图表示设计意图是因为(　　)。

　　A.轴测图比较准确,能反映物体的真实形状　　B.轴测图比较美观,能吸引观众

　　C.轴测图立体感强,有直观性　　　　　　　　　D.以上都是

二、判断选择题

1.轴测图是用中心投影法绘制的。　　　　　　　　　　　　　　　　　　　　(　　)

　　A.正确　　　　　　　　　　　　　　B.错误

2.在正等测轴测投影图坐标系中 *OX*、*OY*、*OZ* 轴的轴向伸缩系数之比为 1∶1∶1。　(　　)

　　A.正确　　　　　　　　　　　　　　B.错误

3.在斜二测轴侧投影图的坐标体系中,*OY* 轴的轴向伸缩系数为 0.5。　　　　　(　　)

　　A.正确　　　　　　　　　　　　　　B.错误

4.在选用轴测图时,既要考虑立体感强,又要考虑作图方便。　　　　　　　　(　　)

　　A.正确　　　　　　　　　　　　　　B.错误

5.轴测图也是投影图形。　　　　　　　　　　　　　　　　　　　　　　　　(　　)

　　A.正确　　　　　　　　　　　　　　B.错误

6.斜二测图能反映物体的真实大小。　　　　　　　　　　　　　　　　　　　(　　)

　　A.正确　　　　　　　　　　　　　　B.错误

7.轴测图是用正投影法绘制的。　　　　　　　　　　　　　　　　　　　　　(　　)

　　A.正确　　　　　　　　　　　　　　B.错误

8.绘制轴测图时可以不沿轴测轴方向测量尺寸。　　　　　　　　　　　　　　(　　)

　　A.正确　　　　　　　　　　　　　　B.错误

9.轴测图中的尺寸比实际尺寸来得大。　　　　　　　　　　　　　　　　　　(　　)

　　A.正确　　　　　　　　　　　　　　B.错误

10.轴测图所采用的投影法和建筑效果图采用的投影法不同。　　　　　　　　(　　)

　　A.正确　　　　　　　　　　　　　　B.错误

11.斜轴测投影中投射线和投影面倾斜。　　　　　　　　　　　　　　　　　(　　)

　　A.正确　　　　　　　　　　　　　　B.错误

12.利用简化系数法绘制正等轴测图时,沿轴向尺寸可以在投影图相应的轴上按 1∶1 的比例进行量取。　　　　　　　　　　　　　　　　　　　　　　　　　　　(　　)

　　A.正确　　　　　　　　　　　　　　B.错误

13.斜二测图中的尺寸应取实际尺寸的一半。　　　　　　　　　　　　　　　(　　)

　　A.正确　　　　　　　　　　　　　　B.错误

14.轴测图的绘图方法主要有:叠加法、切割法和综合法。　　　　　　　　　(　　)

　　A.正确　　　　　　　　　　　　　　B.错误

15.轴测投影图不能反映形体的真实形状和大小。　　　　　　　　　　　　　(　　)

　　A.正确　　　　　　　　　　　　　　B.错误

三、作图题

1. 根据下图所示三面投影图,采用简化系数绘制该形体的正等测图(尺寸直接从图中量取)。

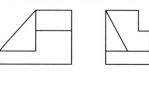

2. 根据下图所示三面投影图,采用简化系数绘制该形体的正等测图(尺寸直接从图中量取)。

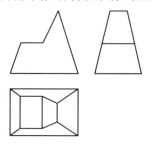

3. 根据下图所示三面投影图,采用简化系数绘制该形体的正等测图(尺寸直接从图中量取)。

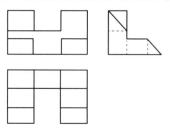

4. 根据下图所示三面投影图,采用简化系数绘制该形体的正等测图(尺寸直接从图中量取)。

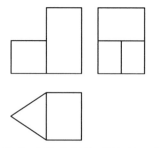

5. 根据下图所示三面投影图,采用简化系数绘制该形体的正等测图(尺寸直接从图中量取)。

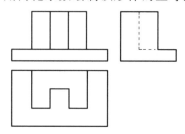

6. 根据下图所示三面投影图,采用简化系数绘制该形体的正等测图(尺寸直接从图中量取)。

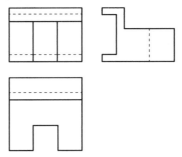

7. 根据下图所示三面投影图,采用简化系数绘制该形体的正等测图(尺寸直接从图中量取)。

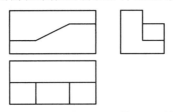

8. 根据下图所示三面投影图,采用简化系数绘制该形体的正等测图(尺寸直接从图中量取)。

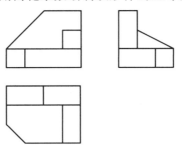

9. 根据下图所示三面投影图,采用简化系数绘制该形体的正等测图(尺寸直接从图中量取)。

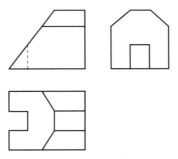

10. 根据下图所示三面投影图,采用简化系数绘制该形体的正等测图(尺寸直接从图中量取)。

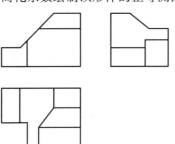

11. 根据下图所示三面投影图,采用简化系数绘制该形体的正等测图(尺寸直接从图中量取)。

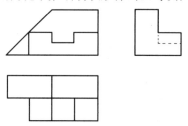

12. 根据下图所示三面投影图,采用简化系数绘制该形体的正等测图(尺寸直接从图中量取)。

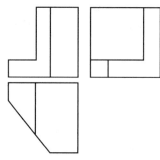

13. 根据下图所示三面投影图,采用简化系数绘制该形体的正等测图(尺寸直接从图中量取)。

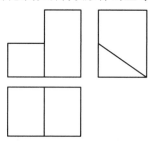

14. 根据下图所示三面投影图,采用简化系数绘制该形体的正等测图(尺寸直接从图中量取)。

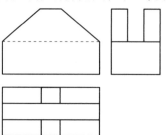

15. 根据下图所示三面投影图,采用简化系数绘制该形体的正等测图(尺寸直接从图中量取)。

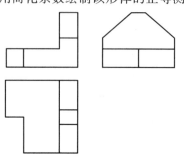

16.根据下图所示三面投影图,采用简化系数绘制该形体的正等测图(尺寸直接从图中量取)。

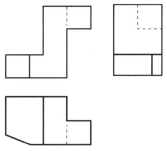

17.根据下图所示三面投影图,采用简化系数绘制该形体的正等测图(尺寸直接从图中量取)。

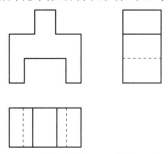

18.根据下图所示三面投影图,以 1∶20 的比例按照图示尺寸(单位:mm)采用简化系数绘制该形体的正等测图。

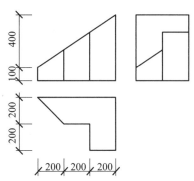

19.根据下图所示三面投影图,以 1∶1 的比例按照图示尺寸(单位:mm)采用简化系数绘制该形体的正等测图。

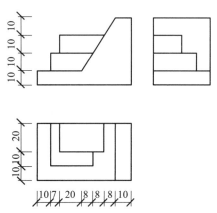

第7章 剖面图和断面图

考试大纲

考纲要求	考查题型	分值预测
1.了解剖面图和断面图的形成原理； 2.理解剖面图与断面图的区别与联系； 3.掌握剖面图和断面图的分类和画法，能正确绘制、识读剖面图和断面图。	单项选择题 判断题 绘图题	15~20分

知识框架

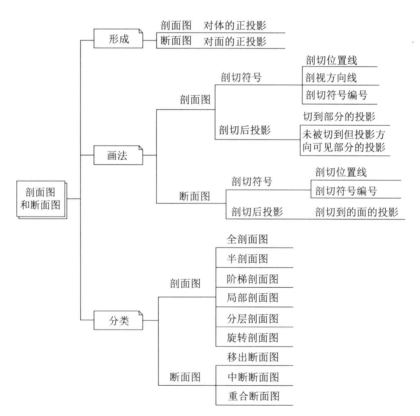

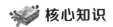核心知识

7.1　剖面图、断面图的形成和规定画法

正投影图中,可见轮廓线用实线绘制,不可见轮廓线用虚线绘制。当形体内部结构复杂时,投影图中会出现很多虚线,导致图中虚线、实线相互重叠、交错,图线混淆不清,给读图、绘图和尺寸标注带来不便。

为了直接表示出形体的内部结构,使不可见轮廓线变为可见轮廓线,使虚线变成实线,或减少图中的虚线,可以采用剖切的方法,用剖面图或断面图来表达形体的内部结构。剖面图和断面图的形成及规定画法见表 7.1

表 7.1　剖面图和断面图的形成及规定画法

名称		剖面图	断面图
形成	剖切形体	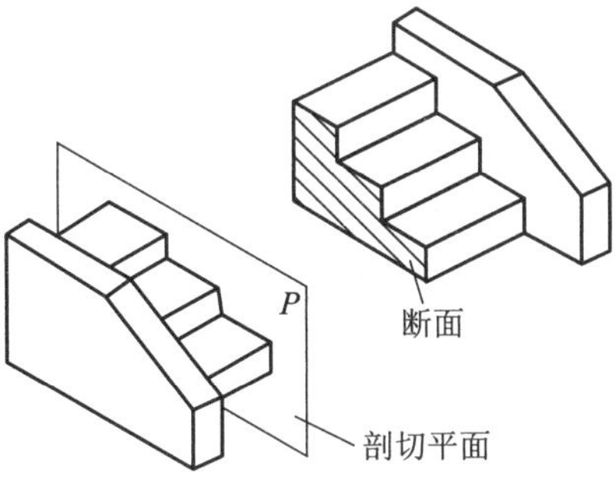 假设用一个平行于某投影面(如 V 面、W 面)的剖切平面在形体的适当位置将形体剖开	
	投影方法	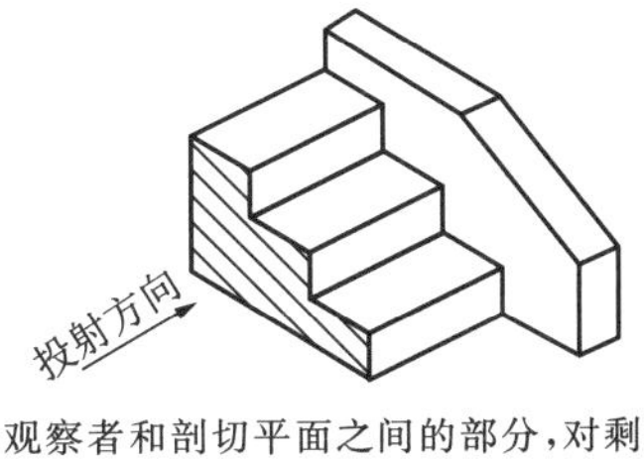 移去观察者和剖切平面之间的部分,对剩余部分进行正投影	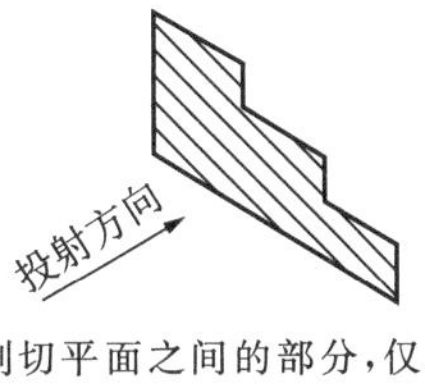 移去观察者和剖切平面之间的部分,仅对剖切到的部分(即断面)进行正投影

名称		剖面图	断面图
规定画法	剖切符号	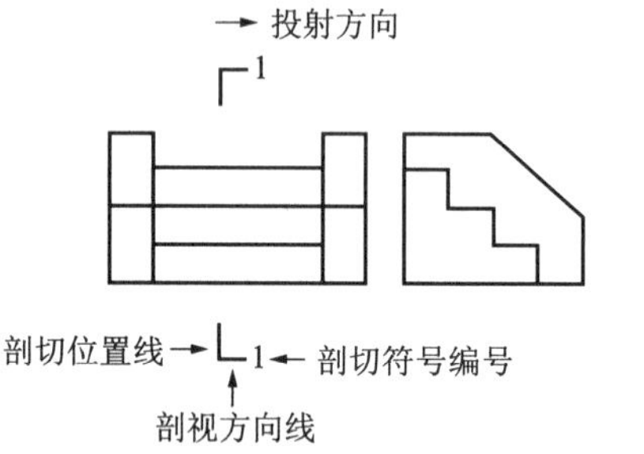 → 投射方向 ⌐1 剖切位置线 →⌐1← 剖切符号编号 剖视方向线	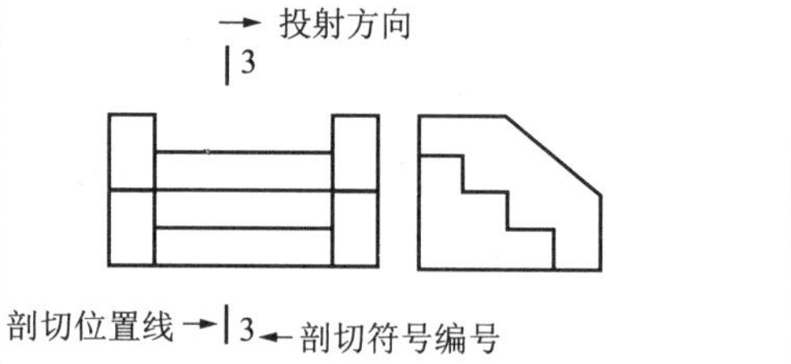 → 投射方向 |3 剖切位置线 →|3— 剖切符号编号
		1.剖面剖切符号由剖切位置线、剖视方向线组成,剖视方向线指向投射方向; 2.剖面剖切符号由粗实线绘制,剖切位置线6~10mm,剖视方向线4~6mm; 3.剖面剖切符号的编号宜采用粗阿拉伯数字,按剖切顺序由左至右、由下向上连续编排,并应注写在剖视方向线的端部;需要转折的剖切位置线,应在转角的外侧加注与该符号相同的编号	1.断面剖切符号只有剖切位置线,剖切符号编号所在的位置代表投射方向; 2.断面剖切符号由粗实线绘制,剖切位置线6~10mm; 3.断面剖切符号的编号宜采用粗阿拉伯数字,按剖切顺序由左至右、由下向上连续编排,并应注写在剖切位置线的一侧;编号所在的一侧应为该断面的剖视方向
	线型线宽	被剖切平面切到部分的轮廓线用中粗实线绘制;未被剖切到但投射到的部分用中实线绘制;被剖切平面切到的部分的轮廓线内应画出材料图例,当未知具体材料时,可用等间距的45°倾斜细实线表示	断面图只需用中粗实线画出剖切平面切到的图形;被剖切平面切到的部分的轮廓线内应画出材料图例,当未知具体材料时,可用等间距的45°倾斜细实线表示
	命名要求	剖面图名称与其相应的剖切符号的编号一致,习惯上剖面图的图名写作"X-X剖面图",并在图名下方画一相应长度粗实线,图名注写在剖面图下方中部	断面图名称与其相应的剖切符号的编号一致,习惯上断面图的图名写作"X-X",并在图名下方画一相应长度粗实线,图名注写在断面图下方中部
	投影图	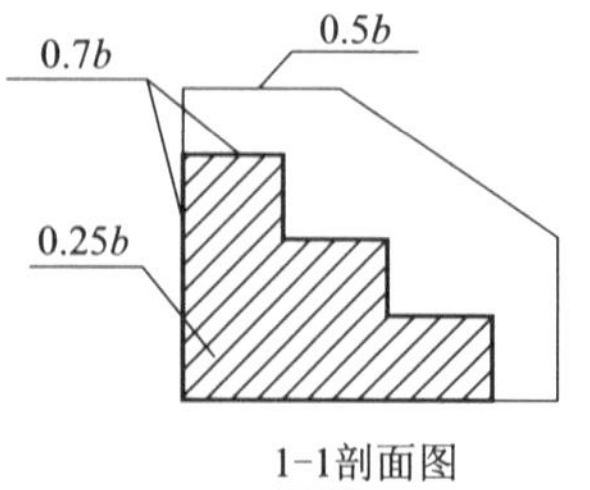 0.7b 0.5b 0.25b 1-1剖面图	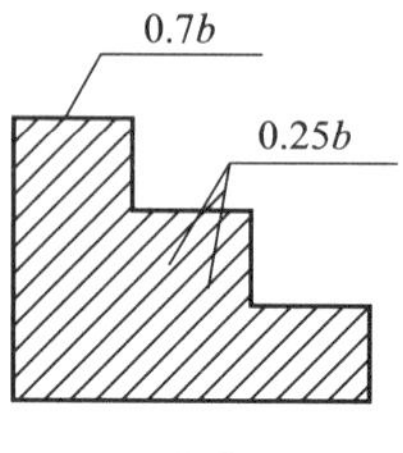 0.7b 0.25b 3-3
区别与联系		剖面图是体的投影,断面图是面的投影;同一剖切位置,剖面图中包含断面图	

备考锦囊

(1)选择剖切位置时,除应注意使剖切平面平行于投影面外,还需使其经过能反映形体全貌、构造特征以及有代表性的部位剖切;剖切平面应通过形体内部孔、洞、槽等结构的对称面或轴线。

（2）为便于分辨形体内部的空与实,突出形体中被剖切的部分,断面内应绘制建筑材料的图例,图例应与《房屋建筑制图统一标准》(GB/T 50001—2017)规定的常见建筑材料图例一致。

（3）当不必指出具体材料时,用等间距的 45°倾斜细实线表示建筑材料时,同一形体在各剖面图中填充线的倾斜方向和间距要一致。

（4）剖面图中表示不可见轮廓线的虚线一般不画。

真题自测

一、单项选择题

1.(2019 年)剖切符号采用常用方法绘制时,其图线为(　　)。

　A.粗实线　　　　　　B.中虚线　　　　　　C.细实线　　　　　　D.细单点长划线

2.(2020 年)仅需画出剖切平面与形体接触部分图形的图样为(　　)。

　A.正投影图　　　　　B.剖面图　　　　　　C.断面图　　　　　　D.轴测图

3.(2019 年)根据已给图形 H 面投影图上的剖切符号及编号,其对应的图名及投影方向为
(　　)。

　A.2-2 剖面图、从前向后投影

　B.2-2 剖面图、从后向前投影

　C.2-2 断面图、从上向下投影

　D.2-2 断面图、从下向上投影

4.(2019 年)根据已给图所示的 H 面投影,正确的 1-1 断面图是(　　)。

二、判断选择题

1.(2019 年)剖切符号的编号应采用中文数字注写。　　　　　　　　　　　　　　(　　)

　A.正确　　　　　　　　　　　　　　　　B.错误

2.(2019 年)断面图应画出剖切面切到部分的图形和未剖切到但可见部分的形体轮廓。

　　　　　　　　　　　　　　　　　　　　　　　　　　　　　　　　　　　　(　　)

　A.正确　　　　　　　　　　　　　　　　B.错误

3.(2019 年)剖面图可以反映形体内部形状。　　　　　　　　　　　　　　　　　(　　)

　A.正确　　　　　　　　　　　　　　　　B.错误

4.(2019 年)当形体材料不明确时,断面图的断面轮廓范围内不应画任何图线。　　(　　)

　A.正确　　　　　　　　　　　　　　　　B.错误

5.(2020 年)剖面图是按斜投影原理绘制的。　　　　　　　　　　　　　　　　　(　　)

　A.正确　　　　　　　　　　　　　　　　B.错误

6.(2020 年)形成建筑平面图的假想水平剖切平面位于楼地面以上窗台以下。　　　（　　）

　　A. 正确　　　　　　　　　　　　　　　　　　B. 错误

7.(2023 年)标准层平面图上应标注剖切符号。　　　　　　　　　　　　　　　（　　）

　　A. 正确　　　　　　　　　　　　　　　　　　B. 错误

三、作图题

1.(2021 年)根据下图,绘制梁 1-1 断面图,2-2 剖面图。（材料:钢筋混凝土）

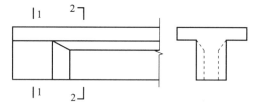

2.(2019 年)根据下图所示形体的 V 面及 W 面投影,绘制 1-1 断面图和 2-2 剖面图。

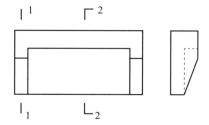

3.(2019 年)根据下图钢筋混凝土基础三面投影图,绘制 1-1 剖面图和 2-2 断面图。

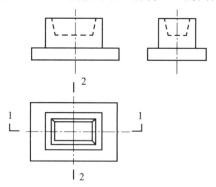

4.(2021 年)根据下图所示,作指定位置的剖面图。

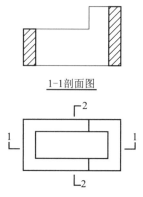

1-1剖面图

5.(2020年)根据下图所示的水平投影及1-1剖面图,绘制2-2剖面图。

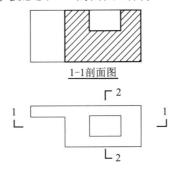

6.(2020年)根据下图形体的三面投影,绘制1-1剖面图和2-2断面图。

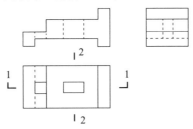

7.(2023年)根据下图所示现浇钢筋混凝土构件节点的正面投影和水平投影,绘制1-1断面图。

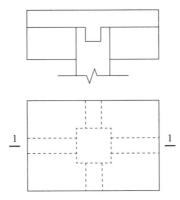

 真题解析

一、单项选择题

1.选A,本题主要考核剖切符号的线型要求。剖切符号由剖切位置线和剖视方向线组成,均应以粗实线绘制。

2.选C,本题主要考核断面图的形成。移去观察者和剖切平面之间的部分,仅对剖切到的部分(即形体与剖切平面接触处的断面)作投影,形成断面图。

3.选A,本题主要考核剖面图与断面图的剖切符号。剖面图剖切符号由剖切位置线和剖视方向线组成,剖视方向线垂直于剖切位置线,长度短于剖切位置线。

4.选D,本题主要考核断面图的绘制方法。

二、判断选择题

1. 选 B,本题主要考核剖切符号。剖切符号的编号宜采用粗阿拉伯数字,按剖切顺序由左至右、由下至上连续编排。

2. 选 B,本题主要考核断面图的形成。

3. 选 A,本题主要考核剖面图的形成。为了能在图中直接表示出形体内部形状,减少图中虚线,并使虚线变成实线,使不可见轮廓线变成可见轮廓线,工程中通常采用剖切的方法,用剖面图和断面图来表达。

4. 选 B,本题主要考核断面图的画法。断面图中被剖切平面切到部分的轮廓线内应画出材料图例,当不必指出具体材料时,可用等间距的 45°倾斜细实线表示。

5. 选 B,本题主要考核剖面图的形成原理。剖面图是将被剖切平面切到的形体部分和未剖切到但是沿投影方向能看到的部分形体作正投影所形成的图形。

6. 选 B,本题主要考核建筑平面图的形成。假想用一个水平的剖切面沿门窗洞口的位置将房屋剖切后,对剖切面以下部分房屋作出的水平剖面图,称为建筑平面图。

7. 选 B,本题主要考核在建筑施工图纸中,剖切符号的标注位置。剖切符号一般应画在底层平面图内。

三、作图题

1.

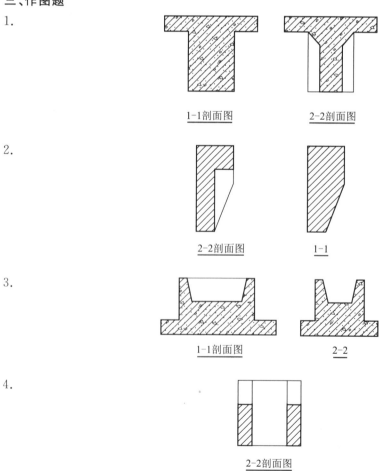

2.

3.

4.

5.

2-2剖面图

6.

1-1剖面图　　　　2-2

7.

1-1

7.2　剖面图、断面图的分类

7.2.1　剖面图的分类

剖面图的分类见表7.2。

表 7.2　剖面图的分类

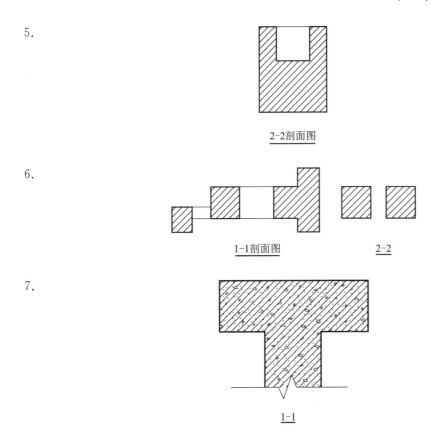

类别	图例	适用范围	说明
全剖面图	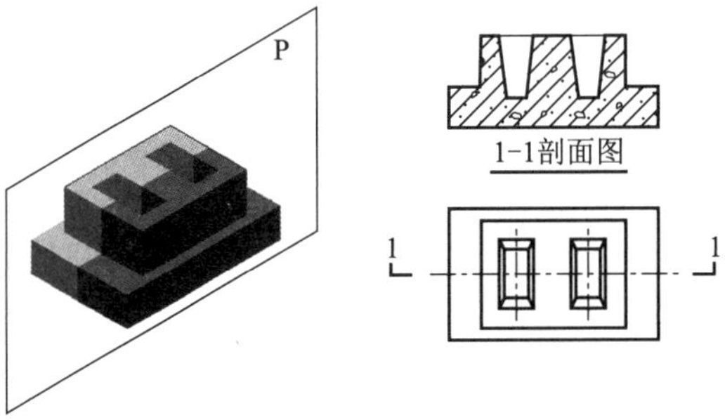 1-1剖面图	主要用于表示外形简单、内部结构复杂的形体	1.用一个剖切平面将形体全部剖开所得到的剖面图； 2.一般情况下应按规定标注。当单一剖切平面通过形体的对称面,且剖面图按投影关系配置,中间又没有其他图形隔开时,可以省略标注

续表

类别	图例	适用范围	说明
半剖面图	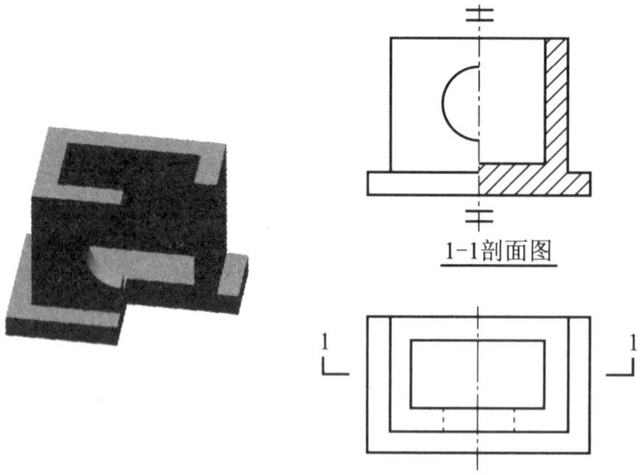 1-1剖面图	适用于内外结构都要表达的对称形体	1.半剖面图一般情况下应按规定标注； 2.半剖面图中，在剖的一边已经表达清楚的内部结构，在没剖的这边虚线省略，但如有孔、洞，需将孔、洞的轴线画出； 3.剖面图与视图以对称符号为界线； 4.剖面图一般应画在水平界线的下侧或垂直界线的右侧
阶梯剖面图	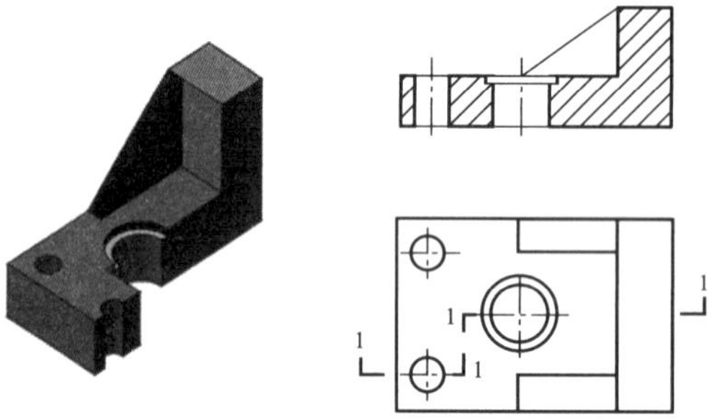	适用于内部构造复杂，用一个剖切平面不能将形体内部全部表达清楚的形体	1.阶梯剖面图在剖切平面的起始、终止和转折处需按要求绘制剖切符号和编号； 2.一般情况下，作阶梯剖时剖切平面只转折一次，且转折处不画分界线； 3.剖切面避免在轮廓线上，以免产生不完整要素
旋转剖面图	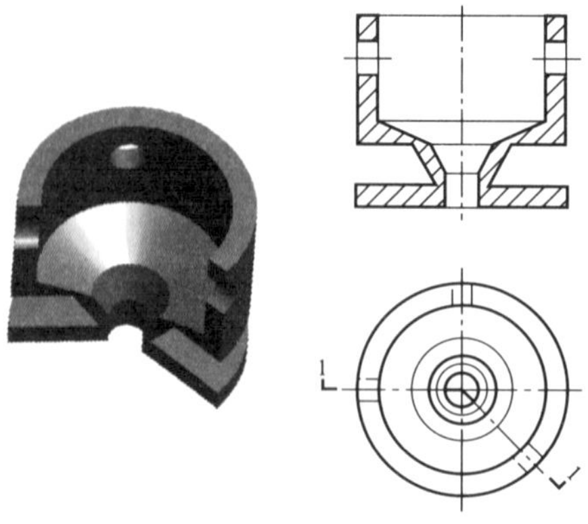	适用于内外主要结构具有理想的回转轴线的形体	1.旋转剖面图应在剖切平面的起始及相交处按规定标注，且图名后应注明（展开）字样； 2.用两个相交的剖切面将形体剖开，将倾斜于投影面的断面及其所关联部分的形体绕两剖切面的交线旋转至与投影面平行后再进行正投影

类别	图例	适用范围	说明
局部剖面图	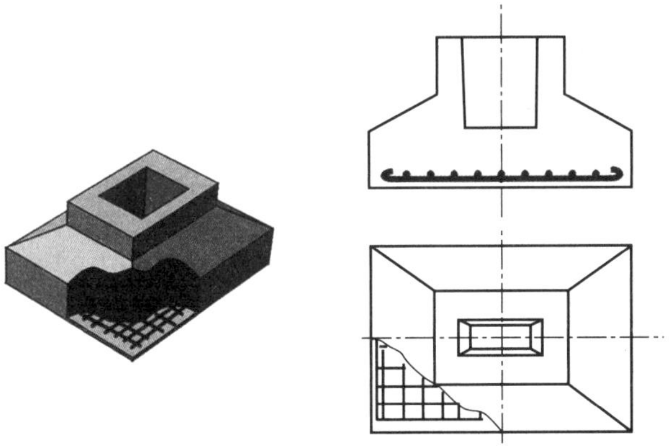	内外结构都需表达,又不具备对称条件或仅局部需要剖切的形体	1. 局部剖面图一般不标注; 2. 局部剖面图与基本视图之间用波浪线断开; 3. 波浪线只能画在形体的实体部分上,既不能超出轮廓线,也不能与其他图线重合或在其延长线上
分层剖面图	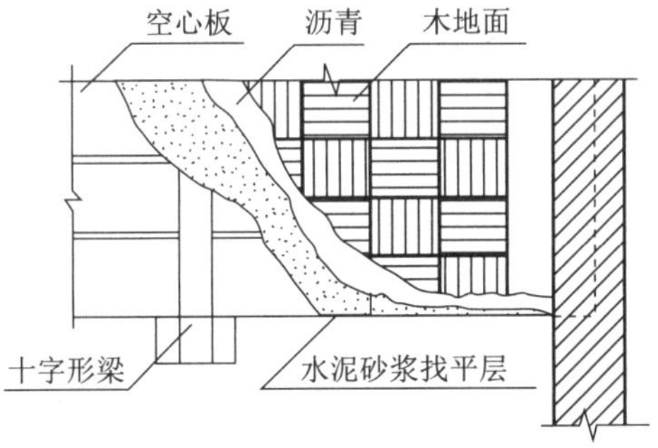 空心板　沥青　木地面 十字形梁　水泥砂浆找平层	适用于建筑墙体、地面等构造层次较多的建筑构件	1. 分层剖面图一般不标注; 2. 分层剖切平面图,应按层次以波浪线将各层隔开,波浪形既不能超出轮廓线,也不应与任何图线重合

7.2.2　断面图的分类

《房屋建筑制图统一标准》(GB/T 50001—2017)规定:杆件的断面图可绘制在靠近杆件的一侧或端部处,并按顺序依次排列,也可绘制在杆件的中断处;结构梁板的断面图可画在结构布置图上。根据断面图的安放位置不同,将断面图分为移出断面图、中断断面图和重合断面图三种类型,见表 7.3。

表 7.3　断面图的分类

类别	图例	适用范围	说明
移出断面图	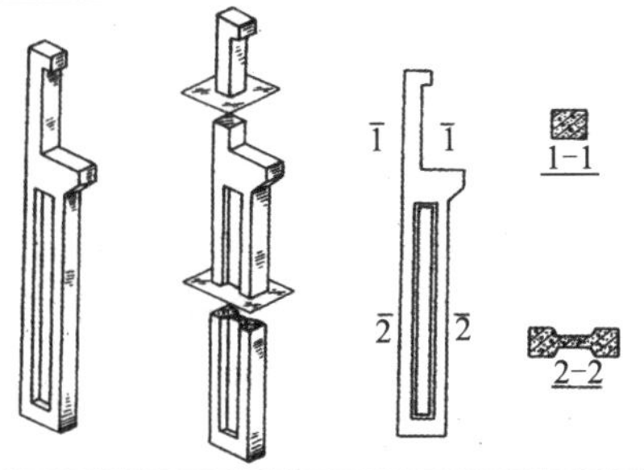 1—1 2—2	适用于形体的断面形状变化较多的情况	1. 断面图可画在靠近杆件的一侧或端部,并按顺序依次整齐地排列; 2. 一般情况下应按规定标注; 3. 断面图可选择较大比例画出

类别	图例	适用范围	说明
中断断面图	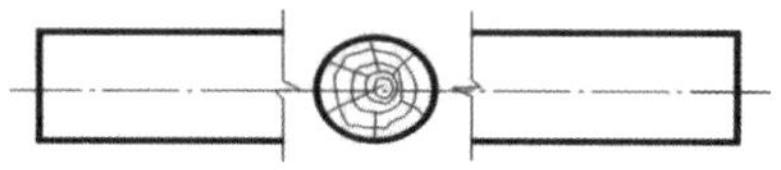 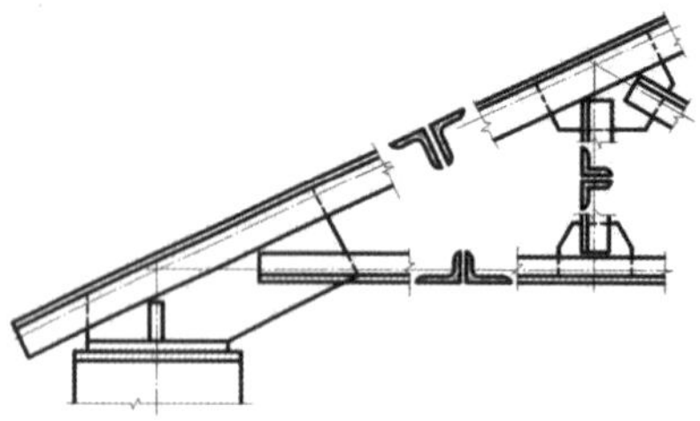	适用于较长且均匀变化的单一构件	1. 可不必标注剖切符号和编号； 2. 断面图绘制在杆件的中断处
重合断面图	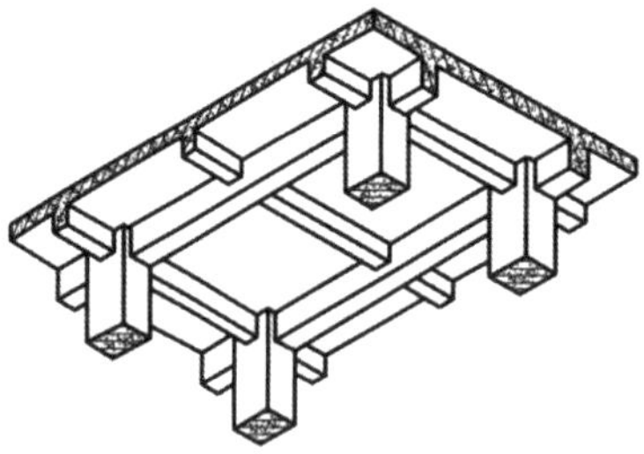 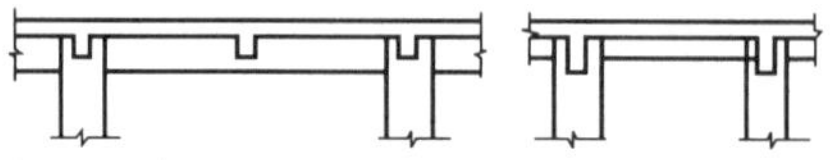 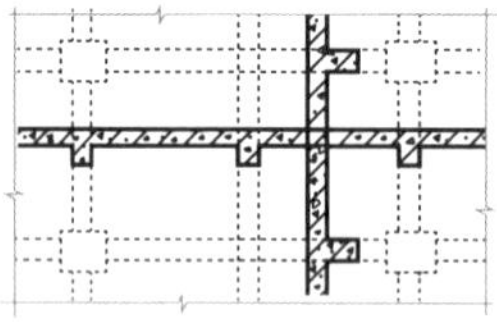	适用于表面整体有凸出或凹陷的形体	1. 断面图直接画在投影图中，二者重合在一起； 2. 当视图中的轮廓线与重合断面图的图线重合时，视图中的轮廓线仍应连续画出，不可中断； 3. 断面应画出材料图例，当断面较薄时可涂黑

🎖 备考锦囊

剖面图、断面图一般用于工程施工图设计中补充和完善设计文件，是工程施工图中的详细设计图，用于指导工程施工作业。关于剖面图、断面图的考点通常会涉及以下几个方面：

(1)剖切位置的选择：选择剖切位置时除应注意使剖切平面平行于投影面外，还需使其经过能反映形体全貌、构造特征以及有代表性的部位剖切；剖切平面应通过形体内部孔、洞、槽等结构的对称面或轴线。

(2)剖面图、断面图的画法：为便于分辨形体内部的空与实，突出形体中被剖切的部分，断面内应绘制建筑材料的图例，图例应与《房屋建筑制图统一标准》(GB/T 50001—2017)规定的常见建筑材料图例一致；当不必指出具体材料时，用等间距的 45°倾斜细实线表示建筑材料，同一形体在各剖面图中填充线的倾斜方向和间距要一致。

　　（3）剖面图、断面图中图线的应用：被剖切面切到部分的轮廓线用中粗实线（线宽 $0.7b$）绘制；剖切面没有切到、但沿投射方向可以看到部分的可见轮廓线，用中实线（线宽 $0.5b$）绘制；剖面材料图例采用细实线（线宽 $0.25b$）绘制；剖面图中表示不可见轮廓线的虚线一般不画。

　　（4）剖面图、断面图的分类：不同类型图形的适用范围、图形绘制位置、绘图要求等。

真题自测

一、单项选择题

1.（2021 年）画在投影图轮廓线范围内的断面图是（　　　）。

　　A.移出断面图　　　　　　　　　　　　　B.中断断面图

　　C.重合断面图　　　　　　　　　　　　　D.局部断面图

2.（2020 年）下列不属于剖面图的是（　　　）。

　　A.全剖面图　　　　　　　　　　　　　　B.阶梯剖面图

　　C.局部剖面图　　　　　　　　　　　　　D.中断断面图

3.（2021 年）适用于内部及外部结构形状比较复杂且不具对称性的形体的剖面图的形式为（　　　）。

　　A.局部剖面图　　　　　　　　　　　　　B.阶梯剖面图

　　C.全剖面图　　　　　　　　　　　　　　D.半剖面图

4.（2019 年）如下图所示，该剖面图为（　　　）。

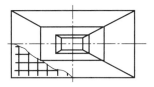

　　A.全剖面图　　　　　　　　　　　　　　B.半剖面图

　　C.局部剖面图　　　　　　　　　　　　　D.阶梯剖面图

5.（2023 年）下列关于剖面图的描述，错误的是（　　　）。

　　A.局部剖面图与基本视图之间用波浪线断开

　　B.局部剖面图中波浪线应超出轮廓线

　　C.分层剖面图中的波浪线不应与任何图线重合

　　D.分层剖面图的断开界线按层次以波浪线将各层断开

二、判断选择题

1.（2021 年）移出断面图不必标注剖切位置线及编号。　　　　　　　　　　　（　　　）

　　A.正确　　　　　　　　　　　　　　　　B.错误

2.（2021 年）剖面图根据形体的构造特点和表现要求可分为移出剖面图、重合剖面图、中断剖面图等。　　　　　　　　　　　　　　　　　　　　　　　　　　　　　（　　　）

　　A.正确　　　　　　　　　　　　　　　　B.错误

3.（2023 年）半剖面图中剖面图与基本视图应以对称符号为界线。　　　　　（　　　）

　　A.正确　　　　　　　　　　　　　　　　B.错误

4.(2023 年)采用图示方法剖切时,应在图名后注明"展开"字样。 （ ）

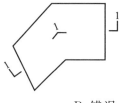

  A.正确   B.错误

三、作图题

(2023 年)根据下图所示模型(同一种材料)的正面投影和 1-1 剖面图,绘制 2-2 剖面图。

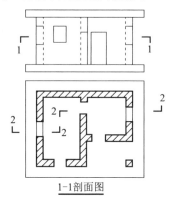

1-1剖面图

 **真题解析**

一、单项选择题

1.选 C,本题主要考核断面图的绘制位置。移出断面图绘制在靠近杆件的一侧或端部,中断断面图绘制在杆件的中断处。

2.选 D,本题主要考核剖面图的分类。剖面图根据形体的不同构造可分为全剖面图、半剖面图、阶梯剖面图、局部剖面图、分层剖面图、旋转剖面图等。

3.选 A,本题主要考核不同类型剖面图的适用范围。全剖面图适用于外部结构简单、内部结构复杂的形体;半剖面图适用于具有对称性的形体;阶梯剖面图适用于内部构造较复杂,用一个剖切平面不能将形体全部表达清楚的形体;局部剖面图适用用形体内、外均需要表达的形体。

4.选 C,本题主要考核局部剖面图的画法。局部剖面图与基本视图之间用波浪线断开。

5.选 B,本题主要考核局部剖面图、分层剖面图的画法。局部剖面图与基本视图之间用波浪线断开,波浪线是外形和剖面的分界线,波浪线不能超出轮廓线,也不得与其他图线重合。

二、判断选择题

1.选 B,本题主要考核不同类别断面图对剖切符号的要求。移出断面图绘制在靠近杆件的一侧或端部并按顺序依次排列,需标注剖切符号和编号。

2.选 B,本题主要考核剖面图的分类。剖面图根据形体的构造特点和表现要求可分为全剖面图、半剖面图、阶梯剖面图、局部剖面图、分层剖面图、旋转剖面图等。

3.选 A,本题主要考核半剖面图的画法。半剖面图与视图以对称符号为界线,剖面图一般应
　画在水平界线的下侧或垂直界线的右侧。

4.选 A,本题主要考核剖面图的剖切方法。用两个相交的剖切面剖切时,应在图名后注明
　"展开"字样。

三、作图题

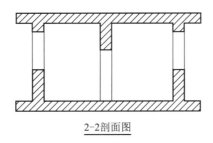

2-2剖面图

专项提升

一、单项选择题

1.绘制剖面图常用的剖切方法不包括( )。

  A.用一个剖切面剖切   B.用几个平行剖切面剖切

  C.局部剖切   D.用两个相交的剖切面剖切

2.剖切符号的编号宜采用( )。

  A.罗马数字   B.阿拉伯数字

  C.中文数字   D.英文字母

3.重合断面图的轮廓线用( )。

  A.虚线   B.细实线

  C.粗实线   D.中实线

4.用两个平行的剖切面剖切形体,所得的剖面图叫( )。

  A.阶梯剖面图   B.旋转剖面图

  C.分层剖面图   D.半剖面图

5.局部剖面图波浪线不能画在( )上。

  A.基础实体   B.空洞

  C.墙面实体   D.柱实体

6.楼梯的剖面图的剖切位置,剖视方向及编号应标在( )。

  A.楼梯的底层平面图上   B.楼梯的二层平面图上

  C.楼梯的顶层平面图上   D.楼梯的立面图上

7.如下图所示建筑立面图的剖切符号,所对应的图及投影方向为( )。

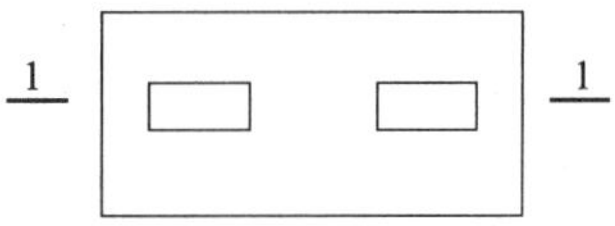

A. 剖面图,自上向下投影　　　　　　　B. 断面图,自上向下投影

C. 剖面图,自下向上投影　　　　　　　D. 断面图,自下向上投影

8. 如下图所示,正确的 1-1 剖面图是(　　　)。

9. 如下图所示,该断面图为(　　　)。

A. 移出断面图　　　　　　　　　　B. 重合断面图

C. 中断断面图　　　　　　　　　　D. 阶梯断面图

10. 在(　　　)比例下绘制剖面图时,可不必在剖切轮廓线内指明相应的建筑材料。

A. 1∶10　　　　　　　　　　　　B. 1∶20

C. 1∶50　　　　　　　　　　　　D. 1∶100

二、判断选择题

1. 剖面图的种类有移出剖面图、中断剖面图、重合剖面图、局部剖面图等。　　　　　　　(　　　)

A. 正确　　　　　　　　　　　　B. 错误

2. 中断断面图的轮廓线应采用粗实线绘制。　　　　　　　　　　　　　　　　　　　(　　　)

A. 正确　　　　　　　　　　　　B. 错误

3. 剖面图通常不画虚线。　　　　　　　　　　　　　　　　　　　　　　　　　　(　　　)

A. 正确　　　　　　　　　　　　B. 错误

4. 剖面图中被切到的面叫剖面。　　　　　　　　　　　　　　　　　　　　　　　(　　　)

A. 正确　　　　　　　　　　　　B. 错误

5. 剖切符号由剖切位置线和剖视方向线组成。　　　　　　　　　　　　　　　　　(　　　)

A. 正确　　　　　　　　　　　　B. 错误

6. 断面图实际上是一个体的投影。　　　　　　　　　　　　　　　　　　　　　　(　　　)

A. 正确　　　　　　　　　　　　B. 错误

7. 局部剖面图常用来表示房屋的地面、墙面和屋面等。　　　　　　　　　　　　　(　　　)

A. 正确　　　　　　　　　　　　B. 错误

8. 任何形体的断面图只能画在形体的一侧或端部,不得与形体重合。　　　　　　　(　　　)

A. 正确　　　　　　　　　　　　B. 错误

9. 同一剖切位置、相同投射方向的断面图包含于剖面图中。 （ ）

    A. 正确   B. 错误

10. 阶梯剖面图中，由于剖切面转折而产生的形体轮廓线应画出。 （ ）

    A. 正确   B. 错误

11. 画半剖面图时，一般把半剖面图画在图形垂直对称线的右侧或水平对称线的下侧。（ ）

    A. 正确   B. 错误

三、作图题

1. 根据形体的两面投影，绘制 1-1、2-2、3-3 断面图。

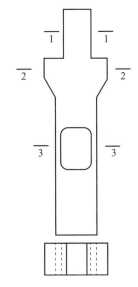

2. 根据已知形体的 V 面和 H 面投影图，绘画 1-1 剖面图。

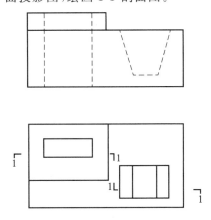

3. 根据下图所示形体的 V 面及 H 面投影,绘制 A-A 剖面图。

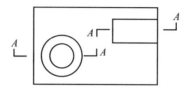

4. 根据形体的两面投影,绘制 1-1 剖面图和 2-2 断面图。

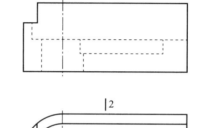

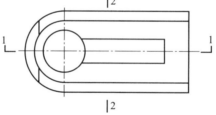

5. 根据下图所示的形体的两面投影,绘制 1-1 剖面图。

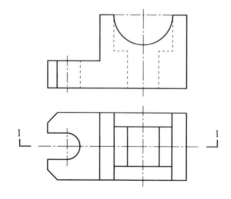

6.根据下图形体的三面投影,绘图 1-1 剖面图。

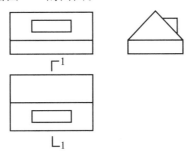

7.根据下图所示现浇钢筋混凝土构件节点的投影图,绘制 1-1 剖面图。

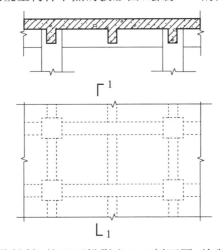

8.根据下图所示模型(同一种材料)的正面投影和 2-2 剖面图,绘制 1-1 剖面图。

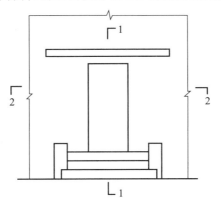

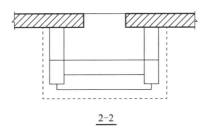

2-2

第8章 建筑施工图概述

考试大纲

考纲要求	考查题型	分值预测
1.了解房屋建筑施工图的分类、作用及特点； 2.了解建筑施工图目录编排方法，能读懂图纸目录； 3.掌握建筑施工图常用图例、标高、坡度、定位轴线、剖切符号、详图符号、索引符号、引出线、指北针、风玫瑰、对称符号、折断符号、坐标和管线设备等表示方法及其应用。	单项选择题 判断题 连线题 识图题	5～10分

知识框架

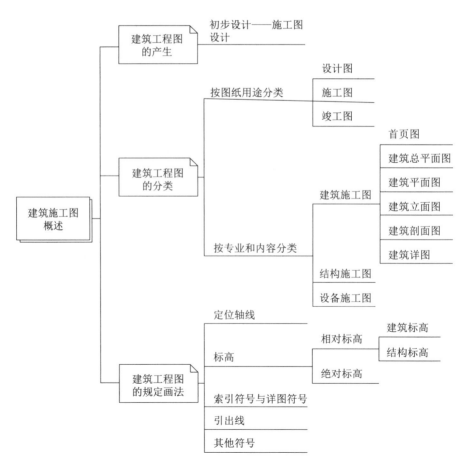

 **核心知识**

8.1　建筑工程图的产生和分类

8.1.1　建筑工程图的产生

建筑工程图是建筑工程中非常重要的技术文件,它详细记录了建筑物的设计和施工要求,用于指导施工和后续的维护管理。建筑工程图的产生过程通常包括以下几个阶段。

1. 初步设计

这是设计工作的起始阶段,设计人员根据建设单位的要求,通过调查研究、收集资料、综合构思,制作出方案图。这个阶段的成果包括建筑物的各层平面布置、立面及剖面形式、主要尺寸及标高、设计说明和有关经济指标等。

2. 技术设计

对于大型或复杂的工程,在初步设计基础上,可能会有一个技术设计阶段,用于解决具体的技术问题或确定技术方案。

3. 施工图设计

在初步设计获得批准后,设计人员会进行更为详细和专业的设计,包括建筑、结构、给排水、电气等方面,以满足施工的具体要求。这一阶段产生的图样称为施工图。

8.1.2　建筑工程图的分类

建筑工程图纸按照不同的功能和专业领域进行分类,主要可以分为以下几类。

1. 按图纸用途分类

(1)设计图纸:用于研究设计方案和报上级审批,不能作为施工依据,是用于表达设计意图和设计方案的图纸。

(2)施工图纸:在已批准的初步设计或技术设计基础上完成,是用于指导施工操作和施工质量控制的图纸。

(3)竣工图纸:工程竣工后,根据施工实际情况绘制的图纸,是反映工程最终状态,用于工程验收和质量评定的图纸。

2. 按照专业和内容分类

(1)建筑施工图(简称"建施"):主要表达建筑物的规划位置、外部造型、内部各房间的布置、内外装修构造和施工要求等,包括总平面图、平面图、立面图、剖面图和构造详图等。

(2)结构施工图(简称"结施"):主要表达建筑物承重结构的结构类型、结构布置、构件种类、数量、大小及作法等,包括基础结构图、屋面结构布置图以及各结构平面布置图和各构件的结构详图等。

（3）设备施工图（简称"设施"）：主要表达建筑物的给排水、暖气通风、供电照明等设备的布置和施工要求，包括给排水施工图（水施）、采暖通风施工图（暖施）和电气施工图（电施）等。

一套完整的建筑工程图纸按图纸目录、设计总说明、建施图、结施图、设施图的顺序编排。一般是全局性图纸在前，表明局部的图纸在后；先施工的图纸在前，后施工的图纸在后；重要的图纸在前，次要的图纸在后。

8.1.3　建筑施工图的组成

1. 首页图

首页图是一套建筑施工图的第一页图纸，其内容一般包括图纸目录、建筑设计总说明、门窗表、工程做法等，有时还将建筑总平面图也放在首页图中。

2. 建筑总平面图

建筑总平面图是表明新建房屋基地所在范围内的总体布置的图样。总平面图应详细标注基地上建筑物、道路、设施等所在位置的尺寸、标高等，它反映新建房屋的位置、朝向、场地、道路、绿化布置、地形地貌以及与原有环境的关系等。

3. 建筑平面图

建筑平面图就是一栋房屋的水平剖面图。主要表明建筑物的平面形状、各部分布置及组合关系、墙柱位置等。

4. 建筑立面图

建筑立面图就是一栋房子的正立投影图与侧立投影图，主要表明建筑物外部造型，以及房屋的长、宽、高尺寸，屋顶的形式，门窗洞口的位置，外墙饰面、材料及做法等。

5. 建筑剖面图

建筑剖面图就是假想用一平面把建筑物沿垂直方向切开，切开后的部分正立投影图就称为剖面图。剖面图主要表明建筑物内部在高度方向的情况，如屋顶的坡度、楼房的分层、房间和门窗各部分的高度、楼板的厚度等，同时也可以表示出建筑物所采用的结构形式。

6. 建筑详图

在施工图中，由于平、立、剖面图的比例较小，许多细节表达不清楚，必须用大比例尺绘制局部详图或构件图，一般包括墙身剖面详图、楼梯详图、门窗详图和卫生间、厨房详图等。

备考锦囊

建筑工程图是建筑设计人员将要建造的建筑物的造型和构造情况，经过合理的布置、计算，以及各个工种之间的协调配合而绘制出的施工图纸。关于建筑工程图纸的考点通常会涉及以下几个方面。

（1）建筑工程图纸的分类：按照图纸用途分类分为设计图、施工图、竣工图，按照专业内容分建筑施工图、结构施工图和设备施工图。

（2）建筑工程图纸的编排原则：全局性图纸在前，表明局部的图纸在后；先施工的图纸在前，后施工的图纸在后；重要的图纸在前，次要的图纸在后。

（3）建筑施工图的分类：建筑总平面图、建筑平面图、建筑立面图、建筑剖面图、建筑详图。

（4）建筑施工图的作用及特点：建筑总平面图表示建筑物的规划位置、与周围环境的关系、道路布置、绿化布置等；建筑平面图表示建筑物各层的平面布局、房间划分、门窗位置、楼梯布置等；建筑立面图表示建筑物的外观造型、外墙面的材料和装饰、门窗的样式等；建筑剖面图表示建筑物的内部结构、楼层高度、空间关系等；建筑详图表示建筑物的局部构造、节点做法、装修细节等。

 **真题自测**

单项选择题

1.（2018 年）用来表示新建房屋所在基地范围内的平面布置、具体位置及周围情况等内容的施工图是（　　）。

  A. 建筑平面图　　　　　　　　　　B. 建筑立面图

  C. 建筑剖面图　　　　　　　　　　D. 建筑总平面图

2.（2020 年）建筑施工图中能体现建筑物内部高度方向情况的是（　　）。

  A. 建筑总平面图　　　　　　　　　B. 建筑平面图

  C. 建筑立面图　　　　　　　　　　D. 建筑剖面图

3.（2020 年）下列不属于建筑施工图的是（　　）。

  A. 建筑平面图　　　　　　　　　　B. 建筑立面图

  C. 建筑剖面图　　　　　　　　　　D. 基础平面图

4.（2022 年）下列有关建筑工程图的说法，错误的是（　　）。

  A. 一套完整的建筑工程图按图纸目录、设计说明、总图、建筑图、结构图等顺序编排

  B. 结施图表明建筑物的承重结构构件的布置和构造情况

  C. 局部性图纸在前，全局性图纸在后

  D. 重要图纸在前，次要图纸在后

5.（2022 年）下列有关建筑立面图的说法，错误的是（　　）。

  A. 建筑立面图主要用来表示建筑的立面和外形

  B. 建筑立面图一般只画出建筑立面两端的定位轴线及其编号

  C. 建筑立面图中只反映门窗的位置、高度、数量和立面形式

  D. 在建筑立面图中，一般用文字表明外墙面各部位的装修要求

6.（2023 年）下列不属于建筑施工图的是（　　）。

  A. 南立面图　　　　　　　　　　　B. 屋顶平面图

  C. 基础平面布置图　　　　　　　　D. 一层平面图

 真题解析

单项选择题

1. 选 D,本题主要考核建筑总平面图的作用及特点。建筑总平面图表示建筑物的规划位置、与周围环境的关系、道路布置、绿化布置等。

2. 选 D,本题主要考核建筑剖面图的作用及特点。建筑剖面图表示建筑物的内部结构、楼层高度、空间关系等。

3. 选 D,本题主要考核建筑施工的分类。建筑施工图包括建筑总平面图、建筑平面图、建筑立面图、建筑剖面图、建筑详图,基础平面图为结构施工图。

4. 选 C,本题主要考核建筑工程图纸的编排原则。全局性图纸在前,表明局部的图纸在后;先施工的图纸在前,后施工的图纸在后;重要的图纸在前,次要的图纸在后。

5. 选 C,本题主要考核建筑立面图的特点。建筑立面图不只反映门窗的位置、高度、数量和立面形式,还能反映房屋的长、宽、高尺寸,屋顶的形式,外墙饰面、材料及做法等。

6. 选 C,本题主要考核建筑施工的分类。建筑施工图包括建筑总平面图、建筑平面图、建筑立面图、建筑剖面图、建筑详图,基础平面图布置图为结构施工图。

8.2 建筑工程图的规定画法

8.2.1 定位轴线

定位轴线是确定建筑物主要结构位置和尺寸的控制线,是设计绘图和施工测量放线的重要依据。凡是承重墙、柱、大梁或屋架等主要承重构件都应用轴线确定位置,对于非承重的隔断墙及其他次要承重构件等,可以用附加定位轴线表示其位置,有时也可以不画轴线,只注明它们与附近轴线的相关尺寸,以确定其位置。

定位轴线用细单点长画线绘制,编号注写轴线端部的圆内,圆应用细实线绘制,圆直径 8~10 mm,圆心在定位轴线延长线上或者延长线的折线上。定位轴的编号根据建筑物的复杂情况进行调整,应遵循表 8.1。

表 8.1 定位轴线的编号

适用情形	一般规定	图示
简单平面图	1.标注位置:宜标注在图样的下方及左侧,或在图样的四面标注; 2.横向编号应用阿拉伯数字,按从左至右顺序编写;竖向编号应用大写英文字母,按从下至上顺序编写	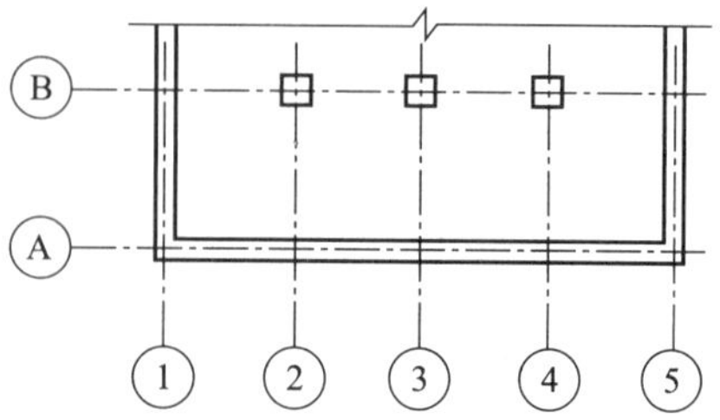

续表

适用情形	一般规定	图示
组合较为复杂的平面图	1.采用分区编号或子项编号,编号的注写形式应为"分区号(或子项号)-该分区(子项)定位轴线编号",分区号或子项号宜采用阿拉伯数字或大写英文字母表示; 2.当采用分区编号或子项编号,同一根轴线有不止 1 个编号时,相应编号应同时注明	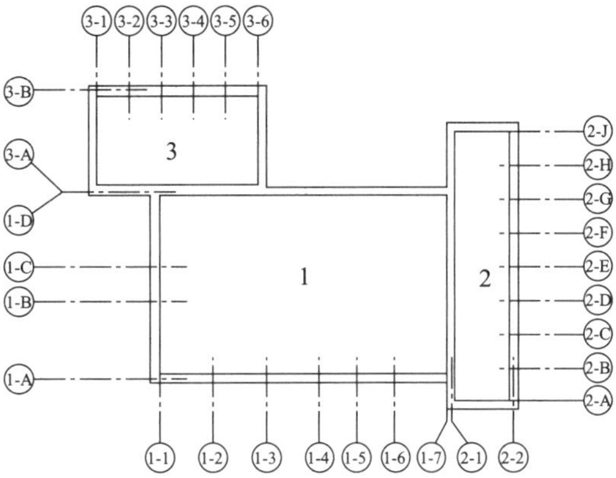
圆形与弧形的平面图	1.其径向轴线应以角度进行定位,其编号宜用阿拉伯数字表示,从左下角或−90°(若径向轴线很密,角度间隔很小)开始,按逆时针顺序编写;其环向轴线宜用大写英文字母表示,按从外向内顺序编写; 2.圆形与弧形平面图的圆心宜选用大写英文字母编号,有不止 1 个圆心时,可在字母后加注阿拉伯数字进行区分,如 P1、P2、P3	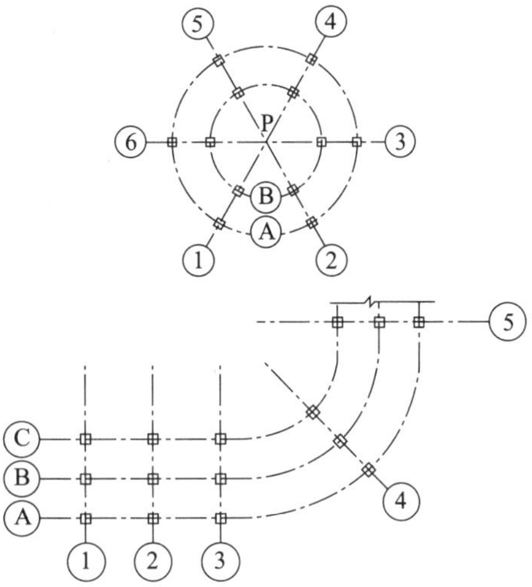
折线性平面图	在折线形平面图中,由于建筑的形状较为复杂,轴线的编号通常会沿着建筑的折线方向进行调整,其编号的原则与弧形平面图相同	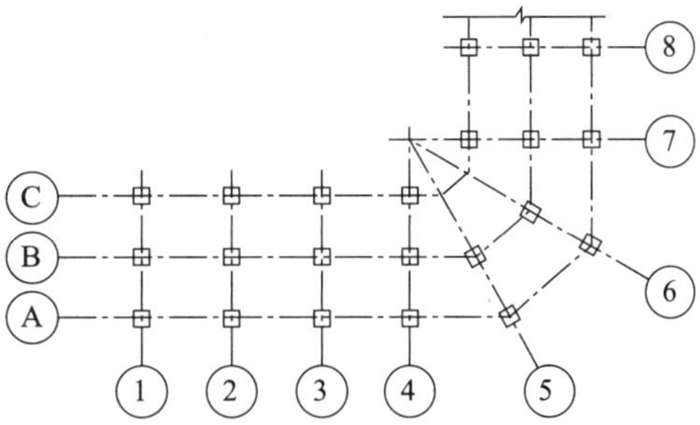

续表

适用情形	一般规定	图示
附加定位轴线	1.附加定位轴线的编号应以分数形式表示； 2.1号轴线或A号轴线之前的附加轴线的分母应以01或0A表示	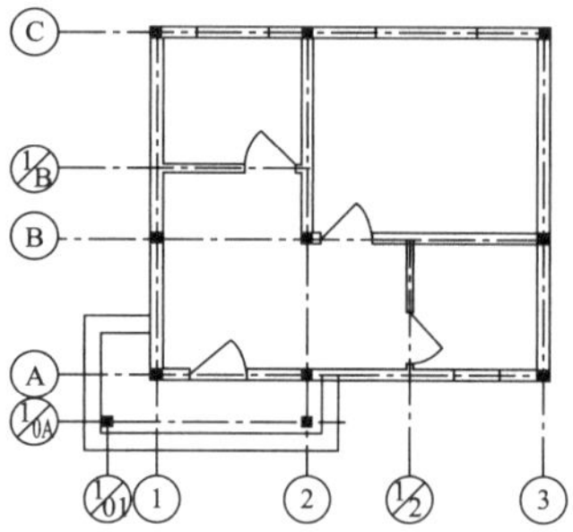
一个详图适用于几根轴线	一个详图适用于几根轴线时，应同时注明各有关轴线的编号	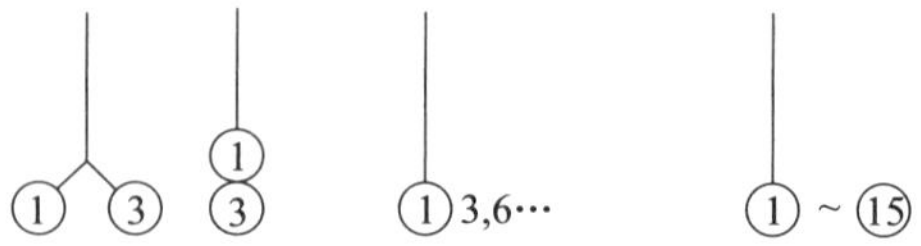 用于2根轴线时　用于3根或3根以上轴线时　用于有3根以上连续编号的轴线时
通用详图	通用详图中的定位轴线，应只画圆，不注写轴线编号	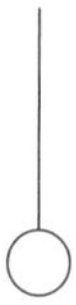

需要注意的是，当英文字母作为轴线号时，应全部采用大写字母，不应用同一个字母的大小写来区分轴线号。英文字母的I、O、Z不得用作轴线编号，因为它们容易与阿拉伯数字1,0,2混淆。当字母数量不够使用时，可增用双字母或单字母加数字注脚。

8.2.2　标高

标高是标注建筑物各部分高度的一种尺寸形式，表示建筑物某一部位相对于基准面(标高的零点)的竖向高度，是竖向定位的依据。

1.标高的分类

根据基准面选取的不同标高可分为绝对标高和相对标高，见表8.2。

表8.2　绝对标高和相对标高

名称	基准面	实际应用
绝对标高	全国统一，以青岛附近黄海的平均海平面作为标高的零点	绝对标高一般用于标注总平面图中的室外地坪标高
相对标高	自行选定，一般以建筑物室内首层主要地面装饰后的面层标高为标高的零点	相对标高一般应用于建筑平面图、立面图、剖面图等施工图纸

相对标高又可以分为建筑标高和结构标高,如图 8.1 所示。

(1)建筑标高:是指建筑物在装饰装修完成后的标高,通常包括装饰层的厚度,主要用于建筑施工图中,用于指导装修和最终的建筑完成状态。

(2)结构标高:是指建筑物在装饰装修前的标高,不包括装饰层的厚度,主要用于结构施工图中,用于指导结构的施工和安装。

(3)建筑标高和结构标高存在以下关系:建筑标高=结构标高+装饰层厚度。

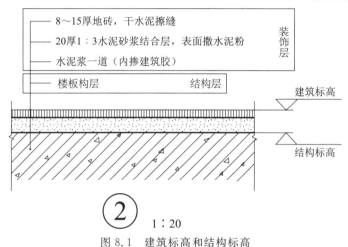

图 8.1　建筑标高和结构标高

2.标高的规定画法

关于标高符号的绘制和标高数字的注写应遵循以下原则:

(1)标高符号应以等腰直角三角形表示,并用细实线绘制。

(2)标高数字应以米为单位,注写到小数点以后第三位;在总平面图中,可注写到小数点后第二位。

(3)零点标高应注写成±0.000,正数标高不注"+",负数标高应注"-",例如 3.000、-0.600。

(4)根据不同情况选择合适的标高符号,见表 8.3。

表 8.3　标高符号的绘制

适用情形	说明	图示
标高	1.标高符号的尖端应指至被注高度的位置,尖端宜向下,标高数字应注写在标高符号的上侧; 2.当标注位置不够时,可以从符号尖端向三角形底侧引出线注写标高数字	≈3 mm　45°　l　h　≈3 mm　45°

续表

适用情形	说明	图示
总平面图室外地坪标高	宜用涂黑的三角形表示,尖端宜向下,标高数字应注写在标高符号的上侧	 ≈3 mm ▼ 45°
建筑立面图或剖面图等涉及竖向高度标注的图样	1. 常采用有下引线的标高符号; 2. 标高符号的尖端应指至被注高度的位置,尖端宜向下,也可向上,标高数字应注写在标高符号的上侧或下侧	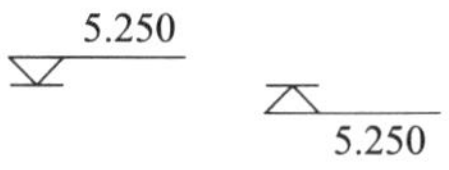 5.250 ▽ ▽ 5.250
图样的同一位置需表示几个不同标高	标高数字可按从低到高依次注写	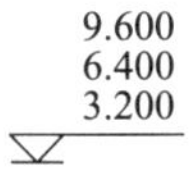 9.600 6.400 3.200 ▽

8.2.3 索引符号与详图符号

建筑工程图中某一局部或构件如无法表达清楚,通常将其用较大的比例放大画详图。为了便于查找及对照阅读,可通过索引符号和详图符号来反映基本图与详图之间的对应关系,见表8.4。

表8.4 索引符号与详图符号

名称	规定画法	图示
索引符号	索引符号应由直径为8~10 mm的圆和水平直径组成,圆及水平直径线宽宜为0.25b	 ④/— 详图编号 详图绘制在本张图纸上；④/5 详图编号 详图所在图纸编号；88J1 ④/12 标准图集编号 详图编号 详图所在图纸编号
剖切索引符号	当索引符号用于索引剖视详图时,应在被剖切的部位绘制剖切位置线,并以引出线引出索引符号,引出线所在的一侧应为剖视方向	 剖切位置线 ④/5 详图编号 详图所在图纸编号 剖视方向线 表示从上向下或从后向前看；④/3 详图编号 详图所在图纸编号 表示从右向左看

名称	规定画法	图示
详图符号	详图的位置和编号应以详图符号表示。详图符号的圆直径应为 14mm,线宽为 b	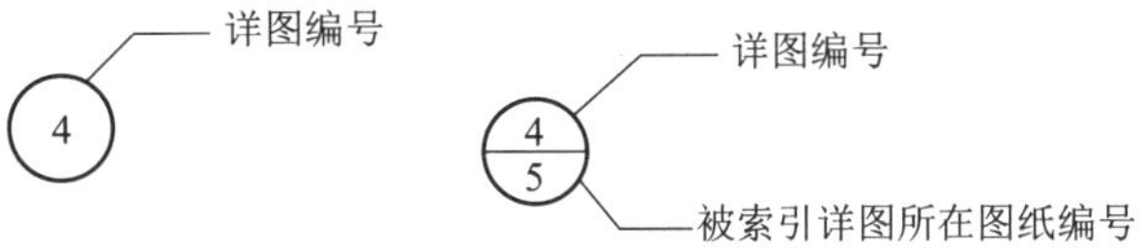
零件等设备编号	零件、钢筋、杆件及消火栓、配电箱、管井等设备的编号宜以直径为 $4 \sim 6$ mm 的圆表示,圆线宽为 $0.25b$,同一图样应保持一致,其编号应用阿拉伯数字按顺序编写	

8.2.4　引出线

建筑物的某些特定的部位或者构造层次复杂的部位需要用文字或详图加以说明时,可用引出线从该部位引出,引出线的线宽为 $0.25b$,其规定画法见表 8.5。

表 8.5　引出线的规定画法

名称	规定画法	图示
引出线	1.宜采用水平方向的直线,或与水平方向成 $30°$、$45°$、$60°$、$90°$ 的直线引出,然后在折成水平线; 2.文字说明宜注写在水平线的上方(a),也可注写在水平线的端部(b); 3.索引详图的引出线,应与水平直径线相连接(c)	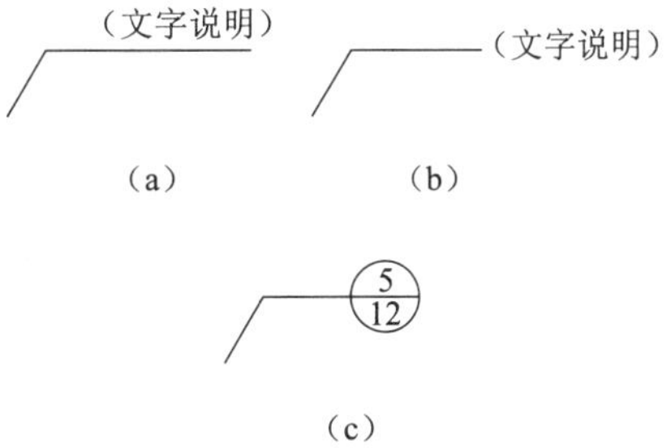

名称	规定画法	图示
共用引出线	同时引出的几个相同部分的引出线,宜互相平行(a),也可画成集中于一点的放射线(b)	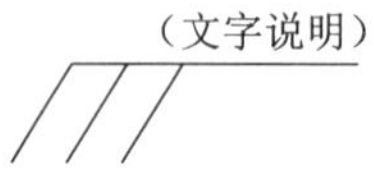 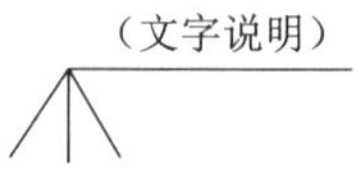
多层引出线	1.多层构造或多层管道共用引出线,应通过被引出的各层并用圆点示意对应各层次; 2.文字说明宜注写在水平线的上方,或注写在水平线的端部; 3.如层次为竖向排序,说明的顺序应由上至下,并应与被说明的层次对应一致(a、b);如层次为横向排序,则由上至下的说明顺序应与由左至右的层次对应一致(c、d)	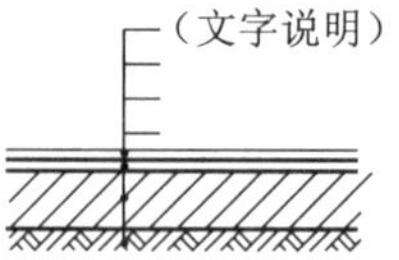 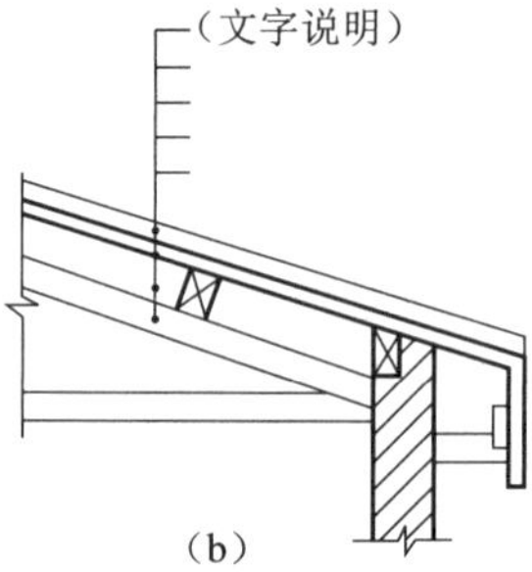 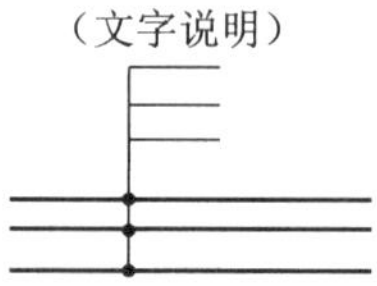 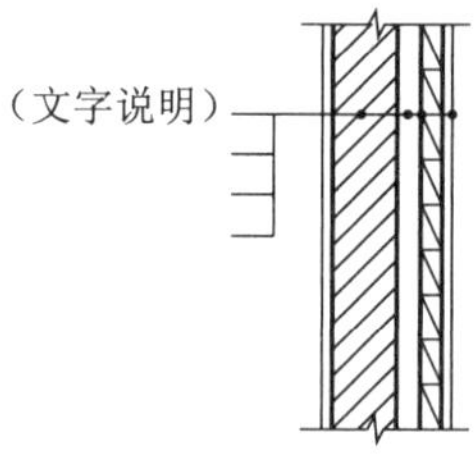

8.2.5　其他符号

其他符号规定画法见表8.6。

表 8.6　其他符号规定画法

名称	线型线宽	规定画法	图例
对称符号	对称线:细单点长画线(0.25b) 平行线:中实线(0.5b)	1.对称符号应由对称线和两端的两对平行线组成; 2.平行线长度宜为6~10 mm,每对的间距宜为2~3 mm;对称线应垂直平分两对平行线,两端超出平行线宜为2~3 mm	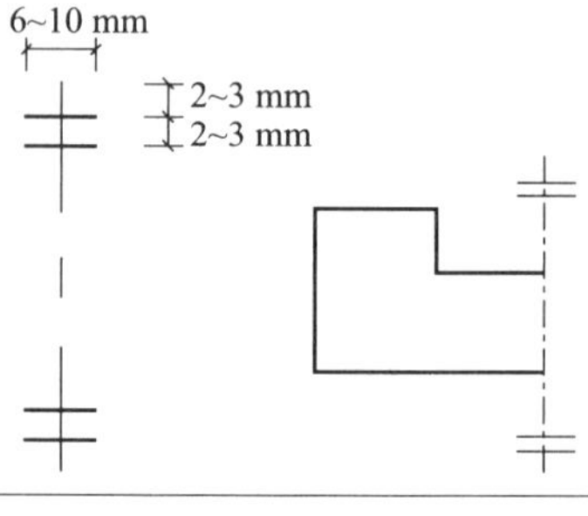
连接符号	细折断线(0.25b)	1.连接符号应以折断线表示需连接的部分; 2.两部位相距过远时,折断线两端靠图样一侧应标注大写英文字母表示连接编号;两个被连接的图样应用相同的字母编号	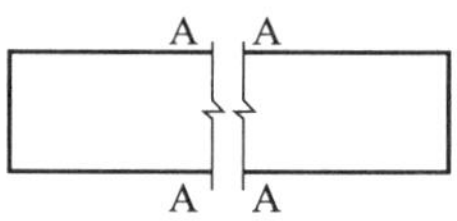

续表

名称	线型线宽	规定画法	图例
指北针	细实线(0.25b)	1.指北针的形状宜符合右图的规定,其圆的直径宜为 24 mm,指针尾部的宽度宜为 3 mm,指针头部应注写"北"字或"N"; 2.需用较大直径绘制指北针时,指针尾部的宽度宜为直径的1/8	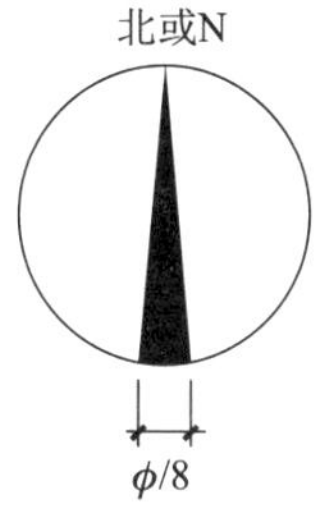 北或N φ/8
风向频率玫瑰图(风玫瑰图)	中线(0.5b)	1.指北针与风玫瑰结合时宜采用互相垂直的线段,线段两端应超出风玫瑰轮廓线2~3 mm,垂点宜为风玫瑰中心,北向应注"北"字或"N"; 2.全年的风向频率用实线绘制,夏季的风向频率用虚线绘制	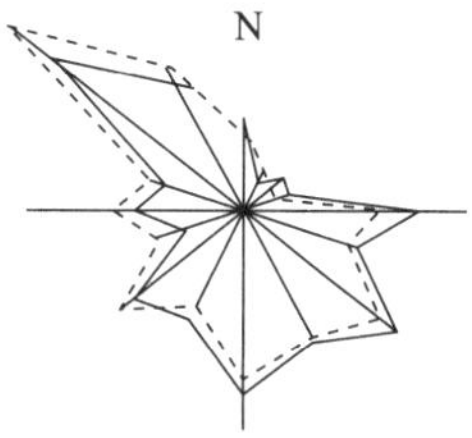 N
变更云线	中粗云线(0.7b)	1.对图纸中局部变更部分宜采用云线,并注明修改版次; 2.修改版次符号宜为边长 0.8 cm 的正等边三角形,修改版次应采用数字表示	 注:1为修改次数。

🧧 **备考锦囊**

建筑工程图的绘制需要遵循一定的规定和标准,以确保图纸的清晰、准确和一致性。关于建筑工程图的规定画法通常会涉及以下考点。

(1)定位轴线:定位轴线采用的线型、线宽,定位轴线的编号原则,附加定位轴线等。

(2)标高:相对标高与绝对标高、建筑标高及结构标高、不同位置使用的标高的规范画法等。

(3)详图符号和索引符号:详图符号和索引符号的区别和联系,识读详图符号和索引符号,理解其表达的意义。

(4)引出线:引出线与水平方向的夹角、多层引出线排列顺序。

(5)指北针:指北针的规范画法,根据指北针判别建筑物的朝向或方位。

(6)风玫瑰:风玫瑰采用的线型,根据风玫瑰判别建设现场的夏季或全年的主导风向。

(7)其他符号:识别对称符号、连接符号,采用的线型、代表的含义等。

真题自测

一、单项选择题

1.(2020 年)表示第 6 号详图在第 3 张图纸上的索引符号是( )。

2.(2021 年)下列符号中,圆直径为 24 mm 的是( )。

  A. 轴号   B. 指北针   C. 索引符号   D. 详图符号

3.(2021 年)下列不适用于立面图的标高符号是( )。

4.(2022 年)下列有关对称符号的说法,正确的是( )。

  A. 对称符号由对称线和两端的三对平行线组成

  B. 对称符号两端超出平行线宜为 4～6 mm

  C. 对称符号用中粗单点长画线绘制

  D. 平行线用细实线绘制

5.(2023 年)直径为 8～10 mm 的符号圆是( )。

  ①轴号   ②指北针   ③索引符号   ④详图符号

  A. ①②   B. ①③   C. ②③   D. ①④

6.(2023 年)一个详图适用于 3～6 轴 4 根连续轴线时,轴号注写方式正确的是( )。

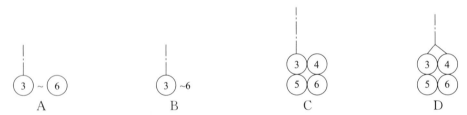

二、判断选择题

1.(2018 年)建筑施工图中,详图索引符号 $\frac{2}{4}$ 表示 2 号图纸上画有 4 号详图。   ( )

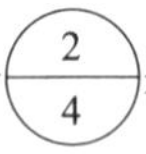

  A. 正确   B. 错误

2.(2019 年)在建筑施工图中,详图符号 $\frac{6}{9}$ 的数字 9 表示详图编号为 9。   ( )

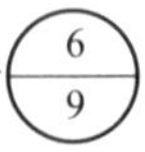

  A. 正确   B. 错误

3.(2021 年)详图符号的圆用粗实线。   ( )

  A. 正确   B. 错误

4.(2021 年)施工图索引符号上半圆中的数字表示详图所在的图纸编号。　　　　　(　　)

A. 正确　　　　　　　　　　　　　　B. 错误

真题解析

一、单项选择题

1.选 A,本题主要考核索引符号的规定画法。上半圆表示详图的编号,下半圆表示详图所在的图纸编号。

2.选 B,本题主要考核指北针的规定画法。指北针直径 24 mm,轴号和索引符号直径是 8~10 mm,详图符号直径是 14 mm。

3.选 D,本题主要考核标高符号的规定画法。D 选项的标高图样适用于同一位置需表示几个不同标高,一般运用于标准层平面图中。

4.选 D,本题主要考核对称符号的规定画法。D 选项的平行线应该用细实线绘制。

5.选 B,本题主要考核各符号的规定画法。轴号和索引符号直径是 8~10 mm,指北针直径 24 mm,详图符号直径是 14 mm。

6.选 A,本题主要考核定位轴线的规定画法。一个详图适用于 3 根或 3 根以上的轴线时,应注明首尾轴线的编号。

二、判断选择题

1.选 B,本题主要考核索引符号的规定画法。上半圆表示详图的编号,下半圆表示详图所在的图纸编号,详图索引符号 $\frac{2}{4}$ 表示 4 号图纸上画有 2 号详图。

2.选 B,本题主要考核详图符号的规定画法。上半圆表示详图的编号,下半圆表示被索引详图所在的图纸编号,详图符号 $\frac{6}{9}$ 的数字 9 表示被索引详图所在的图纸编号为 9。

3.选 A,本题主要考核详图符号的规定画法。详图符号的圆用粗实线,圆的直径为 14 mm。

4.选 B,本题主要考核索引符号的规定画法。上半圆表示详图的编号,下半圆表示详图所在的图纸编号。

专项提升

一、单选选择题

1.整套施工图的编排顺序是(　　　)。

①设备施工图　②建筑施工图　③结构施工图　④图纸目录　⑤总说明

A.①⑤②④③　　　　　　　　　　　B.①②③④⑤

C.⑤②③④①　　　　　　　　　　　D.④⑤②③①

2.为使建筑立面图简洁大方,体现建筑立面的不同层次,使其外形更清晰,常用的手法是(　　　)。

A. 比例不一　　　　B. 线条处理　　　　C. 虚实对比　　　　D. 色彩处理

3.外墙面的装饰做法可在(　　　)中找到。

A. 建筑平面图　　　B. 建筑立面图　　　C. 建筑剖面图　　　D. 结构施工图

4.绝对标高只标注在建筑(　　　)上。

    A.总平面图　　　　　　B.平面图　　　　　　C.立面图　　　　　　D.剖面图

5.包括构件粉刷层在内的构件表面的标高称为(　　　)。

    A.绝对标高　　　　　　　　　　　　　　B.相对标高

    C.建筑标高　　　　　　　　　　　　　　D.结构标高

6.在 A 轴线之前附加第二根定位轴线时的定位轴线编号是(　　　)。

    A　　　　　　　　　　B　　　　　　　　　　C　　　　　　　　　　D

7.下列图例或符号用粗实线绘制的是(　　　)。

    A.详图符号　　　　　　B.指北针　　　　　　C.定位轴线　　　　　　D.尺寸界线

8.标高的单位是(　　　)。

    A.米　　　　　　　　　　B.分米　　　　　　　　C.厘米　　　　　　　　D.毫米

9.下列关于标高的标注,正确的是(　　　)。

    A　　　　　　　　　　B　　　　　　　　　　C　　　　　　　　　　D

10.若详图与被索引的图样在同一张图纸内,正确的详图符号是(　　　)。

    A　　　　　　　　　　B　　　　　　　　　　C　　　　　　　　　　D

11.若定位轴线编号为⑥,则该轴线为建筑平面图上的(　　　)。

    A.竖向轴线　　　　　　　　　　　　　　B.横向轴线

    C.附加轴线　　　　　　　　　　　　　　D.竖向或横向轴线

12.以下说法错误的是(　　　)。

    A.在总平面图中,标高可注写到小数点以后第二位

    B.零点标高应注写成±0.000,正数标高不注"＋",负数标高应注"－"

    C.标高符号的尖端应指至被注高度的位置,尖端只能向下,不可向上

    D.对称构配件采用对称省略画法时,该对称构配件的尺寸线应略超过对称符号

13.详图对应的索引符号为 $\frac{2}{3}$ 圆圈内的 3 表示(　　　)。

    A.详图的编号　　　　　　　　　　　　B.被索引的图纸的编号

    C.详图所在的图纸编号　　　　　　　　D.详图所在的定位轴线编号

14.在工程图中,指北针的圆的直径为(　　　)mm。

    A.24　　　　　　　　　　B.20　　　　　　　　　C.18　　　　　　　　　D.14

15.详图索引符号 $\frac{4}{\quad}$ 其圆圈内的 4 表示(　　　)。

    A.详图所在的定位轴线编号　　　　　　B.详图所在的图纸编号

    C.被索引的图纸编号　　　　　　　　　D.详图的编号

16.施工图中详图符号的圆直径及其粗细为( )。

 A.8 mm,粗实线 B.10 mm,细实线 C.14 mm,粗实线 D.16 mm,细实线

17.在定位轴线端部注写编号的圆的直径应为( )。

 A.6 mm   B.7 mm   C.8 mm   D.14 mm

18.定位轴线的竖向编号应用大写拉丁字母从下至上顺序编写,不得用( )字母编号。

 A.F、I、O   B.I、O、Z   C.G、I、Z   D.K、O、Z

19.在建筑平面图中,位于 2 和 3 轴线之间的第一根分轴线的正确表达为( )。

 ①/② A   ③/① B   ②/① C   ①/③ D

20.建筑总平面图的内容不包括( )。

 A.房屋的位置和朝向   B.房屋的高度

 C.房屋的平面形状   D.房屋内部布局

二、判断选择题

1.建筑工程图样中除了总平面图及标高投影单位是 m,其余均采用 cm 为单位。 ( )

 A.正确   B.错误

2.在建筑施工图中,标高有绝对标高和相对标高两种。 ( )

 A.正确   B.错误

3.定位轴线的编号在水平方向采用大写拉丁字母,竖直方向采用阿拉伯数字。 ( )

 A.正确   B.错误

4.索引符号用细实线画出,圆的直径是 14 mm。 ( )

 A.正确   B.错误

5.在工程图纸中,指北针的圆圈用细实线绘出,直径为 24 mm。 ( )

 A.正确   B.错误

6.在风向频率玫瑰图中,风的吹向是从外吹向中心。 ( )

 A.正确   B.错误

7.索引符号——②/⑤表示图纸编号为 2 号,详图编号为 5 号。 ( )

 A.正确   B.错误

8.索引符号——③/—表示 3 号详图在本张图纸内。 ( )

 A.正确   B.错误

9.总平面图中的标高数值注写到小数点后第三位。 ( )

 A.正确   B.错误

10.对称符号是用细点画线来表示。 ( )

 A.正确   B.错误

11.索引符号的圆的直径为 8～10 mm。 ( )

 A.正确   B.错误

12.在给定位轴线编号时,两轴线间的附加分轴线可用分数表示。 （　　）

    A.正确   B.错误

13.在建筑平面图中,位于 A 轴线与 B 轴线之间的附加分轴线编号中的分母应写为 0B。

（　　）

    A.正确   B.错误

14.用于多层构造的共同引出线,若构造层次为横向排列,则由下至上说明顺序要与由右至
    左的各层相互一致。 （　　）

    A.正确   B.错误

15.用于多层构造的共同引出线,自上至下的说明顺序要与由上至下的各层构造相互一致。

（　　）

    A.正确   B.错误

三、连线题

将左边的符号名称与正确的图例连接起来。

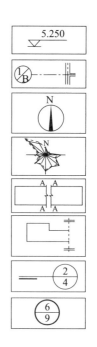

第9章 建筑总平面图的识读

考试大纲

考纲要求	考查题型	分值预测
1. 会阅读设计、施工说明,识读门窗表、材料做法表等; 2. 了解总平面图的内容和用途,会识读总平面图,了解总平面图建筑密度、绿化率和容积率等经济技术指标。	单项选择题 判断题 识图题	20~30分

知识框架

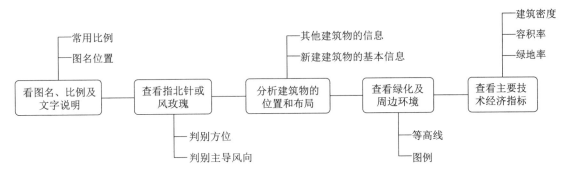

核心知识

9.1 首页图的识读

首页图是建筑施工图的第一页图纸,是整个建筑施工图集的重要组成部分,它提供了图纸目录、设计总说明、建筑装修及工程做法、门窗表等关键信息,能够帮助施工人员和管理人员全面了解工程的设计意图和施工要求,确保施工的顺利进行。

9.1.1 图纸目录

图纸目录是整个建筑施工图集的索引,列出了所有图纸的名称、图号和所在页码。例如,在一个住宅楼的施工图集中,图纸目录会列出建筑平面图(图号 JZP-01,页码 1—2)、建筑立面图(图号 JZL-01,页码 3—4)等信息。图纸目录不仅能帮助施工人员、工程师和管理人员快速查找所需的图纸,还能帮助审核人员快速了解图纸的完整性。在图纸交接或者审核过程中,通过核对图纸目录,可以检查是否有图纸遗漏,确保施工图集的完整性,避免因图纸缺失导致施工错误或者工程进度延误。

9.1.2 建筑设计说明

设计总说明对整个工程的设计依据、设计标准、施工要求等进行详细的文字说明,它为施工人员和管理人员提供了设计意图和施工要求的详细信息。其主要内容一般包括以下几点:

设计依据一般包括建筑面积、单位面积造价、地质、水文、气象等资料。

设计标准包括建筑标准,结构荷载等级,抗震设防标准,采暖、通风、照明标准等。

施工要求含施工技术要求、建筑材料要求(如水泥标号、混凝土强度等级、砖的标号、钢筋的强度等级等)等。

9.1.3 门窗表

门窗表列出了所有门窗的编号、尺寸、材料和做法,是门窗现场或采购订货、施工监理、工程预决算的最重要依据,其主要内容包含门窗编号、尺寸、材料、性能、颜色、玻璃类型、五金件等。

9.1.4 工程做法

工程做法详细描述了建筑的各个组成部分的具体施工方法和材料要求,是现场施工、施工监理、工程预决算的重要依据。

工程做法主要包括以下内容。

1. 墙体工程

墙体工程主要包括外墙和内墙的墙皮距轴线距离、内外墙材料、门窗洞口或较大的预留洞口构造做法、墙体防潮层构造做法、不同材料墙体连接处构造做法、卫生间等用水房间隔墙根构造做法等。

2. 楼面和地面工程

楼面和地面工程主要包括楼面做法和地面做法。楼面做法通常包括结构层、找平层、防水层、保温层、面层等;地面做法包括基层处理、垫层、面层等。

3. 屋面工程

屋面工程通常包括屋面做法和屋面排水。屋面做法包括结构层、找平层、防水层、保温层、保护层等;屋面排水应说明屋面排水系统的设计,包括排水坡度、排水口位置、雨水管的布置等。

4. 门窗工程

门窗工程包括门窗材料、门窗性能和门窗五金等。门窗材料包括门和窗的类型、材料、颜色、玻璃类型等;门窗性能应说明门窗的保温、隔热、隔音、气密性等性能要求;门窗五金件包括门锁、合页、拉手等五金件的规格和材质。

5. 装修工程

装修工程含内装修和外装修。内装修包括墙面、顶棚、地面的装修材料和施工方法;外装修包括外墙的装修材料和施工方法。

6. 其他工程做法

(1)变形缝:包括伸缩缝、沉降缝、防震缝的设置和构造做法。例如,伸缩缝缝宽内填弹性保温材料,防震缝的宽度应根据抗震设防要求确定。

　　(2)特殊构造:如幕墙工程、特殊屋面工程的性能及制作要求,平面图、预埋件安装图等以及防火、安全、隔音构造。

9.2　建筑总平面图的图示内容

9.2.1　建筑总平面图的形成和用途

　　建筑总平面图是将新建工程四周一定范围内的新建、拟建、原有和拆除的建筑物、构筑物连同其周围的地形、地物状况用正投影的方法和相应的图例所画出的 H 面投影图。它主要反映新建建筑物的平面形状、位置和朝向及其与原有建筑物的关系、标高、道路、绿化、地貌、地形等情况。

　　建筑总平面图在建筑工程中具有极其重要的作用,不仅可以帮助确定建筑物的位置、朝向和标高,还为土方工程、设备管网布置、施工总平面布置等提供了详细的依据。建筑总平面图通过合理规划和设计,确保了施工的顺利进行和工程质量的控制。

9.2.2　建筑总平面图的图示内容

1. 图名和比例

　　建筑总平面图的图名和比例一般标注在总图的下方或标题栏内。总平面图的比例一般采用1∶300、1∶500、1∶1000、1∶2000。在具体工程中,总平面图的比例应与地形图的比例相同。

2. 指北针和风玫瑰

　　总图应按上北下南方向绘制,根据场地形状或布局,可向左或向右偏转,但不宜超过45°,总图中应绘制指北针或风玫瑰图。

　　指北针通常放置在总平面图的上方左侧或右侧,用于确定新建房屋的朝向,帮助设计者和施工人员了解建筑物相对于地理北方向的位置。

　　风玫瑰图通常放置在总平面图的上方左侧或右侧,可与指北针结合在一起标绘,用于表示某一地区多年统计的各个方向平均吹风次数的百分数值,是新建房屋所在地区风向情况的示意图。它有助于确定该地区的主导风向,对于建筑的通风设计、环境影响评估等非常重要。

3. 新建建筑物定位

　　新建建筑物以粗实线表示与室外地坪相接处(±0.00)外墙定位轮廓线,地下建筑物以粗虚线表示其轮廓,建筑上部(±0.00 以上)外挑建筑用细实线表示,建筑物上部连廊用细虚线表示并标注位置(图 9.1)。

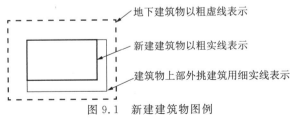

图 9.1　新建建筑物图例

在总平面图中,对新建建筑物的定位有以下两种方式。

(1)定位尺寸:标注新建建筑物与相邻原有建筑物、现有道路、绿化等之间的尺寸距离,尺寸以米为单位,标注到小数点后两位。

(2)坐标标注:在总平面图上标注新建建筑物的角点坐标,一般以±0.00 高度处的外墙定位轴线交叉点坐标定位。可采用测量坐标或建筑坐标,见表 9.1。

表 9.1 测量坐标和建筑坐标

名称	坐标代号	坐标方向	特点
测量坐标	(X,Y)	坐标纵轴为南北方向,用 X 表示;横轴为东西方向,用 Y 表示。方位角自北方向开始,沿顺时针旋转增大	绝对性:测量坐标系是基于全局的坐标系统建立的,通常使用地理坐标或工程坐标,具备全局定位能力
建筑坐标	(A,B)	建筑坐标系的坐标轴通常与建筑物的中心线或主要轴线平行或垂直,以便于施工放样	相对性:建筑坐标系是基于某个建筑物或特定场地的相对位置,仅适用于该建筑物或场地

坐标网格应以细实线表示(图 9.2),当总平面图上有测量坐标和建筑坐标两种坐标系统时,应在附注中注明两种坐标系统的换算公式。

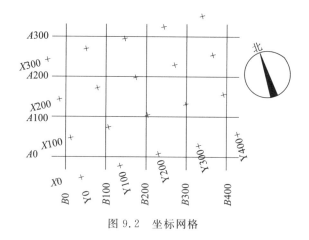

图 9.2 坐标网格

注:图中 X 为南北方向轴线,X 的增量在 X 轴线上;Y 为东西方向轴线,Y 的增量在 Y 轴线上。A 轴相当于测量坐标网中的 X 轴,B 轴相当于测量坐标网中的 Y 轴。

4. 新建建筑物的内容

(1)总长和总宽:新建建筑物的总长和总宽应标注在图纸上,单位为米,取至小数点后两位。

(2)室内外标高:新建房屋底层室内地面和室外平整地面都应注明绝对标高,单位为米,取至小数点后两位。当标注相对标高,则应注明相对标高与绝对标高的换算关系。

(3)楼层信息:多层建筑常用黑小圆点数表示层数,层数较多时用阿拉伯数字表示,通常标注在新建建筑物的右上角。如“12F/2D”代表新建建筑为地上 12 层地下 2 层。

(4)主出入口:建筑主出入口的位置表示形式有两种(图 9.3),但同一图纸采用其中一种表示方法即可。

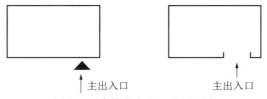

图 9.3　建筑主出入口表示形式

(5)其他信息:新建建筑物粗实线内还会标注楼栋编号(如 1♯,代表 1 号楼)、建筑物名称(如教学楼、办公楼)、建筑高度(如 $H=59.90$ m,表示建筑高度为 59.90 m)等相关信息。

5.其他内容

在总平面图中,除了新建建筑物,还应对其他的内容进行表示:原有建筑物用细实线绘制;计划扩建的预留地或建筑物用中粗虚线绘制;待拆除的建筑物用细实线绘制;建筑红线用中双点长画线绘制。此外,还有原有道路、绿化区域、边坡围墙等内容,其表示方法和图例详见附录。

9.2.3　建筑总平面图的经济参数

在建筑总平面图中,经济参数是评估项目可行性和经济效益的重要指标。一些常见的经济参数及其定义和计算方法见表 9.2。

(1)总用地面积(m^2):项目所占用的全部土地面积,包括建设用地、代征道路面积、代征绿地面积、代征河道面积等。

(2)总建筑面积(m^2):项目中所有建筑物的总建筑面积,包括地上和地下部分。

(3)建筑基底面积(m^2):建筑物底层外墙勒脚以上外围水平投影面积之和。

(4)绿地面积(m^2):项目用地内各类绿地的总面积,包括公共绿地、宅旁绿地、公共服务设施所属绿地等。

(5)建筑高度(m):指建筑物从室外地坪到其檐口或屋面面层的高度,多栋建筑应分别列出。

(6)建筑层数:包括地上层数和地下层数,多栋建筑应分别列出。

表 9.2　常见经济参数

经济参数	定义	计算方法
建筑密度	建筑基底面积与总用地面积的比值,反映了建筑在用地中的密集程度	建筑密度 $=\dfrac{建筑基底面积}{总用地面积}\times 100\%$
容积率	总建筑面积与总用地面积的比值,反映土地的利用强度	容积率 $=\dfrac{总建筑面积}{总用地面积}$
绿地率	绿地面积与总用地面积的比值,体现了项目的绿化水平	绿地率 $=\dfrac{绿地面积}{总用地面积}\times 100\%$

 **真题自测**

一、单项选择题

(2023 年)根据《总图制图标准》(GB/T 50103—2010)，下列描述错误的是(　　)。

A. 总图室外标高应采用相对标高

B. 总图中应绘制指北针或风玫瑰图

C. 总图中外墙定位轴线用细实线表示

D. 总图中的坐标、标高、距离以米为单位

二、判断选择题

(2021 年)如图所示为某总平面中的标高，表示该建筑物室内地坪标高±0.00 相对应的绝对标高为 128.66 m。　　　　　　　　　　　　　　　　　　　　(　　)

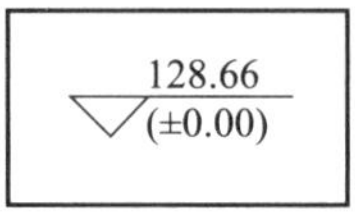

A. 正确　　　　　　　　　　　　　　B. 错误

真题解析

一、单项选择题

选 A，本题考核的是《总图制图标准》。选项 A 中总图室内外的标高采用的是绝对标高。

二、判断选择题

选 A，本题考核的是总平面图中相对标高及绝对标高的表达形式。

9.3　建筑总平面图的识读技能

识读总平面图前应先熟悉总平面图上的各种图例和符号，详见附录。接下来以图 9.4 为例，介绍建筑总平面图的识读的顺序和要点。

9.3.1. 看图名、比例及文字说明

该总平面图的图名和比例在总平面图的下方，见图例①，图名为"某中学总平面图"，比例为 1∶1000。

9.3.2. 查看指北针或风玫瑰图

该总平面图的右上角为风玫瑰，见图例②，可以看出方位上北下南，实线表示全年风向，因此该地区的全年主导风向为东北风，虚线代表夏季风向，该地区的夏季主导风向也为东北风。

9.3.3. 分析建筑物的位置和布局

新建建筑物：新建建筑物用粗实线表示，该总平面图中的新建建筑物为"教学楼"和"实训楼"，见图例③；其中教学楼的西南角点标注测量坐标为 $X=2504.240,Y=4086.120$，见图

例④;教学楼的建筑规格见图例⑤,总长为 54.36m,总宽为 21.36m;教学楼的主出入口在建筑东侧,见图例⑥;教学楼的室外地坪标高为 50.30m,室内地坪标高为 50.75m,建筑高度为 37.4m,见图例⑦、⑧;教学楼的楼层为地上 9 层,地下 2 层,见图例⑨;

其他建筑物:原有建筑物用细实线表示,该总平面图中原有建筑物有实验楼、图书馆、办公楼、综合实训楼,见图例⑩;待拆除建筑物用带"×"的细实线表示,该总平面图中的待拆除建筑物见图例⑪;计划扩建的建筑物用中粗虚线表示,该总平面图中计划扩建建筑物西南角,见图例⑫;

9.3.4. 查看绿化和周边环境的布置

总平面图的西北角带数字的曲线为等高线,见图例⑬;总平面图中还包含绿植,见图例⑭;最外围一圈的图例为围墙,见图例⑮;学校的主出入口在总平面图的东侧;总平面图的西侧为运动场。

9.3.5. 查看主要技术经济指标

本项目的主要技术经济指标见"项目经济技术指标一览表",查表可得相关指标建筑密度为 9.3%,绿地率为 35%,容积率为 0.47。

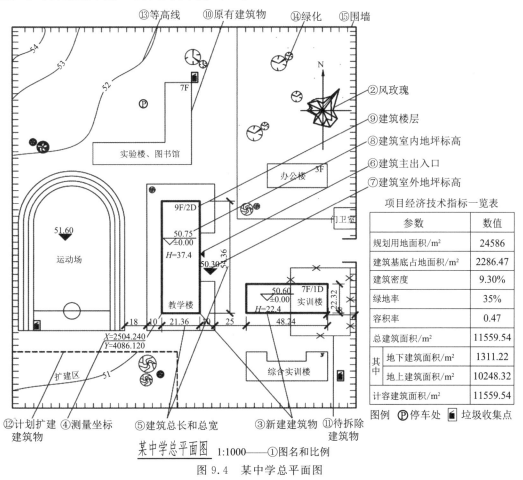

项目经济技术指标一览表

参数		数值
规划用地面积/m²		24586
建筑基底占地面积/m²		2286.47
建筑密度		9.30%
绿地率		35%
容积率		0.47
总建筑面积/m²		11559.54
其中	地下建筑面积/m²	1311.22
	地上建筑面积/m²	10248.32
	计容建筑面积/m²	11559.54

图例 ⓟ停车处 ▪垃圾收集点

某中学总平面图 1:1000——①图名和比例

图 9.4　某中学总平面图

备考锦囊

在历年的考试中,总平面图的识图是重要的考核内容,不仅要求我们能识读总平面图,还要求我们能够在给出的总平面图中提取相关的信息,关于总平面图的考点一般涉及以下几个方面。

(1)图名和比例:在给出的总平面图中,能够快速查找出图名和比例。

(2)指北针和风玫瑰:通过指北针或风玫瑰判别建筑物的朝向、主出入口等,通过风玫瑰判别风向。

(3)新建建筑物的定位:新建建筑物的定位方法有定位尺寸定位和坐标定位。通过给出的图纸坐标,识别建筑坐标和测量坐标、相对标高和绝对标高。

(4)新建建筑物的相关信息:室内外标高、楼层信息、建筑的规格尺寸、建筑高度等相关信息。

(5)图例:在总平面图中,不同图例代表的内容不同,特别是新建建筑物、原有建筑物、待拆除建筑物及计划扩建建筑物等图例使用的线型和线宽。

(6)经济参数:会查阅"项目技术经济指标表",掌握建筑密度(%)、容积率、绿地率(%)等指标的计算方法。

真题自测

识图题

1.(2019年)根据图9.5所示总平面图,在答题卡上完成下列各题。

(1)该图的图名为_____。

(2)图中共有_____幢教学楼;其中拆除建筑的楼号为_____;该建筑位于③号楼的_____(选填"东""南""西""北")面。

(3)新建建筑的楼号为_____,总长为_____m,总宽为_____m,层数为_____层,室内外高差为_____m。

(4)图中 $\overset{30.65}{\blacktriangledown}$ 表示_____(选填"相对标高"或"绝对标高")。③号楼的室外地坪标高为_____。

(5)图中图例 _____的名称为_____。

(6)图中 $\frac{A88.86}{B116.69}$ 表示_____(选填测量坐标或建筑坐标)。

(7)该项目建筑密度为_____,容积率为_____。

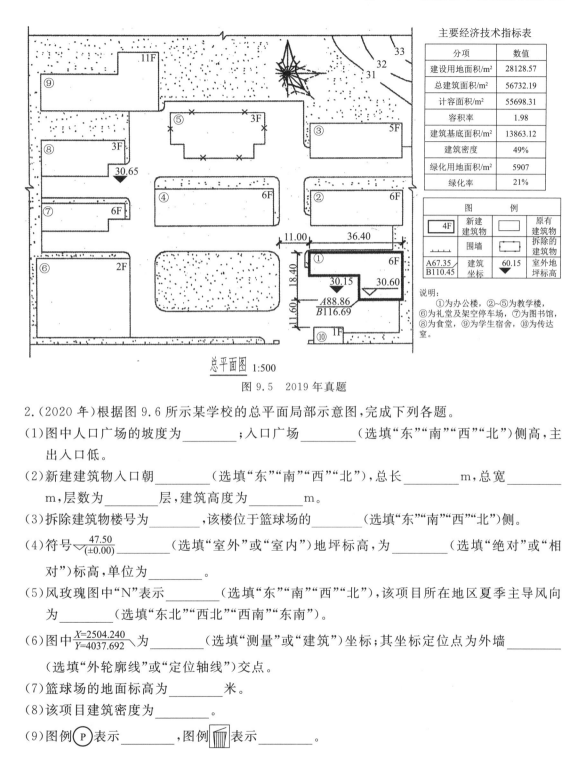

主要经济技术指标表

分项	数值
建设用地面积/m²	28128.57
总建筑面积/m²	56732.19
计容面积/m²	55698.31
容积率	1.98
建筑基底面积/m²	13863.12
建筑密度	49%
绿化用地面积/m²	5907
绿化率	21%

图		例	
4F	新建建筑物	▢	原有建筑物
⊢⊣⊣⊣	围墙	⌐·⌐·⌐	拆除的建筑物
A67.35 B110.45	建筑坐标	60.15 ▼	室外地坪标高

说明：
①为办公楼，②~⑤为教学楼，⑥为礼堂及架空停车场，⑦为图书馆，⑧为食堂，⑨为学生宿舍，⑩为传达室。

总平面图 1:500

图 9.5　2019 年真题

2.（2020 年）根据图 9.6 所示某学校的总平面局部示意图，完成下列各题。

(1)图中人口广场的坡度为_____;入口广场_____（选填"东""南""西""北"）侧高，主出入口低。

(2)新建建筑物入口朝_____（选填"东""南""西""北"），总长_____m，总宽_____m，层数为_____层，建筑高度为_____m。

(3)拆除建筑物楼号为_____，该楼位于篮球场的_____（选填"东""南""西""北"）侧。

(4)符号 $\frac{47.50}{(\pm0.00)}$▽_____（选填"室外"或"室内"）地坪标高，为_____（选填"绝对"或"相对"）标高，单位为_____。

(5)风玫瑰图中"N"表示_____（选填"东""南""西""北"），该项目所在地区夏季主导风向为_____（选填"东北""西北""西南""东南"）。

(6)图中 $\frac{X=2504.240}{Y=4037.692}$ ↘为_____（选填"测量"或"建筑"）坐标；其坐标定位点为外墙_____（选填"外轮廓线"或"定位轴线"）交点。

(7)篮球场的地面标高为_____米。

(8)该项目建筑密度为_____。

(9)图例 ⓅＰ 表示_____，图例 🏛 表示_____。

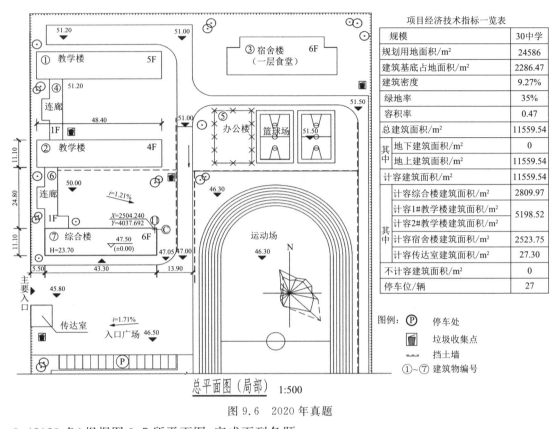

项目经济技术指标一览表

规模		30中学
规划用地面积/m²		24586
建筑基底占地面积/m²		2286.47
建筑密度		9.27%
绿地率		35%
容积率		0.47
总建筑面积/m²		11559.54
其中	地下建筑面积/m²	0
	地上建筑面积/m²	11559.54
计容建筑面积/m²		11559.54
其中	计容综合楼建筑面积/m²	2809.97
	计容1#教学楼建筑面积/m²	5198.52
	计容2#教学楼建筑面积/m²	
	计容宿舍楼建筑面积/m²	2523.75
	计容传达室建筑面积/m²	27.30
不计容建筑面积/m²		0
停车位/辆		27

图例：Ⓟ 停车处
🗑 垃圾收集点
--- 挡土墙
①~⑦ 建筑物编号

总平面图（局部） 1:500

图 9.6 2020 年真题

3.(2023 年)根据图 9.7 所平面图,完成下列各题。

(1)该总平面图的比例为_____。

(2)新建建筑物名称为_____,层数为_____层。

(3)新建建筑物长度为_____m,高度(H)为_____m。

(4)新建建筑物与教学楼的东西向净距为_____m。

(5)新建建筑物室内地面标高±0.00 m 对应的绝对标高为_____m。

(6)新建建筑物的出入口在该建筑的_____面。

(7)该项目拆除的建筑物有_____栋,计划扩建的建筑物名称为_____。

(8)总平面图最北面道路的坡度为_____。

(9)容积率为_____。

(10)"建筑密度"计算公式的分子为_____(选填"总建设工地面积""总建筑面积""建筑占地面积")。

(11)该地区夏季主导风向为_____风。

(12)该场地的地势为_____(选填"西南高东北低""西北高东南低""东南高西北低""东北高西南低")。

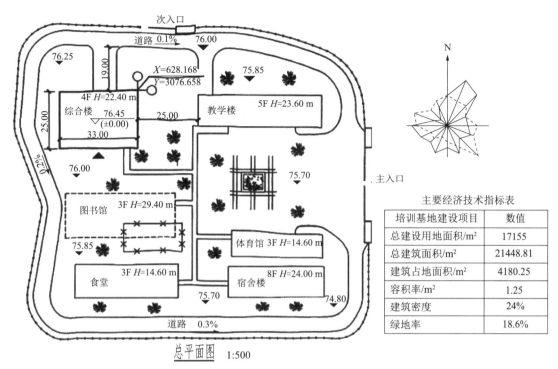

图 9.7　2023 年真题

真题解析

识图题

1.本题考核总平面图的综合识图能力。

(1)总平面图;

(2)4、5(或⑤)、西;

(3)1(或①)、36.40、18.40、6、0.45;

(4)绝对标高、30.65;

(5)风玫瑰(或"风玫瑰图"或"风向频率玫瑰图");

(6)建筑坐标;

(7)49%、1.98。

2.本题考核总平面图的综合识图能力。

(1)1.71、东;

(2)南、43.30、11.80、6、23.70;

(3)5、西;

(4)室内、绝对、m 或米;

(5)北、东南;

(6)测量、定位轴线;

(7)51.50;

(8)9.27%;

(9)停车处、垃圾收集点。

3.本题考核总平面图的综合识图能力。

(1)1:500;

(2)综合楼、4;

(3)33、22.4;

(4)25;

(5)76.45;

(6)南;

(7)1、图书馆;

(8)0.1%;

(9)1.25;

(10)建筑占地面积;

(11)东南;

(12)西北高东南低。

专项提升

一、单项选择题

1.建筑总平面图中,(   )为表示建筑物的层数,可在新建建筑物图例的右上角标注。

　　A.小黑点或数字　　　　　　　　　　B.大写拉丁字母

　　C.汉字　　　　　　　　　　　　　　D.罗马数字

2.下列总平面图图例中,表示新建建筑物的是(   )。

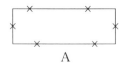　　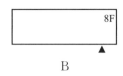　　　　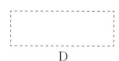

　　　　A　　　　　　　　B　　　　　　　　C　　　　　　　　D

3.下列不属于建筑总平面图可以反映的内容的是(   )。

　　A.新建房屋的各层高度　　　　　　　B.新建房屋的位置和朝向

　　C.新建房屋周围的绿化布置　　　　　D.新建房屋周围的地形和地貌

4.当建筑总平面图表示的范围较大时,用于定位总平面图中建筑物、道路等设施的是(   )。

　　A.原有建筑物　　　　　　　　　　　B.原有建筑道路

　　C.原有建筑围墙　　　　　　　　　　D.坐标网

5.建筑总平面图中可以表示建筑物朝向的符号为(   )。

　　A.等高线　　　　　　　　　　　　　B.指北针

　　C.定位轴线　　　　　　　　　　　　D.对称符号

6.建筑总平面图中的风玫瑰图表示(   )。

　　A.风速　　　　　B.朝向　　　　　C.风力　　　　　D.风向频率

7. 建筑总平面图不能反映的内容是(　　　)。
　　A. 新建房屋各房间的布置　　　　　　　B. 新建房屋的位置
　　C. 新建房屋的标高　　　　　　　　　　D. 房屋的朝向

8. 建筑总平面图中表示原有建筑物的图例一般用的线型是(　　　)。
　　A. 细虚线　　　　　B. 中虚线　　　　　C. 细实线　　　　　D. 粗实线

9. 建筑总平面图中风向频率玫瑰图除表示当地风向频率外,还可表示(　　　)。
　　A. 地形　　　　　B. 朝向　　　　　C. 风速　　　　　D. 风力

10. 建筑总平面图中表示应拆除的建筑物的图例一般用的线型是(　　　)。
　　A. 细虚线　　　　　B. 中虚线　　　　　C. 细实线　　　　　D. 粗实线

11. 建筑总平面图中新建建筑物图例右上角的数字表示建筑物的(　　　)。
　　A. 朝向　　　　　B. 数量　　　　　C. 编号　　　　　D. 层数

12. 建筑总平面图中的室内整平标高为(　　　)。
　　A. 绝对标高　　　　　B. 相对标高　　　　　C. 建筑标高　　　　　D. 结构标高

13. (　　　)是一个建设项目的主体布局,表示新建房屋所在基地范围内的平面布置、具体位置及周围情况。
　　A. 建筑总平面图　　　　B. 建筑平面图　　　　C. 建筑立面图　　　　D. 建筑详图

14. 在建筑总平面图上,一般用(　　　)分别表示房屋的朝向和建筑物的层数。
　　A. 指南针、小圆圈　　　　　　　　　　B. 指北针、小圆圈
　　C. 指南针、小黑点　　　　　　　　　　D. 指北针、小黑点

15. 主要用来确定新建房屋的位置、朝向以及周边环境关系的是(　　　)。
　　A. 建筑平面图　　　　B. 建筑立面图　　　　C. 总平面图　　　　D. 功能分区图

16. 关于右图所示图例,以下说法正确的是(　　　)。
　　A. 该建筑物室外的相对标高为 0.000 m,绝对标高为 151.00 m
　　B. 该建筑物室外的相对标高为 151.00 m,绝对标高为 0.000 m
　　C. 该建筑物室内的相对标高为 0.000 m,绝对标高为 151.00 m
　　D. 该建筑物室内的相对标高为 151.00 m,绝对标高为 0.000 m

17. 下列有关建筑密度的说法,正确的是(　　　)。
　　A. 建筑密度是指建筑用地面积与总用地面积的比值
　　B. 建筑密度是指建筑面积与建筑占地面积的比值
　　C. 建筑密度是指一定地块内所有的建筑物的基底总面积占建设用地面积的比例
　　D. 建筑密度一般情况下指一定地块内,地面以上各类计容建筑面积总和与建筑用地面积的比值

18. 下列有关容积率的说法,正确的是(　　　)。
　　A. 容积率是指建筑用地面积与总用地面积的比值
　　B. 容积率是指建筑面积与建筑占地面积的比值
　　C. 容积率是指一定地块内所有的建筑物的基底总面积占建设用地面积的比例
　　D. 容积率一般情况下指一定地块内,地面以上各类计容建筑面积总和与建筑用地面积的比值

19. 建筑施工图中除了标高用 m 为单位,还有(　　　)也用 m 为单位。

    A. 底层平面图　　　　　　　　　　　　B. 立面图

    C. 详图　　　　　　　　　　　　　　　　D. 总平面图

20. 不属于建筑总平面图常用比例的是(　　　)。

    A. 1∶100　　　　　　B. 1∶500　　　　　　C. 1∶1000　　　　　　D. 1∶2000

二、判断选择题

1. 总平面图中的图例符号 $\overset{A105.00}{B425.00}$ 表示测量坐标。　　　　　　　　　　　　(　　　)

    A. 正确　　　　　　　　　　　　　　　　B. 错误

2. 新建建筑的定位是建筑总平面图最重要的内容之一。　　　　　　　　　　(　　　)

    A. 正确　　　　　　　　　　　　　　　　B. 错误

3. 建筑密度为项目用地范围内各种建构筑物占地面积总和占总用地面积的比例。(　　　)

    A. 正确　　　　　　　　　　　　　　　　B. 错误

4. 在建筑总平面图中,标高数字应注写到小数点以后第三位。　　　　　　　(　　　)

    A. 正确　　　　　　　　　　　　　　　　B. 错误

5. 建筑总平面图中应拆除的建筑物用中虚线绘制。　　　　　　　　　　　　(　　　)

    A. 正确　　　　　　　　　　　　　　　　B. 错误

6. 建筑总平面图中地面以下建筑用粗虚线表示。　　　　　　　　　　　　　(　　　)

    A. 正确　　　　　　　　　　　　　　　　B. 错误

7. 建筑总平面图中常用风向频率玫瑰图表示建筑物的朝向和当地的风向频率。(　　　)

    A. 正确　　　　　　　　　　　　　　　　B. 错误

8. 在建筑总平面图中,一般依据原有建筑物或道路等永久固定设施来确定新建房屋的位置。

    　　　　　　　　　　　　　　　　　　　　　　　　　　　　　　(　　　)

    A. 正确　　　　　　　　　　　　　　　　B. 错误

9. 总平面图上的室内地坪标高符号宜用涂黑的三角形表示。　　　　　　　　(　　　)

    A. 正确　　　　　　　　　　　　　　　　B. 错误

10. 建筑总平面图中,可在新建建筑物图例的右上角用点数或数字表示建筑物的层数。(　　　)

    A. 正确　　　　　　　　　　　　　　　　B. 错误

11. 建筑总平面图主要反映新建房屋的位置、朝向、标高和绿化布置、地形、地貌及与原有环境的关系等。　　　　　　　　　　　　　　　　　　　　　　　　　　(　　　)

    A. 正确　　　　　　　　　　　　　　　　B. 错误

12. 建筑总平面图中的室外地坪标高为相对标高。　　　　　　　　　　　　　(　　　)

    A. 正确　　　　　　　　　　　　　　　　B. 错误

13. 建筑总平面图中新建建筑物的定位尺寸一般以毫米为单位。　　　　　　　(　　　)

    A. 正确　　　　　　　　　　　　　　　　B. 错误

14. 建筑总平面图是表示新建房屋所在位置有关范围内总体布局的图样。　　　(　　　)

    A. 正确　　　　　　　　　　　　　　　　B. 错误

三、识图题（根据所给的总平面图，完成下列各题）

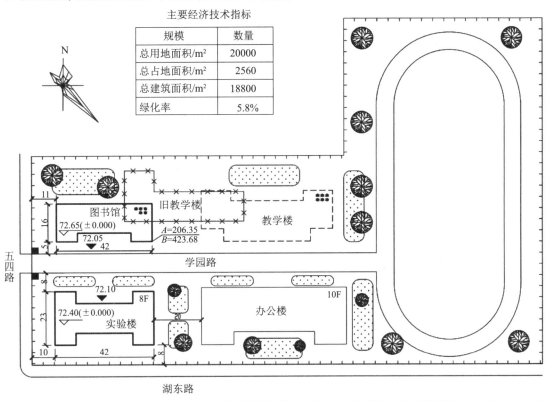

主要经济技术指标

规模	数量
总用地面积/m²	20000
总占地面积/m²	2560
总建筑面积/m²	18800
绿化率	5.8%

总平面图　1:500

1. 该图的图名为_____，比例为_____，该图西侧道路名称为_____。

2. 新建建筑物用_____线绘制，拆除的建筑物是_____，拟建的建筑物是_____。

3. $\frac{72.05}{\blacktriangledown}$ 该标高是_____标高（相对或者绝对），该图建筑定位坐标是_____坐标（建筑或者测量）。

4. 图书馆层数为_____层，底层室内地面与室外地面高差为_____m。

5. 新建实验楼总长为_____m，距离已建的办公楼距离为_____m，距离南边的围墙_____m。

6. 建筑密度为_____，容积率为_____。

第 10 章　建筑施工图的识读

考试大纲

考纲要求	考查题型	分值预测
1.理解建筑平面图、立面图、剖面图及详图的形成、内容和用途； 2.会识读建筑平面图、立面图、剖面图及详图。	识图题	10～15 分

知识框架

建筑施工图的识读

- 建筑平面图
  - 形成：假想用一个水平面于各楼层向上1.2 m处水平剖切，移去上面的部分，将剩余的部分向水平面正投影，所作出的水平剖面图
  - 用途：反映了建筑物平面形状、大小和房间布置，包括房间的划分、门窗的位置和尺寸等
  - 图示内容：图名及比例、指北针和朝向、平面布局、定位轴线及其编号、尺寸标注、标高、门窗位置及其编号、剖切符号和索引符号等

- 建筑立面图
  - 形成：建筑物的外立面投影到选定的投影面上，所作出的房屋的正投影图
  - 用途：反映了建筑物外立面轮廓、门窗、檐口、雨蓬、阳台等的形状和位置以及外立面装修做法与材料等
  - 图示内容：图名和比例、定位信息、构配件信息、装饰与标注信息等

- 建筑剖面图
  - 形成：假想用一个或多个垂直于外墙轴线的铅垂剖切平面将房屋剖开，移去剖切平面和观察者之间的部分，对剩余部分所作的剖面正投影图
  - 用途：反映了建筑物内部高度方向构件布置、上下分层情况、层高、门窗洞口高度，以及房屋内部的结构形式等
  - 用图示内容：图名和比例、定位轴线及编号、剖切到的建筑构配件、未剖切到的可见部分等

 核心知识

10.1　建筑平面图的识读

10.1.1　建筑平面图的形成和用途

假想用一个水平剖切平面，将房屋沿门窗洞口剖切开（一般于各层楼板向上 1.20 m

处),移去剖切平面及其以上部分,把余下的部分按正投影的原理,投射在水平投影面上所得到的图称为建筑平面图(图 10.1)。

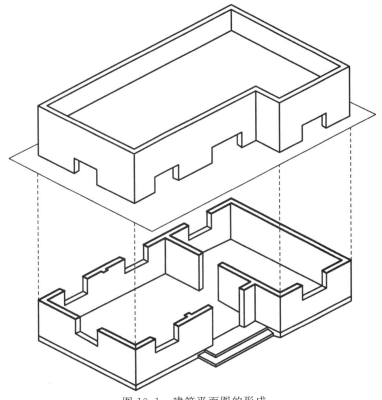

图 10.1　建筑平面图的形成

建筑平面图作为建筑设计的基础性文件,具有多种重要用途。建筑平面图反映了建筑物平面形状、大小和房间布置,包括房间的划分、门窗的位置和尺寸等。

10.1.2　建筑平面图的图示内容

1.图名和比例

建筑平面图应在图正下方标注图名,通常以层号来命名,如底层(一层/首层)平面图、二层平面图、标准层平面图、屋顶层平面图等。当房屋中间若干层的平面布置完全相同时,则可用一个平面图来表示,称之为标准层平面图;将房屋直接向下进行投射得到的平面图称为屋顶平面图。

此外,有的建筑还有半地下室平面图(建筑有一部分在地面以上,另一部分在地面以下,通常超出地面的那一部分在房屋净高的 1/3 至 1/2 之间)、地下室平面图(±0.000 以下且房间地面低于室外地面的高度超过该房间净高的二分之一)等。

根据国标规定,图名下方应加画一条粗实线以表示图名线。图名右侧应标注比例,书写比例的字号要求比图名小一至两个字号。建筑平面图常用的比例有 1∶50、1∶100、1∶150、1∶200 和 1∶300 等。

2. 指北针和朝向

建筑物的朝向通常与其主要出入口相关,指北针是判断建筑物朝向和主要出入口方位的重要工具,通常标注在底层平面图上。

3. 平面布局

建筑物的平面位置包括各种房间的分布及相互关系,入口、走道、楼梯的位置等。平面图一般应注明房间的名称和编号。

4. 定位轴线及其编号

在建筑物的主要承重构件(如墙或柱等)位置,应标注定位轴线;对于次要构件的位置,可采用附加定位轴线表示;定位轴线的画法和编号规则可参照相关规范。

5. 尺寸标注

建筑平面图的外部尺寸一般分为三道尺寸。

最外面一道是外包尺寸,表示建筑物的总长度和总宽度。

中间一道为轴线间距,表示房间的开间和进深。

最里面一道为细部尺寸,表示门窗洞口、窗间墙等详细尺寸。

平面图还会注写内部尺寸,表明室内的门窗洞、孔洞、隔墙以及固定设备(洁具、厨具等)的大小和位置。

6. 标高

建筑平面图中的标高一般都是相对标高。

(1)底层平面图:一般将底层主要室内地面标高设为 ±0.000,以其为基准点标注卫生间、阳台、楼梯平台、室外台阶、走道等处的标高。在不同标高的地面分界处,应画出高低差分界线。

(2)标准层平面图:在标准层平面图中,同一位置可以同时标注几个标高,以适应不同的建筑构件或楼层高度。

(3)屋顶层平面图:包括屋顶结构标高标注或建筑完成面标高标注(根据不同要求标注)、女儿墙顶标高标注(建筑物屋顶周边的矮墙顶标高)、屋面排水坡度及相关标高标注、屋顶设备基础等局部标高标注。

7. 门窗位置及其编号

门通常用 M 表示,窗通常用 C 表示,常用的编号方式有:

(1)采用阿拉伯数字编号,如 M1、M2、M3、…,C1、C2、C3、…,同一编码代表同一类型的门或窗;

(2)将门窗的宽高简写表达,如 M1221 代表宽 1200 mm、高 2100 mm 的门,C1815 代表宽 1800 mm、高 1500 mm 的窗。

8. 剖切符号和索引符号

剖切符号通常标注在底层平面图(或首层平面图)的空白处,确保其位置明显,如果需要绘制局部剖面图,剖切符号应标注在包含该部位的最下面一层平面图上。

详图索引符号用于标识和索引建筑平面图中需要详细表示的部分或构件,其编号或名称与详图图纸的编号或名称相对应,便于查找和使用。

10.1.3　建筑平面图的识读案例

识读建筑平面图前应先熟悉平面图上的各种图例和符号,详见附录。接下来以图 10.2 为例,介绍建筑平面图的识读的顺序和要点。

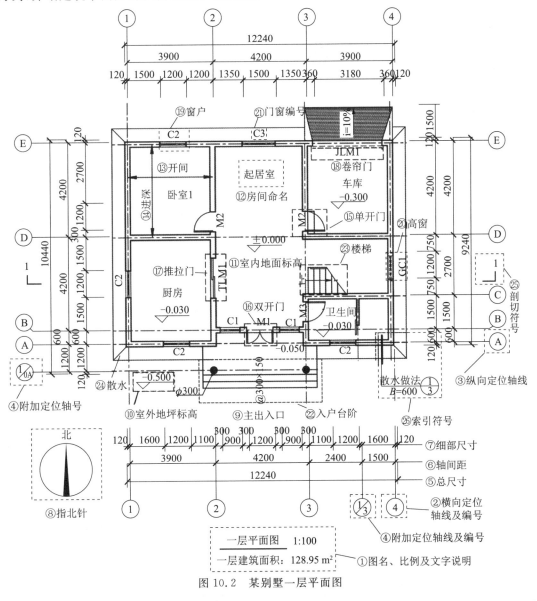

图 10.2　某别墅一层平面图

(1)图名、比例及文字说明。见图例①,该图纸图名是一层平面图,比例为 1∶100,一层建筑面积为 128.95 m²。

(2)定位轴线及编号。本建筑平面图中,横向定位轴线编号为①~④,其中 1/3 为③轴和

④轴之间的附加定位轴线编号,见图例②、④;图例③、④纵向定位轴线编号为Ⓐ～Ⓔ,其中⑴ₒA为Ⓐ轴前的附加定位轴线编号。

(3)尺寸及标注。最外层标注为建筑的总尺寸,见图例⑤,可识得建筑总长为12.24 m,总宽为10.44 m;第二层尺寸为轴间距,见图例⑥,标注每条轴线之间的距离,如Ⓐ轴Ⓑ轴之间的距离为600 mm、Ⓑ轴与Ⓒ轴之间的距离为1500 mm;最内层尺寸标注为建筑物的细部尺寸,见图例⑦,标注门窗及其他构筑物的尺寸及位置,可见外墙厚为240 mm。

(4)指北针及主出入口,判断朝向。图例⑧为指北针,结合图例⑨,可知建筑的主出入口朝向,可以判别该建筑坐南朝北。

(5)楼地面标高。从图例⑩可知该建筑物的室外地坪标高为−0.500 m;从图例⑪可知建筑物室内首层主要地面标高为±0.000 m;入户台阶平台标高为−0.050 m;厨房、卫生间标高为−0.030 m,可知厨房、卫生间比楼面低30 mm;车库地面的标高为−0.300,与室内地坪高差为150 mm,坡度的水平长度为1500 mm,因此车库出入口的坡道的坡度为 $i=10\%$。

(6)建筑物的内部布局及功能分区。图例⑫"起居室"为房间的功能命名,可见该建筑物一楼内部分布有"卧室、厨房、卫生间、楼梯间、起居室"等功能区域;通常用开间和进深来表示每个房间的区域范围,图例⑬为卧室1的开间,尺寸为3900 mm,图例⑭为卧室1的进深,尺寸为4200 mm。

(7)门窗的位置、编号和数量。一层平面图中有 M1、M2、M3、TLM1、JLM1 五种类型的门,其中图例⑮为单开门,图例⑯为双开门,图例⑰为推拉门,图例⑱为卷帘门;该平面图中有 C1、C2、C3、GC1 四种编号的窗,图例⑲为普通窗户,图例⑳为高窗。

(8)台阶和楼梯。图例㉒为入户台阶,通常箭头指向下台阶方向,@300×150 表示台阶踏步宽为300 mm,踏步高为150 mm,共3阶。图例㉓为室内首层楼梯,识读方法详见本章"楼梯大样的识读"。

(9)其他构件及符号。图例㉔为散水,宽度为600 mm;图例㉕为剖切符号,绘制在首层平面图上;图例㉖为索引符号,表示该散水的构造做法在图纸编号为3、图名为1的详图上。

📚 备考锦囊

建筑平面图的识读是历年学考的重要考核内容,不仅要求学生能识读平面图,还要求学生能够在给出的平面图中快速提取相关的信息,关于平面图的考点一般涉及以下几个方面:

(1)图名和比例:在给出的平面图中,能够快速查找出图名和比例。

(2)判别建筑的朝向:根据指北针和主出入口,判别建筑的朝向。

(3)定位轴线及编号:横向定位轴线从左往右用阿拉伯数字表示,纵向定位轴线从下往上用大写英文字母表示,注意附加定位轴线的编号方法。

（4）尺寸及标注：包括墙体厚度标注、房间尺寸标注、门窗尺寸标注等。

（5）房间的开间和进深：开间是相邻两道横向轴线之间的距离，进深是相邻两道纵向轴线之间的距离。

（6）门窗的位置、编号和尺寸：门窗编号的方法，通过门窗编号能在图中找出门窗的位置，快速识别门窗尺寸，认识高窗的图例表达。

（7）室内外标高：用"±0.000"表示室内首层地面的标高，其他楼层的室内标高则根据相对于首层地面的高度差进行标注，室外标高标注在室外地面的位置。特别注意厨房、卫生间、阳台等有排水要求部位的标高。

（8）台阶和楼梯：台阶的尺寸标注包括踏步宽度和高度，例如"踏步@300×150×3"表示踏步宽度为 300 mm，高度为 150 mm，3 个台阶。根据室内外高差和台阶的高度能够计算踏步数。楼梯的标注信息包括楼梯的宽度、踏步尺寸和踏步数、楼梯的起止标高和休息平台标高等。

（9）散水和坡道：散水是与外墙勒脚垂直交接倾斜的室外地面部分，用以排除雨水，保护墙基免受雨水侵蚀，宽度一般在 600～1000 mm；坡道坡度的计算分式为：$i＝$上升高度/水平距离，箭头指向下坡方向。

识图时，一般应采用"先看整体，再看局部；先宏观看图，再微观看"的识图方法。识读一张图纸时，应"由外向里看，由大到小看，由粗到细看"。

真题自测

一、单项选择题

（2018 年）下列不属于建筑施工图的是（　　）。

A 建筑平面图　　　　　　　　　　B. 建筑立面图

C. 建筑剖面图　　　　　　　　　　D. 基础平面图

二、判断选择题

（2020 年）由于房屋体型大，所以房屋施工图一般采用放大比例绘制。　　　　（　　）

A. 正确　　　　　　　　　　　　　B. 错误

三、识图题

1.（2019 年）根据图 10.3 监控室平面图，在答题卡上完成下列各题。

（1）该图的图名为_____，比例为_____，外墙体厚度为_____mm。

（2）监控室的进深尺寸（垂直方向）为_____mm，开间尺寸（水平方向）为_____mm

（3）该平面图有_____个窗，有____扇门；监控室南面窗的宽度为_____mm，东面窗的宽度为_____mm。

（4）该平面图室外标高为_____m，卫生间与值班室之间的隔坡厚度为_____m。

（5）室外台阶共有_____个踏步，若每个踏步均等高，则踏步高为_____mm

（6）图中◇1—◇4代号所对应的轴线编号分别为_____，_____，_____。

（7）图中[1]—[5]代号所对应的尺寸数字分别为_____，_____，_____，_____。

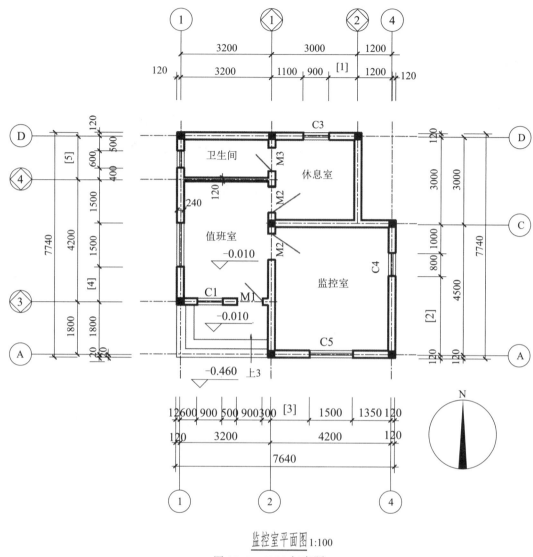

监控室平面图 1:100

图 10.3　2019 年真题

2.(2020 年)根据图 10.4 所示一层平面图,在答题卡上完成下列各题。

(1)该图的图名为_____,比例为_____。

(2)该建筑总长为_____mm,总宽为_____mm。

(3)墙体厚度为_____mm,散水宽度为_____mm。

(4)客厅与餐厅高差为_____m。

(5)图中共有_____种编号窗,_____种编号门;窗 C1 的图例
_____表

示该窗为_____,窗 C1 的宽度为_____mm。

(6)餐厅的开间尺寸(水平方向)为_____mm,进深尺寸(垂直方向)为 _____mm。

(7)写出图中 1～4 所对应的轴线编号或尺寸数字。

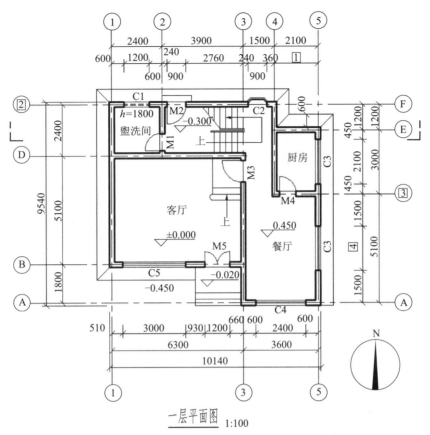

一层平面图 1:100

说明:
1. 未注明墙身厚度均为240 mm,轴线居中布置。
2. 未注明散水宽度为600 mm。

图 10.4　2020 年真题

3.(2023 年)根据图 10.5 所示一层平面图,完成下列各题。

(1)图中〈1〉—〈2〉对应的轴线编号为_____,_____;

(2)图中建筑的东西方向总长为_____mm;

(3)客厅的开间(东西方向轴间距)为_____mm;

(4)若室外台阶踏步高度均相等,则每级台阶的高度为_____mm;

(5)由餐厅前往储藏间要经过_____级台阶;

(6)卫生间地面标高为_____m;

(7)图中有_____种门洞宽度尺寸;

(8)图中散水的宽度为_____mm。

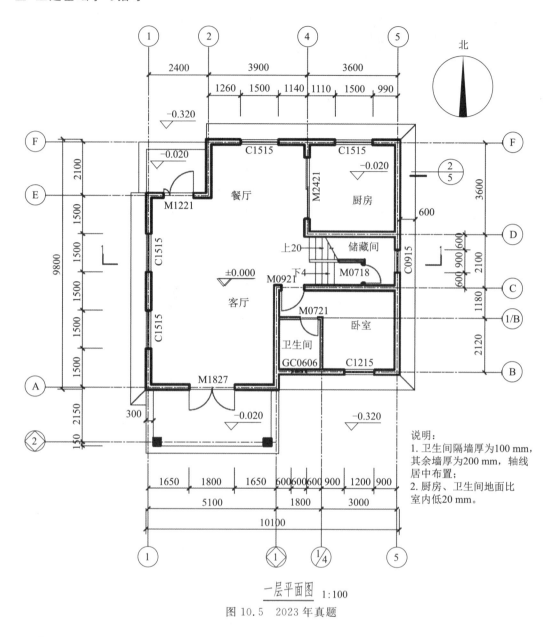

一层平面图 1:100

图 10.5 2023 年真题

真题解析

一、单项选择题

选 D,本题主要考核建筑施工图的分类。建筑施工图包括总平面图、平面图、立面图、剖面图和详图等。

二、判断选择题

选 B,本题主要考核比例的基本概念理解。房屋体型大,因此绘制房屋施工图时一般采用缩小的比例绘制。

三、识图题

1. 本题是平面图识读的综合试题,要注意灵活掌握并应用。

　　(1)监控室平面图、1∶100、240;

　　(2)4500、4200;

　　(3)6、4 、1500、800;

　　(4)−0.460、120;

　　(5)3 、150;

　　(6)2、3、B、1/C;

　　(7)1000、2700、1350、1200、1500。

2. 本题是平面图识读的综合试题,要注意灵活掌握并应用。

　　(1)一层平面图、1∶100;

　　(2)10140、9540;

　　(3)240、600;

　　(4)0.45;

　　(5)5、5、高窗、1200;

　　(6)3600 、5100;

　　(7)1.<u>2100</u> 、2.<u>F</u>、3.<u>C</u>、4.<u>2100</u>。

3. 本题是平面图识读的综合试题,要注意灵活掌握并应用。

　　(1)3、1/0A;

　　(2)10100;

　　(3)5100;

　　(4)150;

　　(5)4;

　　(6)−0.020;

　　(7)5;

　　(8)600。

10.2　建筑立面图的识读

10.2.1　建筑立面图的形成和用途

　　一般建筑都有前后左右四个面,为表示建筑物外墙面的特征,将建筑物的外立面(包括外墙、门窗、檐口、雨篷、阳台等部分)投影到选定的投影面上,所作出的房屋的正投影图简称立面图(图 10.6)。建筑立面图在建筑设计和施工过程中起着至关重要的作用,它是确定门窗、檐口、雨篷、阳台等的形状和位置的重要依据,也是指导房屋外部装修施工和计算有关预算工程量的主要依据。

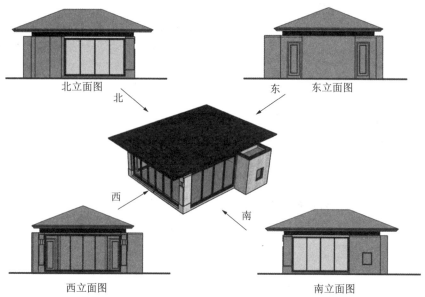

图 10.6　建筑立面图的形成

10.2.2　建筑立面图的图示内容

1. 图名和比例

图名:明确标注该立面图的名称,便于识别和引用。

(1)根据朝向命名:立面朝向哪个方向就称为某向立面图(图 10.7),例如立面朝北,就称为北立面图。

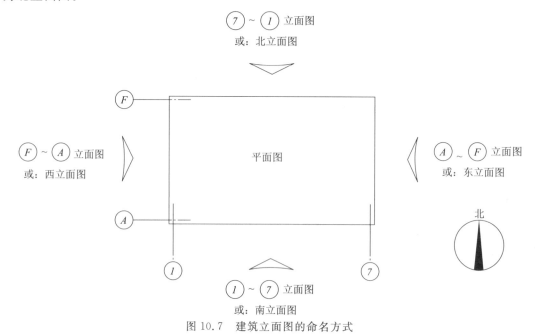

图 10.7　建筑立面图的命名方式

(2)根据建筑立面的主次来命名:反映主要入口或房屋主要外貌特征那面的立面图称为正立面图,其余的可称为背立面图或侧立面图。

(3)根据两端定位轴线编号来命名:如①~⑦立面图、Ⓐ~Ⓕ立面图。一般有定位轴线的建筑物,应根据两端定位轴线来命名立面图。

比例:标注立面图与实际建筑物之间的比例关系,确保图纸上的尺寸与实际尺寸相符,通常与建筑平面图比例相同。

2. 定位信息

立面图通过两端的定位轴线和编号,可以准确确定立面图上各部分的位置和相互关系,以便与建筑平面图对照来确定立面的观看方向。

3. 构配件信息

(1)门窗的形状、位置及开启方向:详细标注门窗的样式、尺寸、位置和开启方式,为施工和装修提供准确依据。

(2)外墙可见部位:包括室外地面线、窗台、雨篷、阳台、台阶、外墙面勒脚等的形状和位置,以及各部分的材料和外部装饰做法。

(3)室外楼梯、墙、柱等构件的形状和位置。

(4)外墙的预留洞、檐口、女儿墙、雨水管、墙面分格线等细节。

4. 装饰与标注信息

(1)装饰构件:装饰构件的样式和位置,如雕花、线条、浮雕等的位置和形状。比如,在欧式建筑立面图中会显示出柱头上的雕花图案和位置,确保立面图的外观效果与实际施工一致。

(2)标高和尺寸:注明建筑物各主要部位(如室外地坪、各层楼面、室外地面、台阶、窗台、门窗顶、阳台、雨篷、檐口、屋顶等)的标高,标高以米为单位,一般标注到小数点后三位。标注墙上留洞的大小和定位尺寸,以及必须标注的局部尺寸。

10.2.3　建筑立面图的识图案例

接下来以图 10.8 某别墅正立面图为例,结合图 10.2 某别墅建筑一层平面图(以下简称平面图),介绍建筑立面图的识读的顺序和要点。

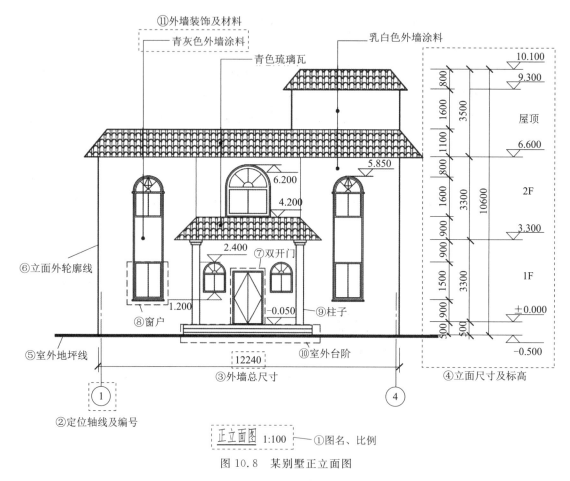

⑪外墙装饰及材料
青灰色外墙涂料
乳白色外墙涂料
青色琉璃瓦
⑥立面外轮廓线
⑧窗户
⑨柱子
⑤室外地坪线
⑩室外台阶
③外墙总尺寸
④立面尺寸及标高
①图名、比例
②定位轴线及编号
⑦双开门

正立面图 1:100

图 10.8 某别墅正立面图

(1)图名、比例。图例①为图名与比例,该图纸的图名为正立面图,比例为 1∶100,结合平面图的建筑朝向,可知该立面为南立面。

(2)定位轴线。图例②为建筑物两端的定位轴线及其编号,该立面图的最左端为①轴,右端为④轴,对应平面图该建筑物①～④轴立面图即为正立面。

(3)尺寸及标高。图例③为建筑的外墙总尺寸,该建筑物的总宽度为 12240 mm;图例④为建筑物立面的尺寸及标高,该建筑物室外地坪标高为 -0.500 m,一层地面标高为 ± 0.000 m,二层楼面标高为 3.300 m,屋顶层楼面标高为 6.600 m,楼梯间顶层屋面标高为 9.300 m,可以得出该建筑物的层高,一、二层为 3.3 m,屋顶楼梯间层高为 2.7 m,建筑总高度为 10.6 m;立面尺寸标准也分为三层,最外层为建筑的高度,中间层为楼层的高度,最内层为细部尺寸,即窗台高度、窗户高度、女儿墙高度等。

(4)立面轮廓。图例⑤为室外地平线,采用加粗实线(1.4b)绘制,图例⑥为建筑的外轮廓线,采用粗实线(b)绘制。

(5)门窗。门窗的识图需结合平面图识读,图例⑦在平面图中为编号是 M1 的入户双开门,宽度为 1200 mm,门向外开启,因此该门在立面的开启方向线表示为实线。图例⑧在平面图中为编号是 C2 的窗户,宽度为 1200 mm,根据立面图右侧尺寸可以识得该窗的窗台高度为 900 mm,窗户高度为 1500 mm。

(6)室外台阶及其他结构。图例⑩为室外台阶,可结合平面图识得台阶平台和踏步高度,图例⑨即为平台上的柱子,结合平面图可以识得该柱子的直径为 300 mm。

(7)装修做法与材料。图例⑪为外墙的装饰做法,可以看出,该建筑物的主体墙装饰材料采用乳白色外墙涂料,窗户的层间墙则采用青灰色外墙涂料装饰,女儿墙檐口采用青色琉璃瓦装饰。

备考锦囊

建筑立面图主要展示了建筑物的外观特征,包括高度、宽度、门窗位置、装饰细节等。关于立面图的考点一般涉及以下几个方面。

(1)立面图的图示内容:包含总高度、层高、门窗尺寸、檐口高度等详细的尺寸标注和标高信息,外墙装饰及做法等。

(2)立面图的命名:三种命名方式要分清,分别以哪种要求命名。

(3)建筑总高度:建筑物的高度是从室外地坪开始到建筑物的最高处。

10.3　建筑剖面图的识读

10.3.1　建筑剖面图的形成和用途

建筑剖面图是假想用一个或多个垂直于外墙轴线的铅垂剖切平面将房屋剖开,移去剖切平面和观察者之间的部分,对剩余部分所作的正投影图(图 10.9)。

剖切位置一般应选择在能反映房屋内部构造比较复杂和典型的部位,如通过门窗洞口和楼梯间等,并且应尽量使剖切平面通过墙体上的门窗洞口。剖切方向一般应选择能清楚反映房屋内部结构和构造的方向,通常是横向剖切(平行于建筑物的宽度方向)或纵向剖切(平行于建筑物的长度方向)。

建筑剖面图应以剖切符号的编号命名,例如编号为 1,那么所得到的建筑剖面图就称为1-1 剖面图。

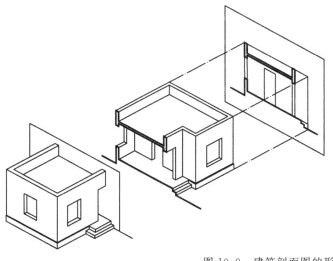
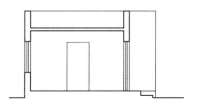

图 10.9　建筑剖面图的形成

建筑剖面图主要用于表达房屋内部高度、方向、构件布置、上下分层情况、层高、门窗洞口高度，以及房屋内部的结构形式。它与建筑平面图、立面图相配合，是建筑施工中不可缺少的重要图样之一。

10.3.2 建筑剖面图的图示内容

1.基本标注信息

(1)图名、比例：剖面图需要明确标注其名称以及绘图比例，以便能够准确理解图样的尺寸和比例关系。

(2)定位轴线及其尺寸：定位轴线是建筑剖面图中用于确定构件位置的重要基准线，需要标注清楚，并给出相应的尺寸信息。

2.剖切到的建筑构配件

(1)屋面、楼面、室内外地面：包括吊顶、台阶、明沟及散水等剖切到的部分。

(2)内外墙身及其门、窗：包括过梁、圈梁、防潮层、女儿墙及压顶等剖切到的部分，表达其截面形状和尺寸。

(3)承重梁和联系梁：表达剖切到的各种承重梁的截面形状和尺寸。

(4)楼梯梯段及楼梯平台：表达剖切到的楼梯梯段和平台的构造和尺寸。

(5)其他构配件：如雨篷及雨篷梁、阳台走廊等剖切到的部分的表达。

3.未剖切到的可见部分

(1)门窗：未被剖切到的门窗，用门窗的立面形式表达。

(2)可见的楼梯梯段、栏杆扶手：虽然没有被剖切到，但在剖视方向上可以看到，因此需表达其形状和尺寸。

4.建筑物各层的高度及标高信息

(1)标注出室内外地坪、各楼层地面、屋顶等的标高：室内外地坪标高反映了建筑物与室外环境的高度差关系，各楼层地面标高明确了不同楼层的高度位置。

(2)标注出建筑物的总高度：从室外地坪到屋顶的最高点的垂直距离。

10.3.3 建筑剖面图的识读案例

将剖面图与平面图一起识读，可以更好地理解剖面图所展示的空间关系，建立起对建筑内部结构的整体认知。结合本单元10.1.3别墅的建筑平面图、10.2.3立面图，识读该栋别墅的建筑剖面图(图10.10)。

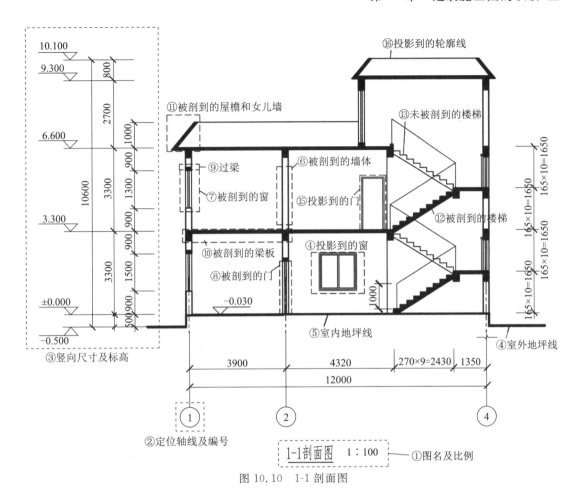

图 10.10　1-1 剖面图

1. 图名和比例

图例①为图名及比例,图 10.10 是比例为 1∶100 的某别墅的 1-1 剖面图。从图 10.2 一层平面图可以看出,1-1 剖面图的剖切位置选在ⓒ～ⓓ轴线间的楼梯处,剖视方向为向后侧,即北向投射。定位轴线及编号见图例②,在 1-1 剖面图的两端是①轴线④轴线,轴线间的距离是 12000 mm。

2. 竖向尺寸及标高

图例③为该建筑的竖向尺寸及标高,标高从下往上分别为:室外地坪标高(−0.500)、室内地坪标高(±0.000)、二楼楼面标高(3.300)、屋面标高(6.600)、楼梯间屋面标高(9.300)、建筑高处标高(10.100);三层尺寸从外(左)到内(右)分别为:建筑总高度、每层建筑高度、被剖切到的①轴上的墙体及门窗的竖向尺寸。

3. 被剖切到的部分

(1)地坪线:图例④为室外地坪线,其标高为−0.500 m;图例⑤为室内地坪线,其标高为±0.000 m,可见该建筑室内外高差为 0.5 m;厨房标高为−0.030 m,可见厨房低于门厅 30 mm,便于排水。

（2）墙体：图例⑥为被剖切到的墙体，根据平面图剖切符号的剖切位置，可知被剖到分别为①轴、②轴和④轴上的墙体。

（3）门窗：图例⑦为被剖切到的窗户，①轴上编号为 C2 的窗户被剖切到，其高度为1300 mm；④轴上被剖切到的为 GC1；图例⑧为剖切到的门，在②轴上，即厨房通往门厅的推拉门；被剖切到的门窗上方的过梁也会被剖切到，见图例⑨。

（4）梁板：图例⑩为被剖切到的楼板及结构梁，其材料为钢筋混凝土，在比例较小的图中，用图例难以显示，因此内部涂黑。图例⑪表示被剖切到的檐口与女儿墙。

（5）楼梯：被剖切到的楼梯用粗实线绘制，其材料也为钢筋混凝土，因此内部涂黑，见图例⑫，根据其标注可识得踏步高为 165 mm，踏步宽为 270 mm。

4. 被投影到的部分

（1）门窗：未被剖切到但被投影到的门窗按照门窗立面形式表达，图例⑭为被投影到编号为 C3 的窗，图例⑮为被投影到的门。

（2）楼梯：未被剖切到但被投影到的楼梯，用中线绘制出轮廓，见图例⑬。

（3）其他可见轮廓。剖面图中还有其他未被剖切到但能投影到的轮廓线，如楼梯扶手的轮廓线、投影到的内墙轮廓线等，如图例⑯所表示的女儿墙的轮廓线。

备考锦囊

建筑剖面图知识点在往届学考中出现在选择题中，并未涉及识图题题型。关于剖面图的考点一般涉及以下几个方面：

（1）剖面图的形成和特点：假想用一个或多个垂直于外墙轴线的铅垂剖切面，将房屋剖开，所得的投影图为建筑剖面图；能够清晰地展示建筑物各层的层高、楼板厚度、梁的高度等具体尺寸。

（2）剖切的组成：主要包含图名、比例、墙板、柱梁、女儿墙及女儿墙看线、室内外高差、符号标注位置和剖视方向。剖切符号通常标注在建筑首层平面图上，剖切的位置和剖视的方向直接关系到剖面图的视图内容，特别要注意剖面图的轴号标注。

真题自测

一、单项选择题

1.（2020 年）建筑施工图中能体现建筑物内部高度方向情况的是（　　　）。

A.建筑总平面图　　　　　　　　　　　　B.建筑平面图

C.建筑立面图　　　　　　　　　　　　　D.建筑剖面图

真题解析

单项选择题

选 D，本题主要考核对施工图的理解。建筑立面和剖面图都能反映建筑的高度，但是题干中指定的范围是建筑物内部的高度，因此应选择建筑剖面图。

专项提升

一、单项选择题

1. 阅读建筑施工图时的做法错误的是（　　）。

　　A. 先粗看后细看

　　B. 先局部后整体

　　C. 先文字说明后图样

　　D. 建筑立面图与建筑平面图和建筑剖面图对照看

2. 屋顶平面图不能反映（　　）。

　　A. 屋面排水坡度　　　　B. 上人孔　　　　　C. 雨水口　　　　　　D. 地漏

3. 不属于结构施工图范围的是（　　）。

　　A. 建筑详图　　　　　　　　　　　B. 基础平面图

　　C. 构（配）件详图　　　　　　　　D. 楼层结构平面图

4. 在平面图中，用细实线绘制的图线有（　　）。

　　A. 引出线　　　　　　　　　　　　B. 主要可见轮廓线

　　C. 可见轮廓线　　　　　　　　　　D. 剖切断面轮廓线

5. 标准层平面图能够表达（　　）。

　　A. 上人孔　　　　　　　　　　　　B. 房间的布局

　　C. 天沟檐沟的位置　　　　　　　　D. 室外排水方向及坡度

6. 关于建筑平面图的图示内容，下列叙述正确的是（　　）。

　　A. 平面图只画出两端的定位轴线及编号

　　B. 未剖切到的可见轮廓线用细实线绘制

　　C. 墙柱轮廓线不包括粉刷层的厚度

　　D. 门窗按实际投影用粗实线绘制

7. 卫生间平面布置详图属于（　　）。

　　A. 底层平面图　　　　　　　　　　B. 楼层平面图

　　C. 屋顶平面图　　　　　　　　　　D. 局部平面图

8. 从标准层平面图不能看出的内容是（　　）。

　　A. 阳台位置和尺寸　　　　　　　　B. 雨篷位置和尺寸

　　C. 卫生间的位置　　　　　　　　　D. 散水

9. 平面较大的建筑物，可分区绘制平面图，但每张平面图均应绘制组合示意图，在各区编号时应采用（　　）。

　　A. 小写拉丁字母　　　　　　　　　B. 大写拉丁字母

　　C. 阿拉伯数字　　　　　　　　　　D. 中文大写数字

10. 为了清楚表明局部平面图所处的位置，必须（　　）。

　　A. 标注与平面图一致的轴线及其编号　　　B. 标注与平面图一致的轴线，编号另定

　　C. 标注与剖面图一致的轴线及其编号　　　D. 标注与立面图一致的轴线及其编号

11. 底层平面图能反映的图示内容为（　　　）。

    A. 女儿墙　　　　　　　　　　　　　B. 上人孔

    C. 檐沟的位置　　　　　　　　　　　D. 剖切位置符号

12. 平面图中标注的楼地面标高为（　　　）。

    A. 相对标高且是建筑标高　　　　　　B. 相对标高且是结构标高

    C. 绝对标高且是建筑标高　　　　　　D. 结构标高且是绝对标高

13. 不属于建筑平面图的是（　　　）。

    A. 基础平面图　　　　　　　　　　　B. 底层平面图

    C. 屋顶平面图　　　　　　　　　　　D. 标准层平面图

14. 不属于建筑立面图表达的内容的是（　　　）。

    A. 建筑物垂直方向高度　　　　　　　B. 外墙门窗的形式和位置

    C. 房屋的内部房间布置　　　　　　　D. 外墙面的装饰及其用料

15. 为使立面图外形更清晰，画立面图的最外轮廓线通常用（　　　）。

    A. 粗实线　　　　　　　　　　　　　B. 中粗实线

    C. 细实线　　　　　　　　　　　　　D. 加粗线

16. 建筑立面图是平行于建筑物各方向外墙面的（　　　）。

    A. 斜投影图　　　　　　　　　　　　B. 正投影图

    C. 轴测投影图　　　　　　　　　　　D. 中心投影图

17. 在建筑立面图上可以用文字标出（　　　）。

    A. 门窗的开启方式　　　　　　　　　B. 散水的做法

    C. 楼地面的做法　　　　　　　　　　D. 外墙各部位装饰材料做法

18. 不能作为建筑立面图命名依据的是（　　　）。

    A. 房屋的朝向　　　　　　　　　　　B. 建筑墙面做法

    C. 房屋的主要入口或建筑墙面特征　　D. 立面图两端的定位轴线编号

19. 下列建筑立面图的命名，错误的是（　　　）。

    A. 东立面图　　　　B. 房屋立面图　　　　C. ⑦—①立面图　　　　D. 南立面图

20. 关于剖面位置的选择基本原则，表述不正确的是（　　　）。

    A. 平行于相应的投影面　　　　　　　B. 垂直于相应的投影面

    C. 过形体的对称面　　　　　　　　　D. 过空洞的轴线

21. 建筑剖面图中不能表示房屋的（　　　）。

    A. 竖向分层　　　　　　　　　　　　B. 平面布置

    C. 结构形式　　　　　　　　　　　　D. 各部位间的联系及高度

22. 建筑剖面图的剖切符号绘制位置为（　　　）。

    A. 一层平面图　　　　　　　　　　　B. 标准层平面图

    C. 屋顶平面图　　　　　　　　　　　D. 顶层平面图

23. 建筑剖面图的剖切符号应标注在（　　　）。

    A. 标准层平面图　　　　B. 底层平面图　　　　C. 楼梯平面图　　　　D. 基础平面图

24.建筑剖面图中,一般沿外墙注三道尺寸,中间一道是( )。

A.总高尺寸　　　　　　　　　　　　B.层高尺寸

C.室内的局部高度　　　　　　　　　D.门和窗洞及洞间墙的高度尺寸

二、判断选择题

1.在平面图中,对于不同类型的门窗,应在代号后面写上编号,以示区别。 （ ）

A.正确　　　　　　　　　　　　　　B.错误

2.屋面防水层向檐口的延伸做法可以在外墙身的顶层节点详图中查找。 （ ）

A.正确　　　　　　　　　　　　　　B.错误

3.底层建筑平面图只反映室内布置情况,不反映室外的情况。 （ ）

A.正确　　　　　　　　　　　　　　B.错误

4.在建筑平面图中,剖切到的砖墙断面用涂黑表示。 （ ）

A.正确　　　　　　　　　　　　　　B.错误

5.识读一张图纸时,应按由外向里、由大到小、由粗至细、图样与说明交替、有关图纸对照看
的方法,重点看轴线及各种尺寸关系。 （ ）

A.正确　　　　　　　　　　　　　　B.错误

6.圆形或多边形平面的建筑物,可分段展开绘制立面图,但均应在图名后加注"展开"二字。

（ ）

A.正确　　　　　　　　　　　　　　B.错误

7.建筑立面图中,不可见的内部结构要用虚线画出。 （ ）

A.正确　　　　　　　　　　　　　　B.错误

8.因建筑立面图中需表示的内容较多,通常立面图的制图比例要比平面图大。 （ ）

A.正确　　　　　　　　　　　　　　B.错误

9.从建筑物立面图上可以得知建筑物各层的净高。 （ ）

A.正确　　　　　　　　　　　　　　B.错误

三、识图题

1.根据图 10.11 所示房屋平面图,完成下列各题。

(1)该图图名为_____,比例为_____。

(2)图中 1～3 代号所对应的尺寸数字分别为_____,_____,_____。

(3)图中 4～7 代号所对应的轴线编号分别为_____,_____,_____,_____。

(4)本建筑外墙墙厚为_____mm,厨房的开间尺寸(水平方向)为_____m,进深(垂
直方向)尺寸为_____m,散水宽为_____mm,建筑的总长为_____m,室外地坪标
高为_____m。

(5)卫生间的地面标高应为_____,车库的地面标高为_____,比餐厅的地面标高低
_____mm,若大门出入口处的台阶每级高均等,则一级台阶高为_____m。

(6)图中"$\frac{1}{-}$(余同)"是_____符号,分子 1 表示_____,分母表示_____。

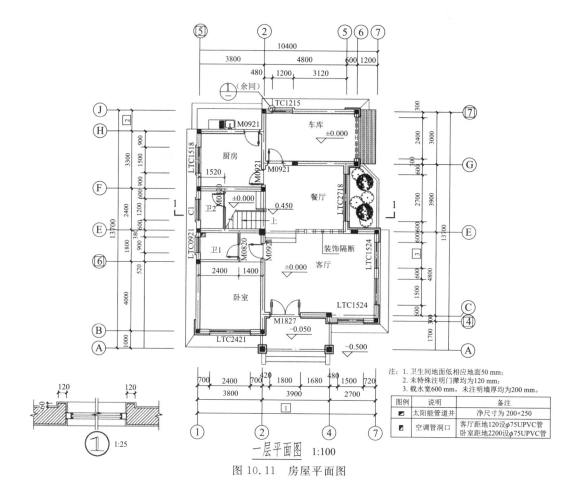

一层平面图　1:100

图 10.11　房屋平面图

2.根据图 10.12 所示房屋平面图,完成下列各题。

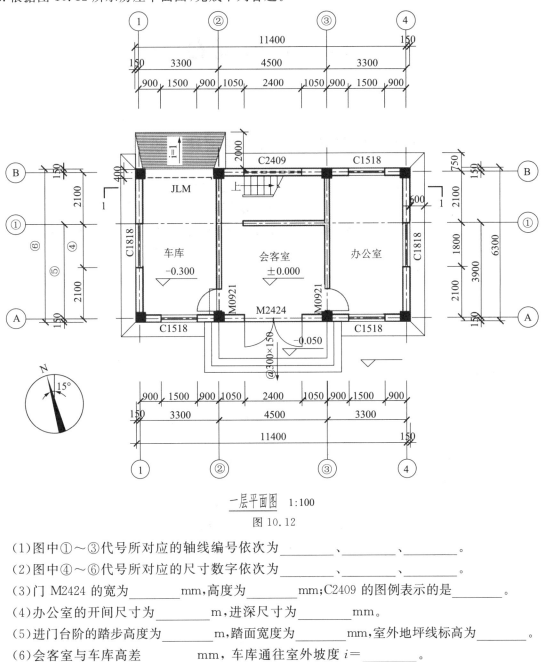

一层平面图　1:100

图 10.12

(1)图中①～③代号所对应的轴线编号依次为_____、_____、_____。

(2)图中④～⑥代号所对应的尺寸数字依次为_____、_____、_____。

(3)门 M2424 的宽为_____mm,高度为_____mm;C2409 的图例表示的是_____。

(4)办公室的开间尺寸为_____m,进深尺寸为_____mm。

(5)进门台阶的踏步高度为_____m,踏面宽度为_____mm,室外地坪线标高为_____。

(6)会客室与车库高差_____mm,车库通往室外坡度 i=_____。

(7)该建筑物的朝向为_____。

综合模拟试卷

福建省中等职业学校学业水平测试综合模拟试卷(一)

考试时间:150分钟 满分150分

第一部分 选择题

一、单项选择题(选择正确的答案代码,多选、错选均不得分。本题共25小题,每小题2分,共50分)

1. 幅面尺寸为 594 mm×841 mm 的图纸幅面代号为( )。

   A. A0   B. A3   C. A2   D. A1

2. 根据制图标准规定的尺寸线( )。

   A. 可用轮廓线代替   B. 可用轴线代替

   C. 可用中心线代替   D. 不可用任何图线代替

3. 工程图样中采用细单点长画线绘制的是( )。

   A. 尺寸线   B. 定位轴线

   C. 可见轮廓线   D. 不可见轮廓线

4. 三面正投影中,正立面图反应形体的( )。

   A. 长度和宽度   B. 长度、宽度和高度

   C. 长度和高度   D. 宽度和高度

5. A 点的坐标为 $(0,0,z)$,$z \neq 0$,则 A 点在( )。

   A. X 轴上   B. Y 轴上   C. Z 轴上   D. H 面上

6. 已知点 $A(35,20,30)$,点 $B(20,15,2)$,则点 B 在点 A 的( )。

   A. 左前上方   B. 左前下方   C. 右后上方   D. 右后下方

7. 如题7图所示,形体的三面投影,则直线 AB 为( )。

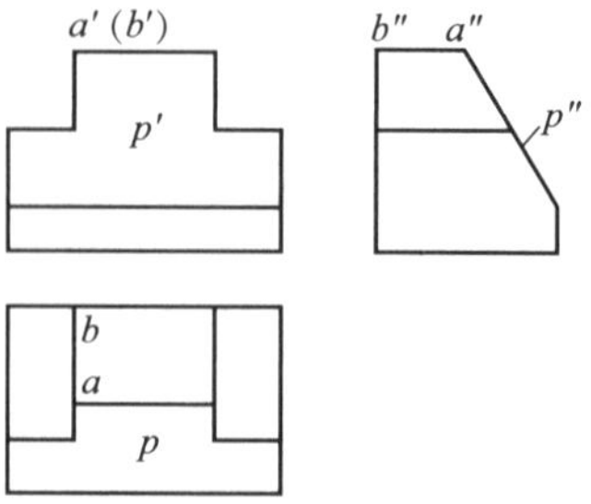

题7图

   A. 水平线   B. 正垂线   C. 侧垂线   D. 一般位置直线

8. 如题 7 图所示的形体的三面投影,则平面 P 为(　　　　)。

　　A. 正垂面　　　　　　　　　　　　B. 铅垂面

　　C. 侧垂面　　　　　　　　　　　　D. 一般位置平面

9. 直立圆台当上下底面平行于 H 面时,V 面投影是(　　　　)。

　　A. 矩形　　　　　　B. 梯形　　　　　　C. 圆形　　　　　　D. 等腰三角形

10. 某形体的某一投影图是圆,则该形体一定不是(　　　　)。

　　A. 球体　　　　　　B. 圆锥　　　　　　C. 圆柱　　　　　　D. 长方形

11. 如题 11 图所示形体,则该形体的 H 面投影正确的是(　　　　)。

　　题 11 图　　　　　　A　　　　　　B　　　　　　C　　　　　　D

12. 根据题 12 图所示 V 面和 W 面投影图,正确的 H 面投影图是(　　　　)。

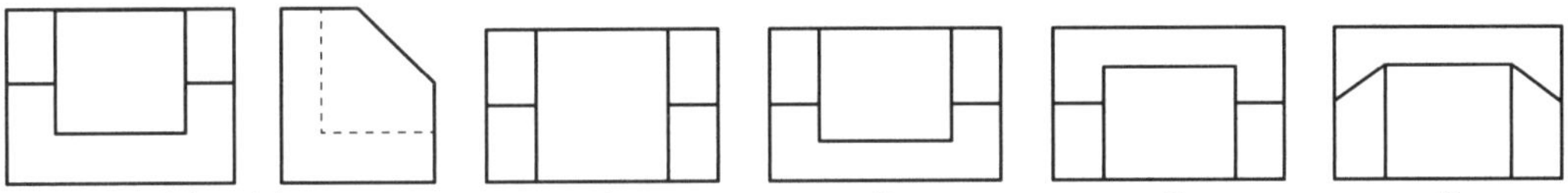

　　题 12 图　　　　　　A　　　　　　B　　　　　　C　　　　　　D

13. 如题 13 图所示的形体的 H 面、W 面投影,正确的 V 面投影是(　　　　)。

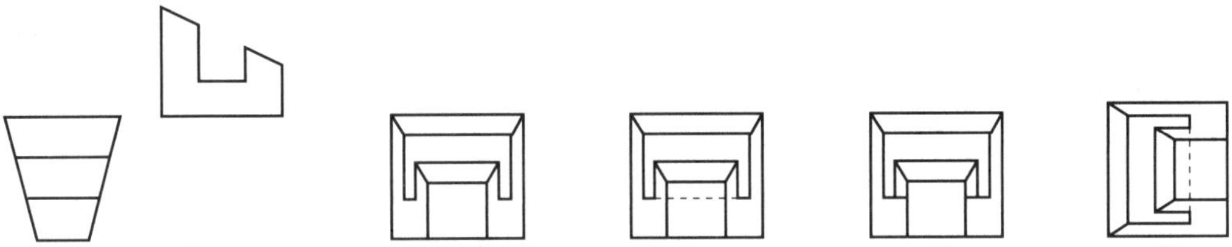

　　题 13 图　　　　　　A　　　　　　B　　　　　　C　　　　　　D

14. 根据题 14 图所示正面投影和水平投影视图,正确的侧面投影图是(　　　　)。

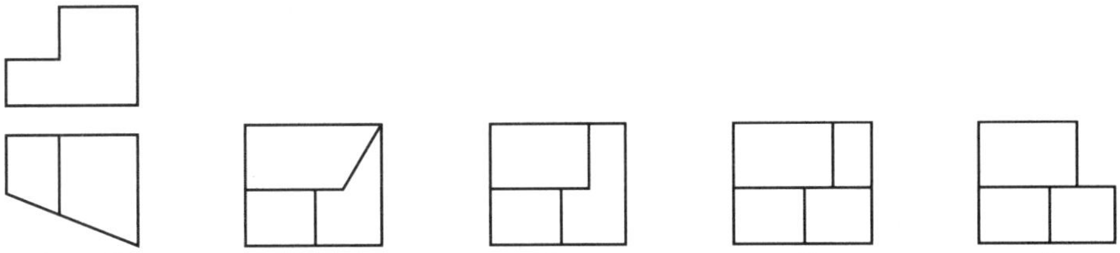

　　题 14 图　　　　　　A　　　　　　B　　　　　　C　　　　　　D

15. 下列图线或者符号用粗实线绘制的是(　　　　)。

　　A. 详图符号　　　　B. 索引符号　　　　C. 指北针　　　　D. 风玫瑰

16. 建筑总平面图的内容不包括(　　　　)。

　　A. 房屋的位置和朝向　　　　　　　　B. 房屋的平面布置

　　C. 地形地貌　　　　　　　　　　　　D. 房屋的层数

17. 中心投影法的投射线(　　　　)。

　　A. 相互平行　　　　B. 相互垂直　　　　C. 相互倾斜　　　　D. 相交于一点

18. 如题 18 图所示形体的 V 面、H 面投影,其所对应的 W 面投影为(　　)。

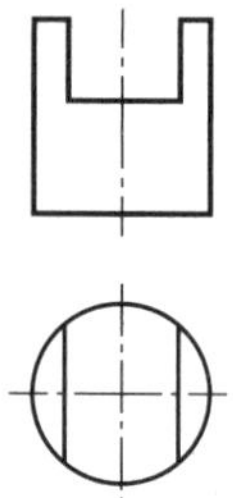

题 18 图 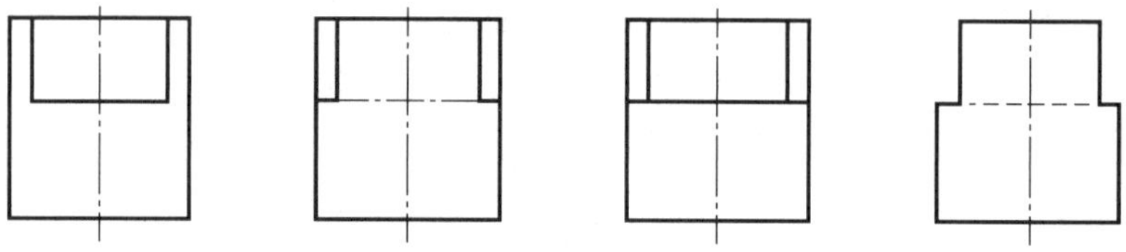　　　　A　　　　B　　　　C　　　　D

19. 曲面体中,母线是曲线的是(　　)。

  A. 圆柱　　　　　　B. 圆锥　　　　　　C. 圆台　　　　D. 球

20. 建筑工程图的编排顺序正确的是(　　)。

  a. 设备施工图　b. 建筑施工图　c. 结构施工图　d. 图纸目录　e. 设计说明

  A. aebcd　　　　　　B. abcde　　　　　　C. ebcda　　　　D. debca

21. 在 B 号轴线之后附加的第二根轴线时,正确的是(　　)。

  A. A/2　　　　　　B. B/2　　　　　　C. 2/A　　　　D. 2/B

22. 题 22 图所示详图符号,表示正确的是(　　)。

  A. 详图编号为 3,详图在本页

  B. 详图编号为 1,详图在本页

  C. 详图编号为 3,被索引图样所在图纸编号为 1

  D. 详图编号为 1,被索引图样所在图纸编号为 3

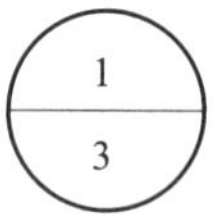

题 22 图

23. 下列属于轴测图的是(　　)。

  A. 透视图　　　　　B. 效果图　　　　　C. 正面斜二轴测图　D. 三面投影图

24. 二层平面图是二层的水平剖面,水平剖切平面的位置在(　　)。

  A. 二层的窗台上,经过门窗洞　　　　B. 楼面上,窗台下

  C. 二层楼面墙脚处　　　　　　　　　D. 二层顶棚下方,窗上方

25. 不属于建筑总平面图常用比例的是(　　)。

  A. 1∶100　　　　　B. 1∶500　　　　　C. 1∶1000　　　　D. 1∶2000

二、判断选择题(判断下列各小题正误,选择正确的答案代码,多选、错选均不得分。本题共 20 小题,每小题 1.5 分,共 30 分)

26. 1 张 A1 幅面的图纸相当于 2 张 A2 幅面的图纸。　　　　　　　　　　　　(　　)

  A. 正确　　　　　　　　　　　　B. 错误

27. 细双点长画线一般用作假想轮廓线、成型前原始轮廓线。　　　　　　　　(　　)

  A. 正确　　　　　　　　　　　　B. 错误

28. 图线不得与文字、数字或符号重叠、混淆,不可避免时应将图线断开。　　(　　)

  A. 正确　　　　　　　　　　　　B. 错误

29. 某构件用放大一倍的比例绘图,在图名右侧注写比例项处应填写 1∶2。　(　　)

  A. 正确　　　　　　　　　　　　B. 错误

30. 绘图铅笔上的标志"H"表示该铅笔为软芯铅笔。 （　　）
    A. 正确　　　　　　　　　　　　　　　B. 错误

31. 标高投影图是应用正投影法绘制的。 （　　）
    A. 正确　　　　　　　　　　　　　　　B. 错误

32. 已知两直线的三面投影均相交,则这两条直线在空间也一定相交。 （　　）
    A. 正确　　　　　　　　　　　　　　　B. 错误

33. 平行于 H 面的直线被称为水平线。 （　　）
    A. 正确　　　　　　　　　　　　　　　B. 错误

34. 根据《房屋建筑制图统一标准》(GB/T 50001－2017)的规定,粗、中粗、中、细图线的线宽分别为 b、$0.7b$、$0.5b$、$0.35b$。 （　　）
    A. 正确　　　　　　　　　　　　　　　B. 错误

35. 根据三面投影原理,点的 Y 坐标值越大,则该点距 W 面越远。 （　　）
    A. 正确　　　　　　　　　　　　　　　B. 错误

36. 直线上一点所分直线的线段长度之比等于它们的投影长度之比,反映了正投影的定比性的特性。 （　　）
    A. 正确　　　　　　　　　　　　　　　B. 错误

37. 空间两相交直线的各组同面投影必相交;反之,各组同面投影都相交的两直线,在空间中也必定相交。 （　　）
    A. 正确　　　　　　　　　　　　　　　B. 错误

38. 球表面的一般点可采用素线法或纬圆法求得。 （　　）
    A. 正确　　　　　　　　　　　　　　　B. 错误

39. 同坡屋面的 H 面投影上,只要有两条脊线相交于一点,必然会有第三条脊线通过该交点。 （　　）
    A. 正确　　　　　　　　　　　　　　　B. 错误

40. 当半剖面图的对称线为水平线时,半剖面图一般应画在对称线的上侧。 （　　）
    A. 正确　　　　　　　　　　　　　　　B. 错误

41. 总平面图室外地坪标高宜用涂黑的三角形表示。 （　　）
    A. 正确　　　　　　　　　　　　　　　B. 错误

42. 简化了轴向变形系数的正等轴测图比实际的轴测投影放大了约 1.22 倍。 （　　）
    A. 正确　　　　　　　　　　　　　　　B. 错误

43. 绘制阶梯剖面图时,必要时可应绘制出两个剖切面转折处的分界线。 （　　）
    A. 正确　　　　　　　　　　　　　　　B. 错误

44. 门窗立面图例中的斜线是门窗扇的开启符号,实线为内开,虚线为外开。 （　　）
    A. 正确　　　　　　　　　　　　　　　B. 错误

45. 一套图纸一般都是表明局部的图纸在前,全局性的图纸在后。 （　　）
    A. 正确　　　　　　　　　　　　　　　B. 错误

第二部分　非选择题

三、作图题(本大题共 5 小题,共 41 分)

46.题 46 图所示,取直线 $AB=50\text{mm}$,在 AB 上求一点 C 使得 $BC:AC=3:4$。(要求保留作图过程,请标注 B 点并对 AB 长度标注尺寸,求出 C 点并标注 C 点的位置)。(7 分)

A ————————————————

题 46 图

47.已知题 47 图所示形体的两面投影,补绘第三面投影。(每小题各 6 分,共 12 分)

(1)

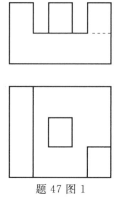

题 47 图 1

(2)

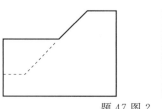

题 47 图 2

48.补全题 48 图中所缺的图线。(8 分)

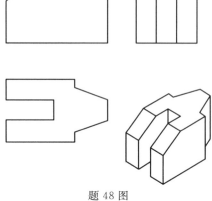

题 48 图

49.作题 49 图所示钢筋混凝土变截面梁的 1-1 断面图和 2-2 剖面图。（8 分）

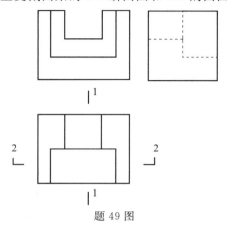

题 49 图

50.根据题 50 图所示形体的三面投影,采用简化系数法绘制形体的正等轴测图。（6 分）

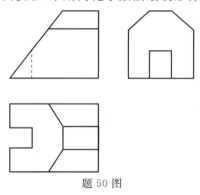

题 50 图

四、连线题

51.请将下列建筑材料名称与正确的图例连接。（本题共 9 分）

题 51 图

五、识图题

52. 根据题 52 图所示房屋平面图,完成下列各题。(每个空格 1 分,共 20 分)

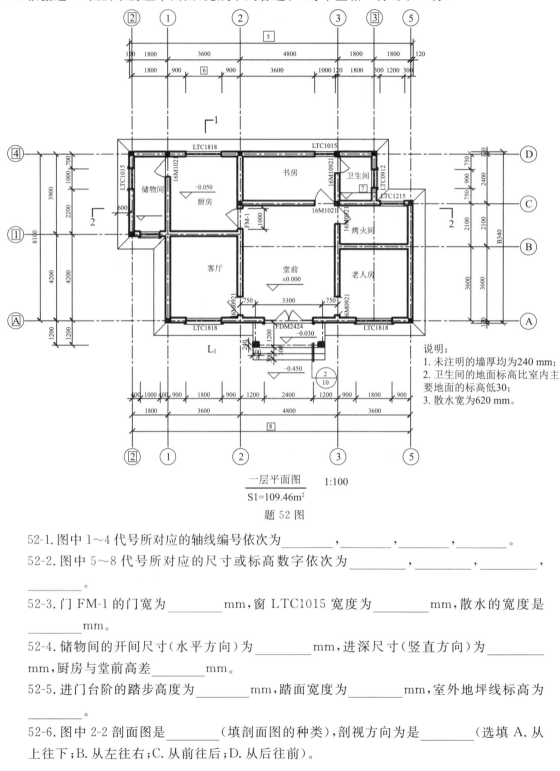

一层平面图   1:100

S1=109.46m²

题 52 图

说明:
1. 未注明的墙厚均为240 mm;
2. 卫生间的地面标高比室内主要地面的标高低30;
3. 散水宽为620 mm。

52-1. 图中 1~4 代号所对应的轴线编号依次为 _____ , _____ , _____ , _____ 。

52-2. 图中 5~8 代号所对应的尺寸或标高数字依次为 _____ , _____ , _____ ,

_____ 。

52-3. 门 FM-1 的门宽为 _____ mm,窗 LTC1015 宽度为 _____ mm,散水的宽度是

_____ mm。

52-4. 储物间的开间尺寸(水平方向)为 _____ mm,进深尺寸(竖直方向)为 _____

mm,厨房与堂前高差 _____ mm。

52-5. 进门台阶的踏步高度为 _____ mm,踏面宽度为 _____ mm,室外地坪线标高为

_____ 。

52-6. 图中 2-2 剖面图是 _____ (填剖面图的种类),剖视方向为是 _____ (选填 A.从
上往下;B.从左往右;C.从前往后;D.从后往前)。

福建省中等职业学校学业水平测试综合模拟试卷(二)

考试时间:150分钟 满分150分

第一部分 选择题

一、单项选择题(选择正确的答案代码,多选、错选均不得分。本题共28小题,每小题2分,共56分)

1. 相互平行的图例线,其净间隙或线中间隙不宜小于(   )。

   A. 0.2 mm   B. 0.5 mm   C. 0.7 mm   D. 1.0 mm

2. 下列关于图纸幅面尺寸的等式正确的是(   )。

   A. 1张A2幅面图纸=2张A1幅面图纸

   B. 1张A3幅面图纸=2张A4幅面图纸

   C. 2张A3幅面图纸=1张A1幅面图纸

   D. 2张A0幅面图纸=1张A1幅面图纸

3. 选A2图纸中,若图框线线宽为b,则标题栏外框线为(   )。

   A. b B. $0.7b$ C. $0.5b$ D. $0.25b$

4. 下列说法不正确的是(   )。

   A. 虚线与虚线交接时,应是线段交接

   B. 虚线与其他图线交接时,应是线段交接

   C. 虚线为实线的延长线时,不得与实线相接

   D. 单点长画线或双点长画线的两端,可以是点

5. 工程图中,详图所用比例一般取(   )。

   A. $1:1\sim1:50$ B. $1:100\sim1:200$

   C. $1:200\sim1:500$ D. $1:500\sim1:1000$

6. 下列材料图例中属于混凝土砖的是(   )。

   A   B   C   D

7. 关于绘图铅笔说法错误的是(   )。

   A. HB表示软硬适中的铅笔

   B. 铅芯可磨成圆锥形,也可磨成楔形斜面

   C. 绘图铅笔的铅芯有软硬之分,分别用字母B和H表示

   D. H前面的数字越大表示铅芯越软,B前面的数字越大表示铅芯越硬

8. 不是构成投影的三要素是(   )。

   A. 投影线   B. 光源   C. 物体   D. 投影面

9. 已知A点的坐标$(5,20,15)$,B点的坐标$(5,10,15)$,则点A、B重影的投影面为(   )。

   A. H面   B. V面   C. W面   D. 侧面

10. 图中两直线的相对几何关系是(　　)。

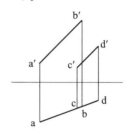

题 10 图

A. 相交　　　　　　B. 交叉　　　　　　C. 平行　　　　　　D. 无法判断

11. 已知直线 AB 的 H 面、V 面投影,则 AB 为(　　)。

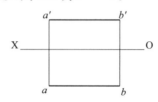

题 11 图

A. 水平线　　　　　B. 正平线　　　　　C. 侧平线　　　　　D. 侧垂线

12. 下图所示五棱锥表面上一点 B,其正确的侧面投影是(　　)。

题 12 图

 A　　　　B　　　　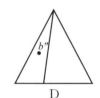 C　　　　D

13. 选出下图中符合投影图的立体图(　　)。

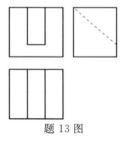
题 13 图

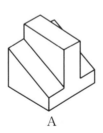 A　　 B　　 C　　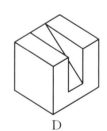 D

14. 关于同坡屋面,下列说法错误的是(　　)。

　　A. 房屋跨度相等时,有几个屋面相交,就必有几条脊线交于一点

　　B. 建筑跨度越大,屋脊就越低

C.正面投影图和侧面投影图能反映屋面坡度大小

D.斜脊线或天沟线一定在檐口的转角处

15.已知形体的 H、V 面投影,正确的 W 面投影是(　　)。

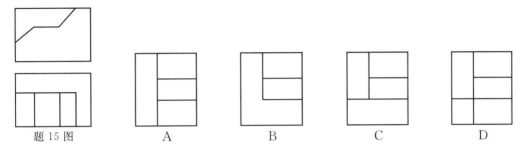

题 15 图　　　　A　　　　B　　　　C　　　　D

16.已知形体的 H、W 面投影,错误的 V 面投影是(　　)。

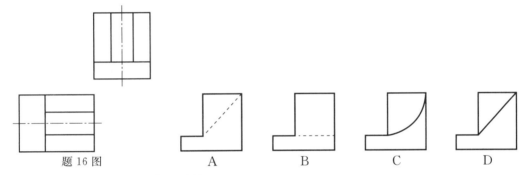

题 16 图　　　　A　　　　B　　　　C　　　　D

17.已知主、左视图,正确的俯视图是(　　)。

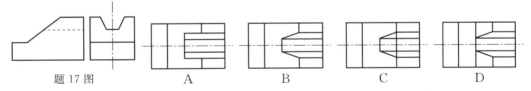

题 17 图　　　　A　　　　B　　　　C　　　　D

18.已知主、左视图,正确的俯视图是(　　)。

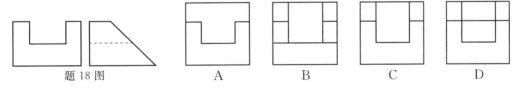

题 18 图　　　　A　　　　B　　　　C　　　　D

19.已知主、左视图,正确的俯视图是(　　)。

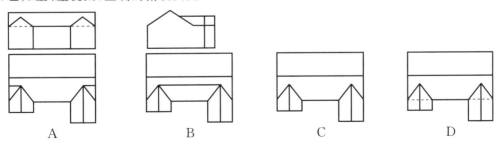

A　　　　B　　　　C　　　　D

20.已知主、俯视图,正确的左视图是( )。

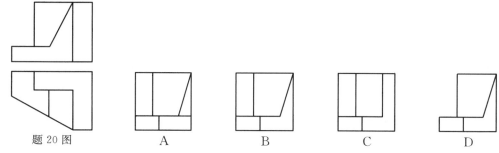

题 20 图　　　　　A　　　　　B　　　　　C　　　　　D

21.已知主、俯视图,正确的左视图是( )。

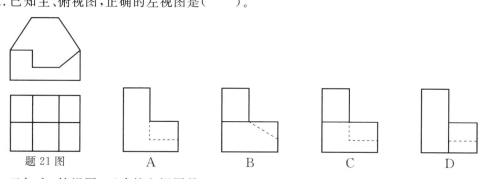

题 21 图　　　　A　　　　B　　　　C　　　　D

22.已知主、俯视图,正确的左视图是( )。

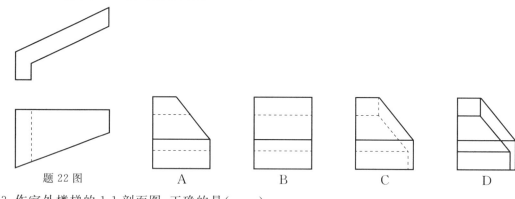

题 22 图　　　　A　　　　B　　　　C　　　　D

23.作室外楼梯的 1-1 剖面图,正确的是( )。

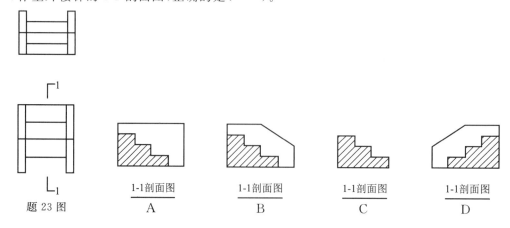

1-1剖面图　　　1-1剖面图　　　1-1剖面图　　　1-1剖面图
题 23 图　　　　A　　　　　B　　　　　C　　　　　D

24. 下列不是正等测图常用画法的是（　　）。

　　A. 坐标法　　　　　B. 叠加法　　　　　C. 组合法　　　　　D. 切割法

25. 下列有关容积率的说法,正确的是（　　）。

　　A. 容积率是指建筑用地面积与总用地面积的比值

　　B. 容积率是指建筑面积与建筑占地面积的比值

　　C. 容积率是指一定地块内所有的建筑物的基底总面积占建设用地面积的比例

　　D. 容积率一般情况下指一定地块内,地面以上各类计容建筑面积总和与建筑用地面积的比值

26. 建筑总平面图中可以表示建筑物朝向的符号为（　　）。

　　A. 等高线　　　　　B. 指北针　　　　　C. 定位轴线　　　　　D. 对称符号

27. 下列不属于外墙节点详图的是（　　）。

　　A. 基础墙剖面节点　　　　　　　　B. 窗台和楼板剖面节点

　　C. 屋顶外墙面剖面节点　　　　　　D. 墙身底部勒脚和室外踏步剖面节点

28. 在建筑施工图中,用来反映剖面图剖切位置的剖切符号应标注在（　　）。

　　A. 底层平面图　　　B. 二层平面图　　　C. 三层平面图　　　D. 顶层平面图

二、判断选择题（判断下列各小题正误,选择正确的答案代码,多选、错选均不得分。本题共 16 小题,每小题 1 分,共 16 分）

29. 一个工程设计中,不含目录及表格所采用的 A4 幅面时,每个专业所使用的图纸幅面不宜多于 2 种。　　（　　）

　　A. 正确　　　　　　　　　　　　B. 错误

30. 平面的坡度是指平面上任意一条直线的两点高度差与其水平距离之比。　（　　）

　　A. 正确　　　　　　　　　　　　B. 错误

31. 在三面投影体系中,平行于某一投影面的直线称为投影面平行线。　（　　）

　　A. 正确　　　　　　　　　　　　B. 错误

32. 如第 32 题图所示,W 投影中的 $a''b''c''d''$ 平面反映了立体图中 ABCD 平面的实形。　（　　）

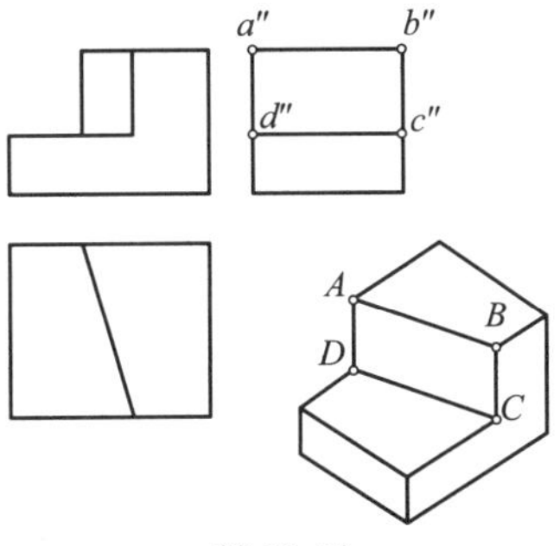

题 32 图

　　A. 正确　　　　　　　　　　　　B. 错误

33. 中断断面图是指将形体某一部分剖切后形成的断面图画在原投影图以外的一侧。　（　　）

　　A. 正确　　　　　　　　　　　　B. 错误

34. 同一张图纸内,相同比例的各图样可选用不同的线宽组。 （   ）

    A. 正确   B. 错误

35. 点的正面投影到 OX 轴的距离反映点到 H 面的距离。 （   ）

    A. 正确   B. 错误

36. 剖切符号的编号宜由左至右、由上至下连续编排。 （   ）

    A. 正确   B. 错误

37. 如下图所示水平线 AB 的两面投影,直线 AB 和 H 面的夹角为30°。 （   ）

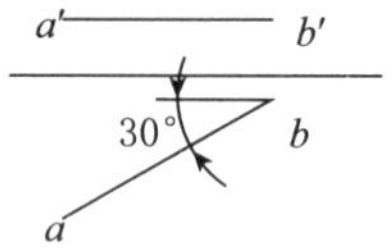

题 37 图

    A. 正确   B. 错误

38. 两面投影为全等矩形的形体一定是四棱柱。 （   ）

    A. 正确   B. 错误

39. 平行投影面的平面一定是投影面的平行面。 （   ）

    A. 正确   B. 错误

40. 下图直线 AB 和 CD 的空间关系为相交。 （   ）

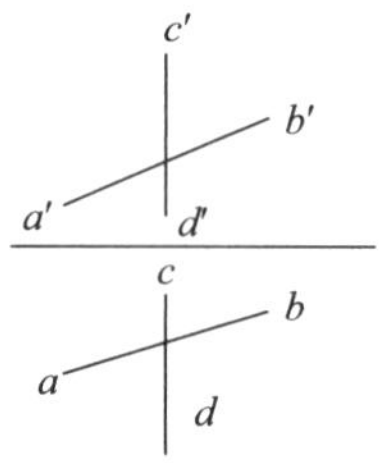

题 40 图

    A. 正确   B. 错误

41. 建筑图例通常在 1:20 及以上比例的详图中绘制表达。 （   ）

    A. 正确   B. 错误

42. 下图所标注的剖面类型为旋转剖。 （   ）

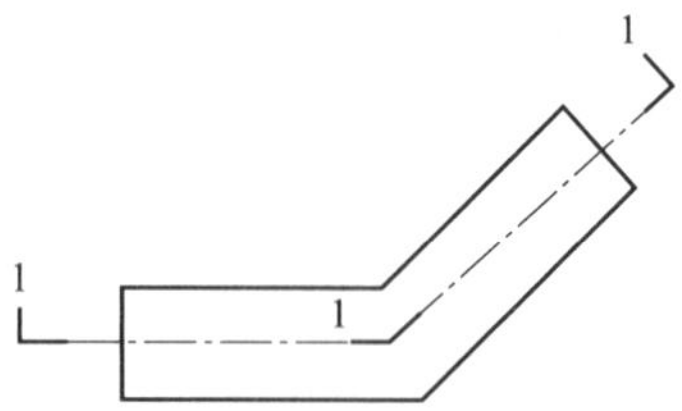

题 42 图

    A. 正确   B. 错误

43. 在坡屋顶中,如果屋面有相同的水平倾角,且屋檐各处同高,则由这种屋面构成的屋顶称为同坡屋顶。 （   ）

    A. 正确   B. 错误

44. 顶层楼梯平面图,因没有剖切到楼梯段,故楼梯段处要画斜折断线。 （   ）

    A. 正确   B. 错误

第二部分　非选择题

三、作图题(本大题共48分)

45. 如题 45 图所示,利用尺规作图法,过点 A 作圆的内接正三角形 ABC。（请保留作图痕迹）。(7分)

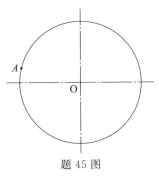

题 45 图

46. 已知题 46 图所示形体的两面投影,补绘第三面投影。（每小题各6分,共12分）

    (1)   (2)

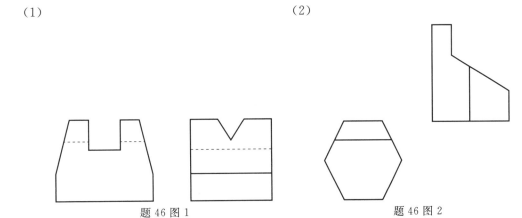

题 46 图 1   题 46 图 2

47. 补全题 47 图中所缺的图线。(8分)

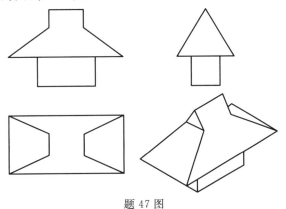

题 47 图

48. 题 48 图所示为钢筋混凝土变截面梁,根据形体投影图,作形体 1-1 断面图和 2-2 剖面图。
（6 分）

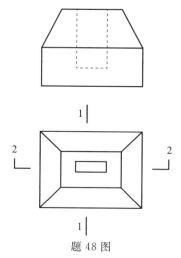

题 48 图

49. 根据题 49 图所示形体的三面投影,采用简化系数法绘制形体的正等轴测图。（第 1 小题
6 分,第 2 小题 9 分,共 15 分）

（1）

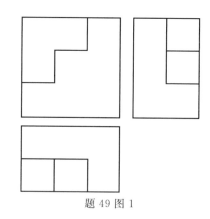

题 49 图 1

（2）

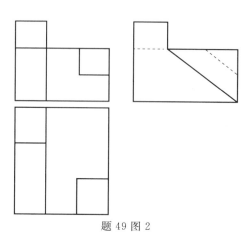

题 49 图 2

五、识图题

50. 根据题 50 图所示房屋平面图,完成下列各题。(每个空格 1 分,共 20 分)

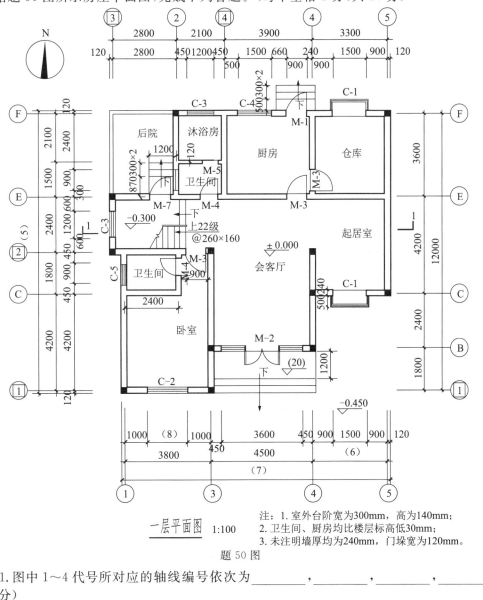

一层平面图 1:100

注: 1. 室外台阶宽为300mm,高为140mm;
2. 卫生间、厨房均比楼层标高低30mm;
3. 未注明墙厚均为240mm,门垛宽为120mm。

题 50 图

50-1. 图中 1~4 代号所对应的轴线编号依次为 _____,_____,_____,_____。
(4 分)

50-2. 图中 5~8 代号所对应的尺寸数字依次为 _____,_____,_____,
_____(4 分)

50-3. 卫生间的窗 C5 的窗的类型为 _____,窗宽为 _____(C5 窗为虚线,因打印比例问题,显示不出)。门 M5 门的类型为 _____(推拉门或平开门)。

50-4. 厨房的开间为 _____mm,进深为 _____mm。卫生间和淋浴房隔墙宽度为 _____mm。

50-5. 楼梯的踏步高度为 _____mm,踏面宽度为 _____mm,一楼至二楼楼梯台阶有 _____级,二楼楼层地面标高为 _____。

50-6. 门垛宽度为 _____mm,主出入口处台阶顶标高为 _____。

福建省中等职业学校学业水平测试综合模拟试卷(三)

考试时间:150 分钟 满分 150 分

第一部分 选择题

一、单项选择题(选择正确的答案代码,多选、错选均不得分。本题共 28 小题,每小题 2 分,共 56 分)

1. 选 A2 图纸中"A2"的含义是( )。
   A. 图纸的编号　　　　　　　　　　　B. 图纸的类别
   C. 图纸的页数　　　　　　　　　　　D. 图纸的幅面尺寸代号

2. 在某张建筑图样中,粗线的宽度为 1 mm,则同一线宽中粗线的宽度应为( )。
   A. 1.00 mm　　　B. 0.7 mm　　　C. 0.50 mm　　　D. 0.25 mm

3. 表示回转体轴线的线型一般采用( )。
   A. 粗实线　　　　　　　　　　　　　B. 细实线
   C. 细点画线　　　　　　　　　　　　D. 粗点画线

4. 绘图比例是( )。
   A. 图形与实物相对应的线性尺寸之比
   B. 实物与图形相对应的线性尺寸之比
   C. 比例尺上的比例刻度
   D. 图形上尺寸数字的换算系数

5. 下列材料图例中属于多孔砖的是( )。

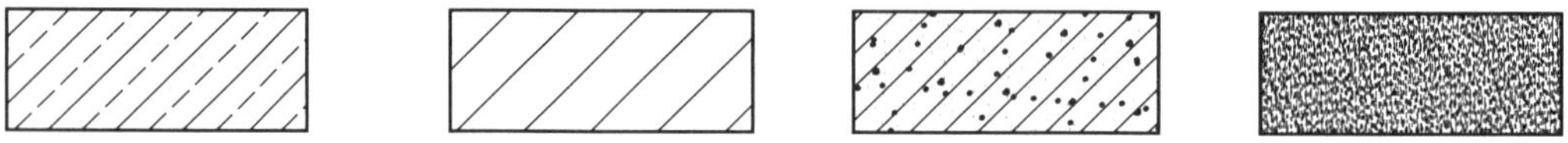

　　A　　　　　　　　B　　　　　　　　C　　　　　　　　D

6. 以下尺寸标注中,是以圆点作为起止符号的是( )。
   A. 弦长　　　　B. 线性长度标注　　　C. 轴测图尺寸标注　　　D. 角度

7. 投射中心距投影面有限远,投影线汇交于投射中心的投影方法称为( )。
   A. 中心投影法　　　B. 平行投影法　　　C. 正投影法　　　D. 斜投影法

8. 当某直线垂直于投影面时,它的投影积聚成一个点,这反映了正投影的( )。
   A. 类似性　　　　　B. 显实性　　　　　C. 积聚性　　　　　D. 相等性

9. 在题 9 图中,B 点相对于 A 点的空间位置是( )。

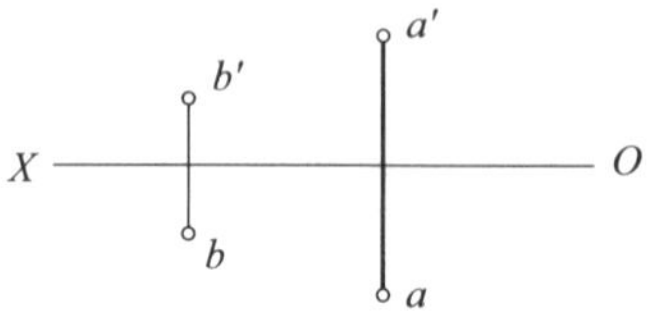

题 9 图

   A. 左前下方　　　　B. 左后下方　　　　C. 左前上方　　　　D. 左后上方

10. 在题 10 图所示投影图中,反映直线实长的投影是(   )。

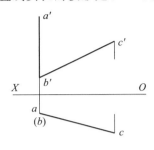

题 10 图

A. $a'b'$ B. $b'c'$

C. ac D. 无

11. 圆平面的正投影不可能是(   )。

A. 直线   B. 椭圆

C. 双曲线   D. 圆

12. 下列关于曲面体的说法,错误的是(   )。

A. 曲面体可以是由平面和曲面共同组成的

B. 曲面体上可以只有曲面

C. 曲面体上没有平面

D. 圆柱、圆锥、球都是回转曲面

13. 下图所示平面图形中(同一选项中"="代表两投影的长度相等),不属于正方形的为(   )。

  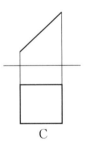 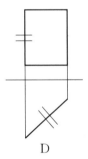

A   B   C   D

14. 下列图中所示的两面投影,表示交叉两直线的是(   )。

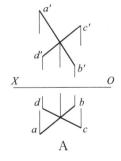 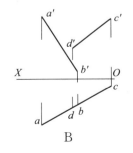 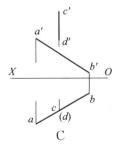 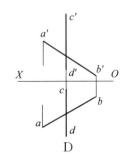

A   B   C   D

15. 已知题 15 图所示形体的 V 面和 W 面投影图,其正确的 H 面投影是(　　　)。

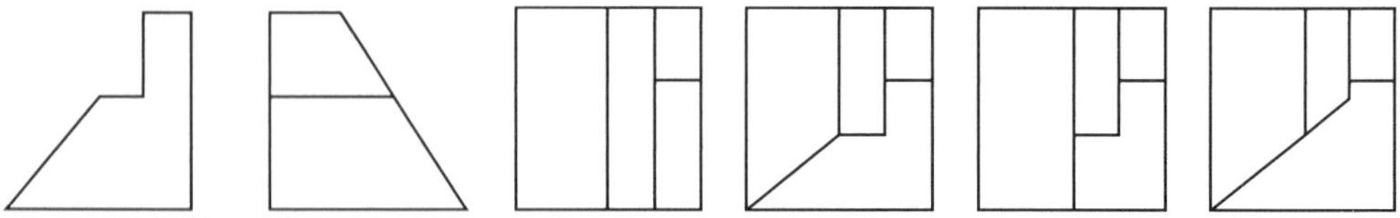

题 15 图　　A　　B　　C　　D

16. 已知题 16 图所示形体的 V 面和 W 面投影图,其正确的 H 面投影是(　　　)。

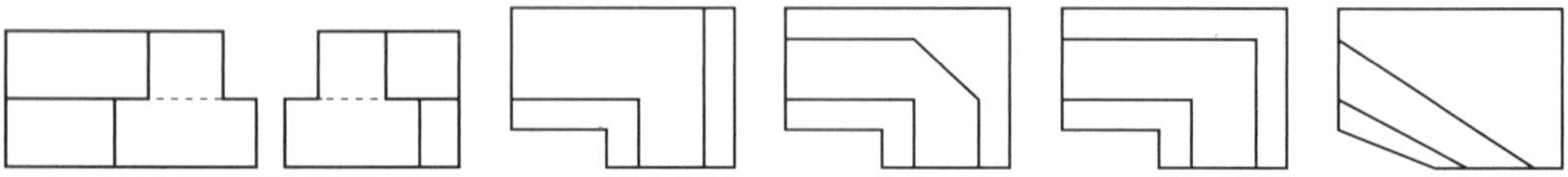

题 16 图　　A　　B　　C　　D

17. 已知题 17 图所示形体的 V 面和 W 面投影图,其正确的 H 面投影是(　　　)。

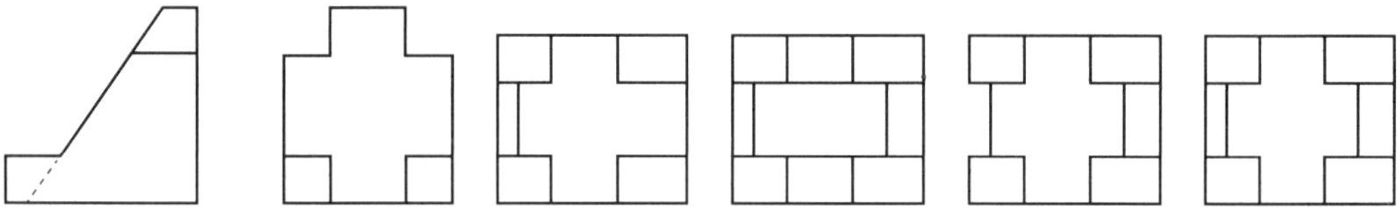

题 17 图　　A　　B　　C　　D

18. 已知形体的主、俯视图,正确的左视图是(　　　)。

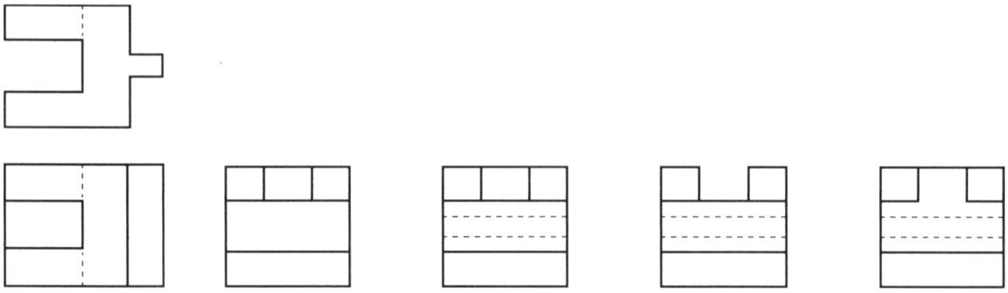

题 18 图　　A　　B　　C　　D

19. 已知题 19 图所示形体的 V 面和 H 面投影图,正确的 W 面投影是(　　　)。

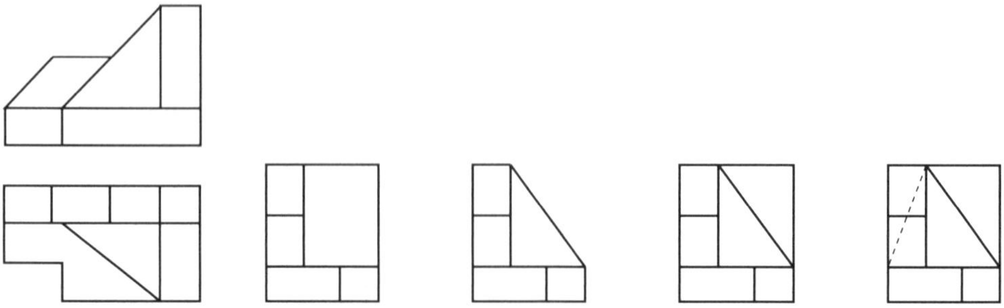

题 19 图　　A　　B　　C　　D

20. 正轴测投影法和斜轴测投影法中物体的放置情况分别是(　　　)。

　　A. 前者正放,后者斜放　　　　　　B. 前者斜放,后者正放

　　C. 两者都斜放　　　　　　　　　　D. 两者都正放

21. 断面图被切到的实体部分应画剖面线，剖面线为相互平行、等间距的（　　）。

A. 30°细实线　　B. 45°细实线

C. 45°粗实线　　D. 60°粗实线

22. 已知题 22 图所示形体的水平投影及 1-1 剖面图，正确的 2-2 剖面图是（　　）。

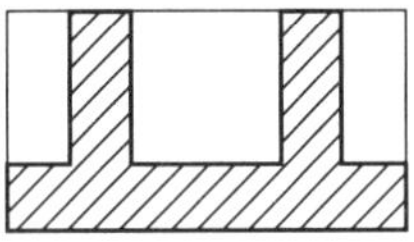

1-1 剖面图

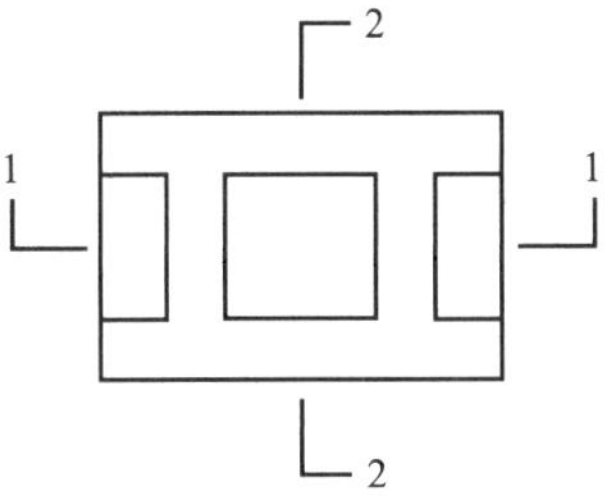

题 22 图

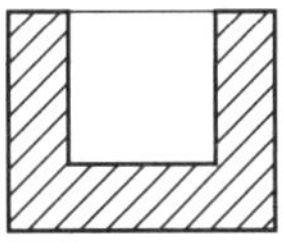

2-2 剖面图

A

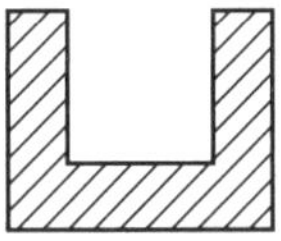

2-2 剖面图

B

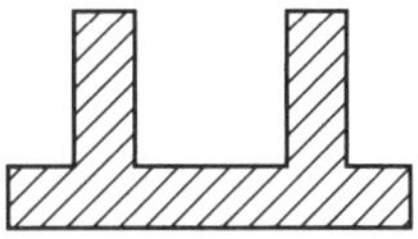

2-2 剖面图

C

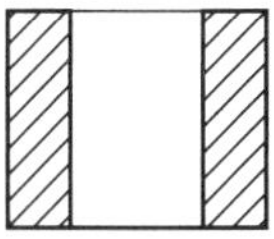

2-2 剖面图

D

23. 主要用来确定新建房屋的位置、朝向以及周边环境关系的是（　　）。

A. 建筑平面图　　B. 建筑立面图

C. 总平面图　　D. 功能分区图

24. 下列有关建筑密度的说法，正确的是（　　）。

A. 建筑密度是指建筑用地面积与总用地面积的比值

B. 建筑密度是指建筑面积与建筑占地面积的比值

C. 建筑密度是指一定地块内所有的建筑物的基底总面积占建设用地面积的比例

D. 建筑密度一般情况下指一定地块内，地面以上各类计容建筑面积总和与建筑用地面积的比值

25. 建筑工程图的编排顺序是（　　）。

a. 设备施工图　b. 建筑施工图　c. 结构施工图　d. 图纸目录　e. 设计施工说明

A. aebcd　　B. abcde　　C. ebcda　　D. debca

26. Ⓐ号轴线之前附加的第二根轴线正确的表示为（　　）。

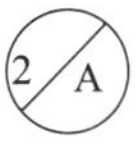

A

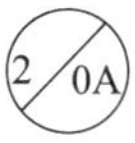

B

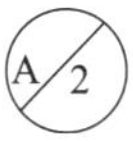

C

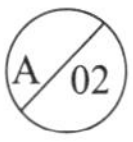

D

27. 如建筑区地形起伏较大，应在总平面图上画出（　　）。

A. 定位轴线　　B. 指北针

C. 等高线　　D. 标高

28. 为了清楚表明局部平面图所处的位置，必须（　　）。

A. 标注与平面图一致的轴线及其编号　　B. 标注与平面图一致的轴线，编号另定

C. 标注与剖面图一致的轴线及其编号　　D. 标注与立面图一致的轴线及其编号

二、判断选择题(判断下列各小题正误,选择正确的答案代码,多选、错选均不得分。本题共16小题,每小题1.5分,共24分)

29. 一个工程设计中,不含目录及表格所采用的 A4 幅面时,每个专业所使用的图纸幅面不宜多于 2 种。 （　　）

    A. 正确   B. 错误

30. 同一张图纸内,各不同线宽中的细线,可统一采用较粗的线宽组的细线。 （　　）

    A. 正确   B. 错误

31. 斜体字的高度和宽度应与相应的直体字相等。 （　　）

    A. 正确   B. 错误

32. 尺寸起止符号应与尺寸界线成逆时针 45° 方向。 （　　）

    A. 正确   B. 错误

33. 题 33 图所示投影图中,A 在 B 的左前方。 （　　）

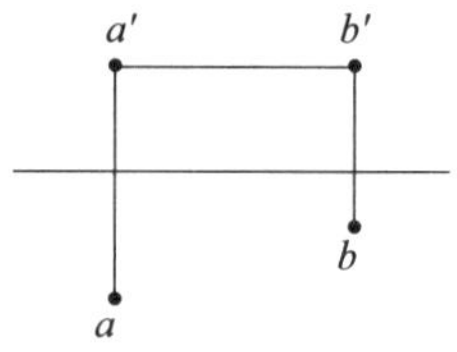

题 33 图

    A. 正确   B. 错误

34. 题 34 图所示两直线的相对几何关系是交叉。 （　　）

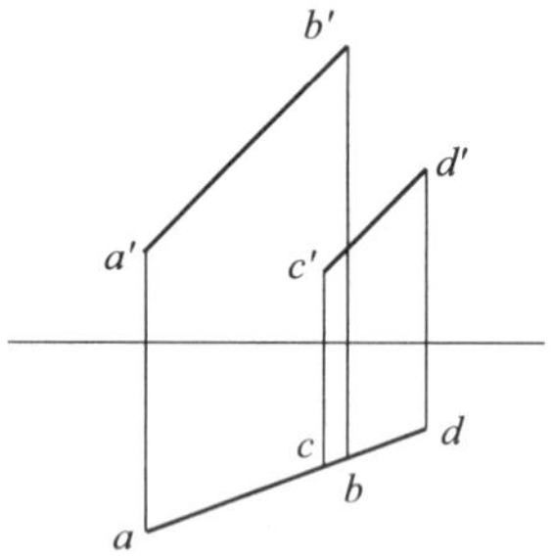

题 34 图

    A. 正确   B. 错误

35. 同坡屋面两个坡面相交,交线的水平投影与檐口线的水平投影平行且等距。 （　　）

    A. 正确   B. 错误

36. 平行于 H 面的直线被称为水平线。 （　　）

    A. 正确   B. 错误

37. 底面为多边形,所有侧棱线均相交于一点的立体就是棱柱体。 （　　）

    A. 正确   B. 错误

38. 组合体三视图的阅读,一般以形体分析法为主,线面分析法为辅。 （　　）

    A. 正确   B. 错误

39.对于单一长向构件,可将断面图画在构件视图的中断处,这种断面图称为中断断面图。

　　　　　　　　　　　　　　　　　　　　　　　　　　　　　　　　　　（　　）

　　A.正确　　　　　　　　　　　　　　B.错误

40.空间两相交直线的各组同面投影必相交;反之,各组同面投影都相交的两直线,在空间中

　　也必定相交。　　　　　　　　　　　　　　　　　　　　　　　　　　　（　　）

　　A.正确　　　　　　　　　　　　　　B.错误

41.球表面的一般点可采用素线法或纬圆法求得。　　　　　　　　　　　　　（　　）

　　A.正确　　　　　　　　　　　　　　B.错误

42.同坡屋面的 H 面投影上,只要有两条脊线相交于一点,必然会有第三条脊线通过该交

　　点。　　　　　　　　　　　　　　　　　　　　　　　　　　　　　　　（　　）

　　A.正确　　　　　　　　　　　　　　B.错误

43.建筑总平面图中新建建筑物的定位尺寸一般以毫米为单位。　　　　　　　（　　）

　　A.正确　　　　　　　　　　　　　　B.错误

44.在楼梯平面图中,楼梯上行或下行的方向,一般用带箭头的细点划线表示。　（　　）

　　A.正确　　　　　　　　　　　　　　B.错误

第二部分　非选择题

三、作图题(本大题共 5 小题,共 38 分)

45.如下图所示,已知直线 AB 的两面投影,M 点在 AB 上,$MA:MB=2:3$,依据平行线等

　　分线段原理,用尺规作图法求出 M 点的投影(保留作图痕迹)。(7 分)

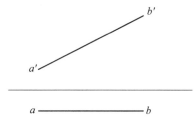

题 45 图

46.已知题 46 图所示形体的两面投影,补绘第三面投影。(每小题各 6 分,共 12 分)

（1）

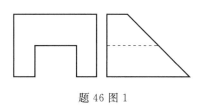

题 46 图 1

（2）

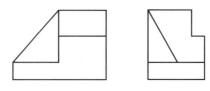

题 46 图 2

47.补全题 47 图中所缺的图线。（7 分）

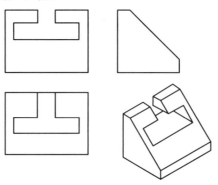

题 47 图

48.题 48 图所示为钢筋混凝土变截面梁,根据形体投影图,作构件的 1-1 断面图和 2-2 剖面图。（6 分）

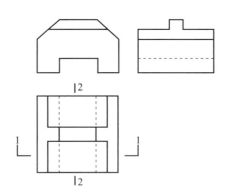

题 48 图

49.根据题 49 图所示形体的三面投影,采用简化系数法绘制形体的正等轴测图。（6 分）

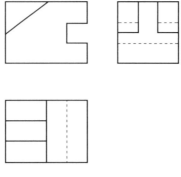

题 49 图

四、连线题

50. 请将左边的名称与正确的图例连接。（本题共 8 分）

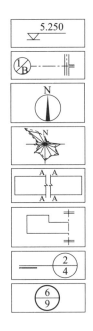

题 50 图

五、识图题

51. 根据题 51 图，回答相关问题。（每个空格 2 分，共 24 分）

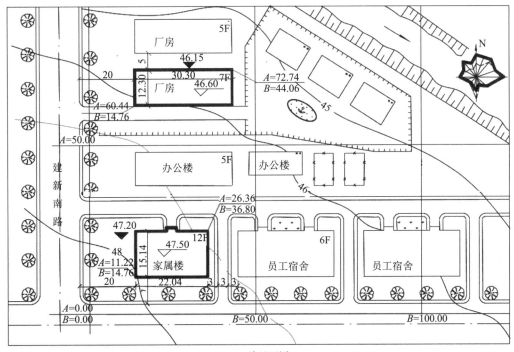

总平面图 1:1000

题 51 图

51-1 从图上可知,新建建筑物共_____栋,原有建筑有_____栋,其中待拆除的建筑共_____栋。

51-2 从图中可知,家属楼为_____层,长_____m,宽_____m,室内外高差_____m。

51-3 图中厂房中 $\underline{\underset{46.60}{\bigtriangledown}}$ 表示_____(选填"绝对、相对")标高。

51-4 图中 $B=100.00$ 代表_____(选填"建筑、测量")坐标。

51-5 已知该项目总用地面积为 276000 平方米,总建筑面积为 361000 平方米,该项目容积率为_____。

51-6 图中风玫瑰图"N"代表_____(选填"东、南、西、北"),该地区常年风向主要是_____。

参考答案

第1章 绘图工具与用具

一、单项选择题

1．C 2．D 3．D 4．B 5．C 6．B 7．A 8．B 9．B 10．D 11．A

二、判断选择题

1．A 2．B 3．B 4．B 5．A 6．A 7．A 8．B 9．B 10．A 11．B 12．A 13．A

第2章 房屋建筑制图统一标准

一、单项选择题

1．B 2．B 3．B 4．C 5．D 6．B 7．D 8．B 9．C 10．C 11．D 12．C 13．B 14．A
15．B 16．D 17．D 18．A 19．C 20．D 21．C 22．B 23．B 24．C 25．D 26．C
27．A 28．B 29．D 30．D

二、判断选择题

1．B 2．A 3．B 4．A 5．B 6．B 7．B 8．B 9．B 10．B 11．A 12．A 13．B 14．B
15．A 16．B 17．B 18．A 19．B 20．A 21．B 22．B 23．B 24．A 25．B

三、连线题

1.

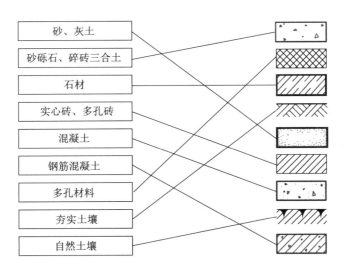

2.

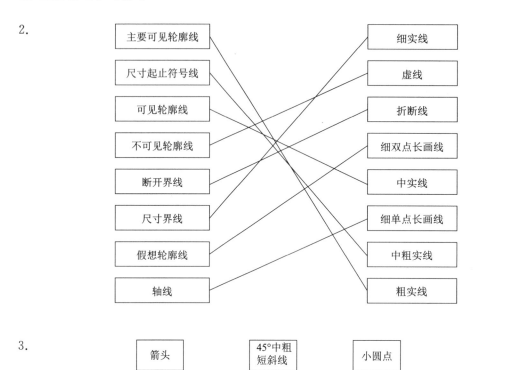

3.

第3章 几何制图

作图题

1.

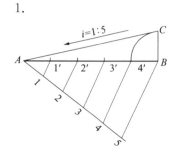

2.

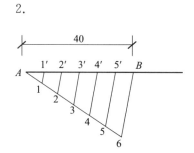

3. 用线段等分法：　　　　　　　　　　用平行线等分法：

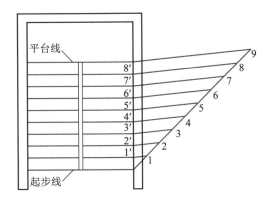

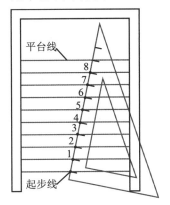

4.

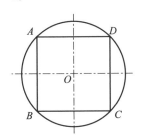

5.

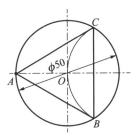

6.

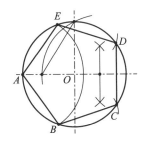

7.

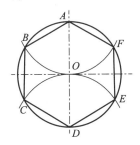

第4章　投影的基本知识

一、单项选择题

1. B　2. B　3. A　4. D　5. B　6. D　7. A　8. A　9. A　10. B　11. D　12. A　13. B

14. A　15 C　16. D　17. C　18. D　19. C　20. B　21. C　22. A　23. B　24. A　25. C

26. B　27. A　28. C　29. B　30. A　31. C　32. C　33. D　34. C　35. D　36. C　37. B

39. A　39. D　40. D

二、判断选择题

1. B　2. A　3. B　4. A　5. B　6. A　7. A　8. B　9. B　10. B　11. B　12. A　13. A　14. B
15. B　16. A　17. B　18. A　19. B　20. A

三、连线题

1.

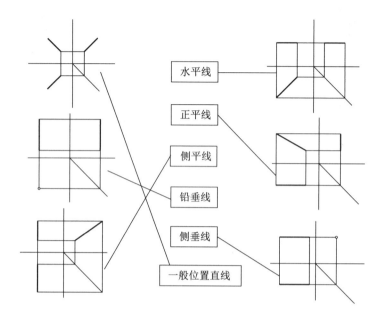

2.

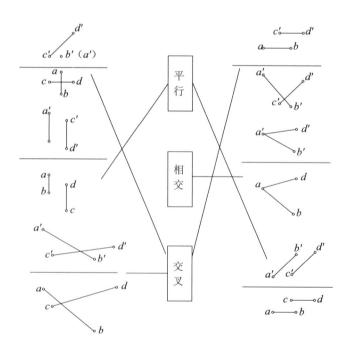

3.

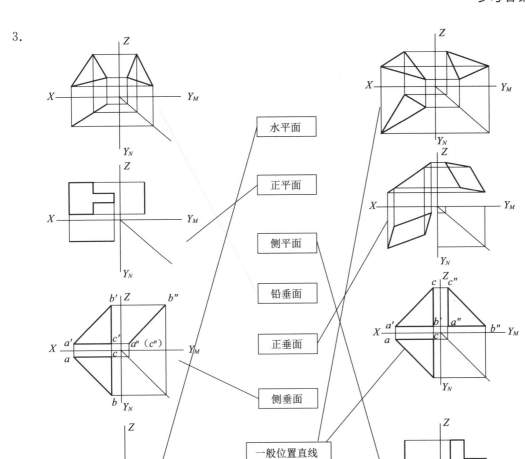

第5章　形体的投影

一、单项选择题

1. A　2. C　3. D　4. C　5. A　6. D　7. C　8. B　9. B　10. B

二、判断选择题

1. B　2. B　3. A　4. A　5. B

三、作图题

1.

2.

3.

4.

5.

6.

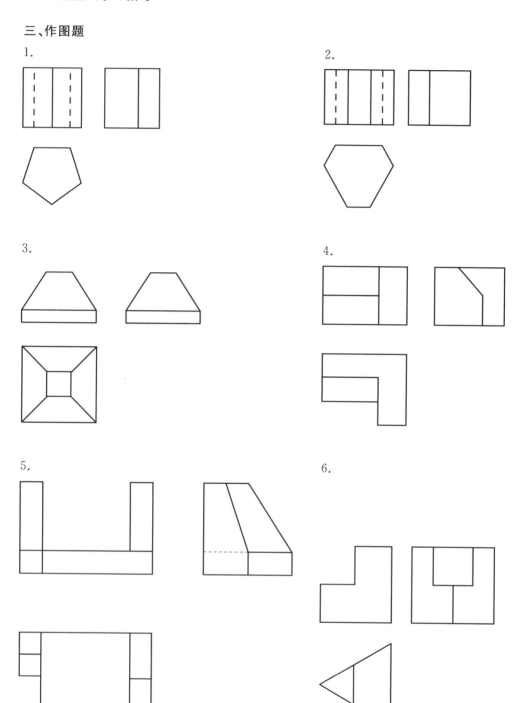

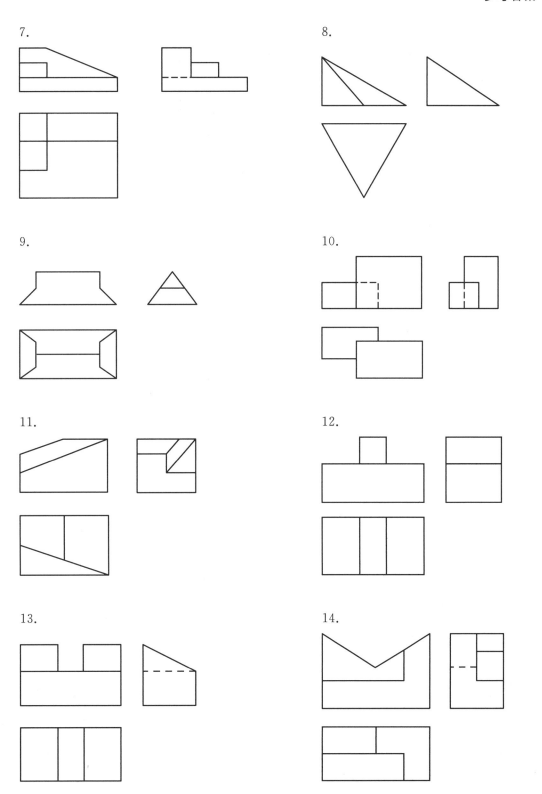

7.

8.

9.

10.

11.

12.

13.

14.

15.　　　　　　　　　　　　　16.

17.　　　　　　　　　　　　　18.

19.　　　　　　　　　　　　　20.

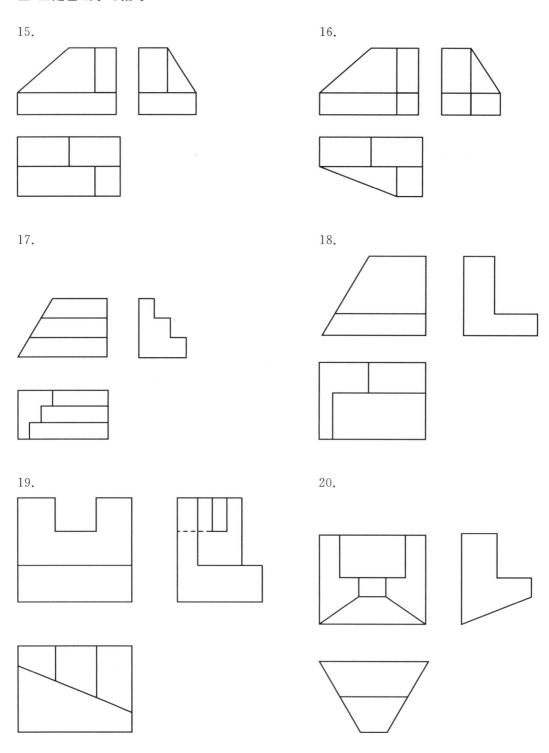

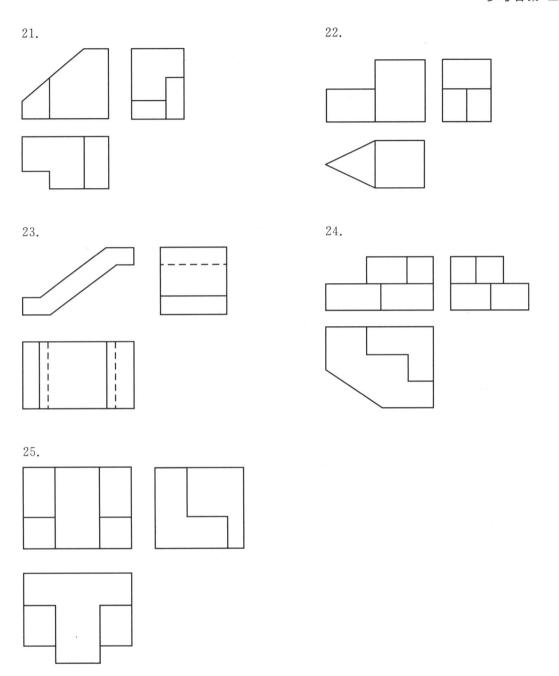

21.

22.

23.

24.

25.

第6章 轴测投影

一、单项选择题

1. D   2. C   3. D   4. C   5. C   6. A   7. A   8. C   9. D   10. C   11. A   12. C   13. A   14. B
15. A   16. C   17. C

二、判断选择题

1. B 2. A 3. A 4. A 5. A 6. B 7. B 8. B 9. B 10. A 11. A 12. A 13. B 14. A 15. A

三、绘图题

1.

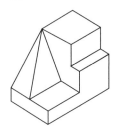

2.

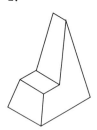

3.

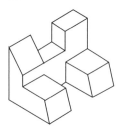

4.

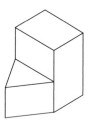

5.

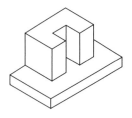

6.

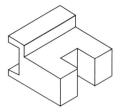

7.

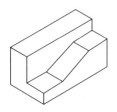

8.

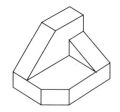

9.

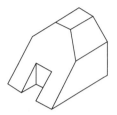

10.

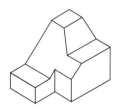

11.

12.

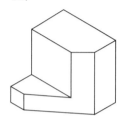

13.

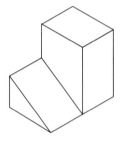

14.

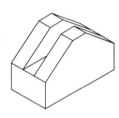

15.

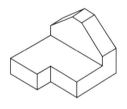

16.

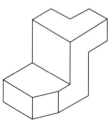

17.

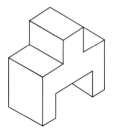

18.

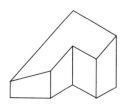

19.

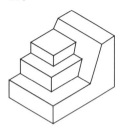

第7章　剖面图和断面图

一、单项选择题

1.C　2.B　3.B　4.A　5.B　6.A　7.D　8.B　9.B　10.D

二、判断选择题

1.B　2.A　3.A　4.B　5.A　6.B　7.B　8.B　9.A　10.B　11.A

三、作图题

1.

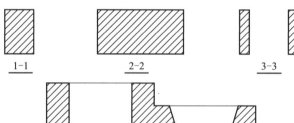

　　　　　1-1　　　　　　　　　　2-2　　　　　　　　　3-3

2.

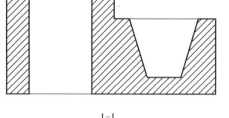

1-1

3.

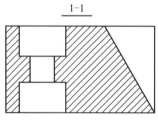

A-A剖面图

4.

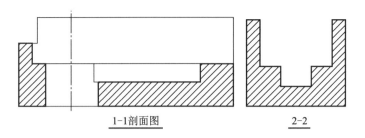

1-1剖面图   2-2

5.

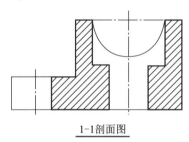

1-1剖面图

6.

1-1剖面图

7.

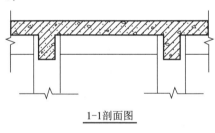

1-1剖面图

8.

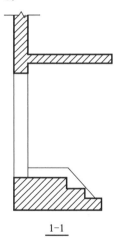

1-1

第8章　建筑工程图的产生和分类

一、单选选择题

1．D　2．B　3．B　4．A　5．C　6．A　7．A　8．A　9．C　10．D　11．B　12．C　13．C　14．A
15．D　16．C　17．C　18．B　19．A　20．B

二、判断选择题

1．B　2．A　3．B　4．B　5．A　6．A　7．B　8．A　9．B　10．B　11．A　12．A　13．B　14．B　15．A

三、连线题

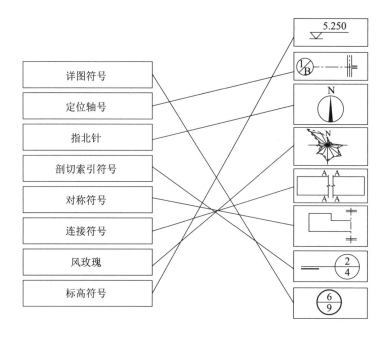

第9章 建筑总平面图的识读

一、单项选择题

1.A 2.B 3.A 4.D 5.B 6.D 7.A 8.C 9.B 10.C 11.D 12.A 13.A
14.D 15.C 16.C 17.C 18.D 19.D 20.A

二、判断选择题

1.B 2.A 3.A 4.B 5.B 6.B 7.A 8.A 9.B 10.A 11.A 12.B 13.B
14.A

三、识图题

1.总平面图,1:500,五四路 2.粗实线,旧教学楼,教学楼 3.绝对标高,建筑坐标
4.5,0.6 5.42,20,10 6.12.8%,0.94

第10章 建筑施工图的识读

一、单项选择题

1.B 2.D 3.A 4.A 5.B 6.C 7.D 8.D 9.B 10.A 11.D 12.A 13.A
14.C 15.A 16.B 17.D 18.B 19.B 20.B 21.B 22.A 23.B 24.B

二、判断选择题

1.A 2.A 3.B 4.B 5.A 6.A 7.B 8.B 9.B

三、识图题

1. (1)一层平面图,1:100;(2)10400,1200,1500; (3)1/B,1,D,J;(4)200,3800,3300,600,
10600,−0.500; (5)−0.050,±0.000,450,150;

(6)索引符号,详图编号为1,详图在本页图纸上。

2. (1)1/A,2,3; (2)1800,3900,6300; (3)2400,2400,高窗; (4)3.3,6.3; (5)150,
300,−0.500m; (6)300,10%(或1:10); (7)南偏西15°。

综合模拟试卷

福建省中等职业学校学业水平测试综合模拟试卷(一)
第一部分 选择题

一、单项选择题

1. C 2. D 3. B 4. C 5. C 6. D 7. B 8. C 9. B 10. A 11. B 12. C 13. B 14. B
15. A 16. B 17. D 18. B 19. D 20. D 21. D 22. D 23. C 24. A 25. A

二、判断选择题

26. A 27. A 28. A 29. B 30. B 31. A 32. B 33. B 34. B 35. B 36. A 37. B
38. B 39. A 40. B 41. A 42. A 43B 44. B 45. B

第二部分 非选择题

三、作图题

46.

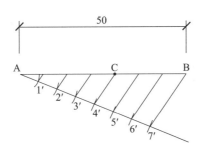

47.(1)   (2)

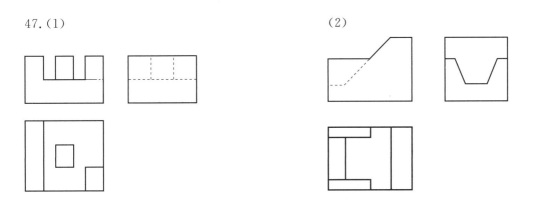

48.

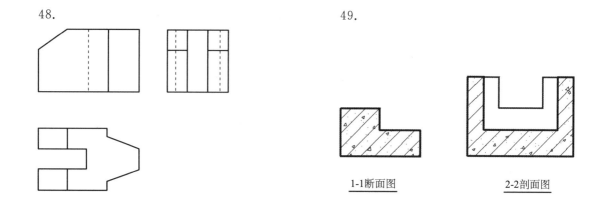

49.

1-1断面图   2-2剖面图

50.

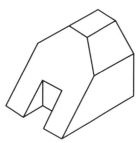

四、连线题

51.

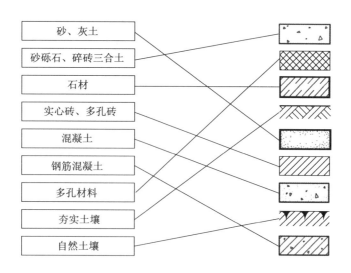

| 砂、灰土 |
| 砂砾石、碎砖三合土 |
| 石材 |
| 实心砖、多孔砖 |
| 混凝土 |
| 钢筋混凝土 |
| 多孔材料 |
| 夯实土壤 |
| 自然土壤 |

五、识图题

52-1. 1/B ,1/01,4,D

52-2. 14040,1800,－0.030,13800

52-3. 1000,1000,620

52-4.1800,3900 ,50

52-5.140,300，—0.450

52-6.全剖视图 ，D

福建省中等职业学校学业水平测试综合模拟试卷(二)

第一部分　选择题

一、单项选择题

1．A　2．B　3．B　4．D　5．A　6．B　7．D　8．B　9．B　10．C　11．D　12．B　13．D　14．B　15．B

16．C　17．B　18．C　19．C　20．B　21．C　22．C　23．B　24．C25．D　26．B　27．A　28．A

二、判断选择题

29．A　30．B　31．B　32．B　33．B　34．B　35．A　36．B　37．B　38．B　39．A　40．B

41．B　42．A　43．A　44．B

第二部分　非选择题

三、作图题

45.

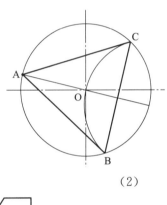

46.(1)　　　　　　　　　　　　　　　　　　　　(2)

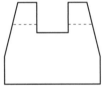 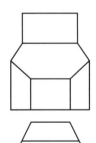 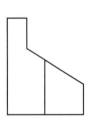

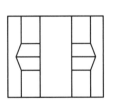 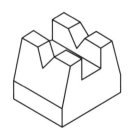 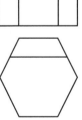

47.

48.

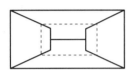

1-1断面图   2-2剖面图

49.(1)

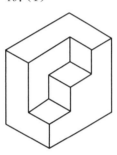

（2）

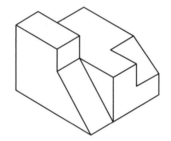

50-1. A,D,1/01,1/3

50-2.12240,3300,11840,1800

50-3.高窗,900,推拉门

50-4.3900,3600,120

50-5.160,260,22,3.200

50-6.120,−0.030

福建省中等职业学校学业水平测试综合模拟试卷（三）
第一部分 选择题

一、单项选择题

1.D 2.B 3.C 4.A 5.B 6.C 7.A 8.C 9.B 10.A 11.C 12.B 13.C 14.D

15.B 16.A 17.C 18.D 19.B 20.B 21.B 22.A 23.C 24.C 25.D 26.B

27.C 28.A

二、判断选择题

29.A 30.B 31.A 32.B 33.A 34.B 35.B 36.B 37.B 38.A 39.A 40.B

41.B 42.A 43.B 44.B

第二部分　非选择题

三、作图题

45.

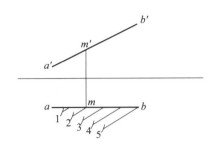

46.（1）　　　　　　　　　　　　　　　（2）

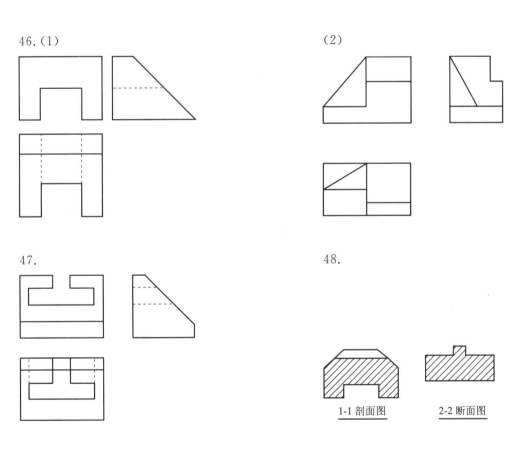

47.　　　　　　　　　　　　　　　48.

1-1 剖面图　　　　2-2 断面图

49.

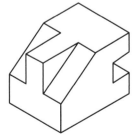

四、连线题

50.

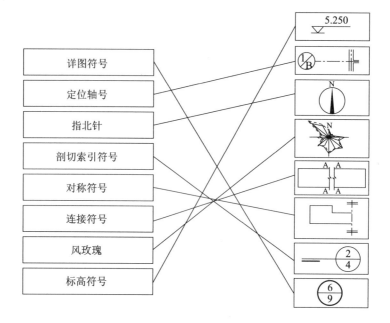

五、识图题

51-1. 2,10,2

51-2. 12,22.04,15.14,0.3

51-3. 绝对

51-4. 建筑

51-5. 1.31

51-6. 北;东风

附录 1　总平面图图例

序号	名称	图例	备注
1	新建建筑物	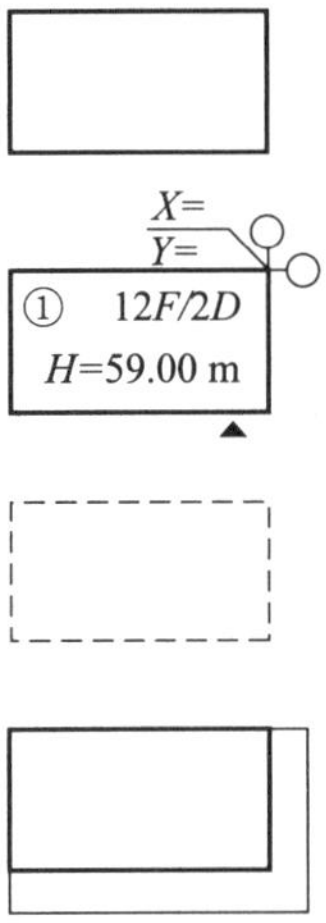 $X=$ $Y=$ ① 12F/2D $H=59.00$ m	新建建筑物以粗实线表示与室外地坪相接处±0.00外墙定位轮廓线。 建筑物一般以±0.00高度处的外墙定位轴线交叉点坐标定位。轴线用细实线表示，并标明轴线号。 根据不同设计阶段标注建筑编号，地上、地下层数，建筑高度，建筑出入口位置（两种表示方法均可，但同一图纸采用一种表示方法）。 地下建筑物以粗虚线表示其轮廓建筑上部（±0.00以上）外挑建筑用细实线表示。 建筑物上部轮廓用细虚线表示并标注位置
2	原有建筑物	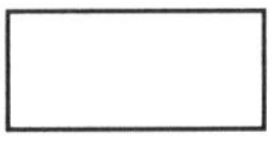	用细实线表示
3	计算扩建的预留地或建筑物		用中粗虚线表示
4	拆除的建筑物		用细实线表示
5	建筑物下面的通道	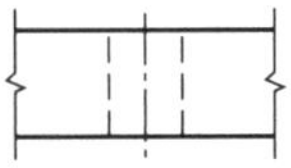	
6	散状材料露天堆场	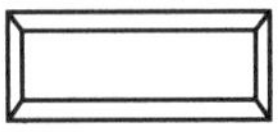	需要时可注明材料名称
7	其他材料露天堆场或露天作业场	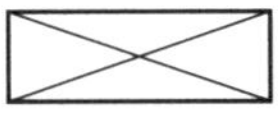	
8	铺砌场地	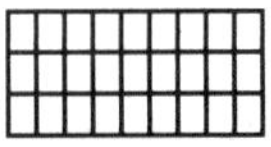	
9	敞棚或敞廊	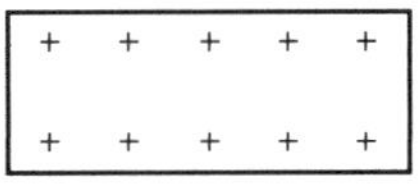	

序号	名称	图例	备注
10	高架式料仓	 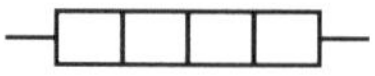	
11	漏斗式贮仓		左、右图为底卸式,中图为侧卸式
12	冷却塔(池)	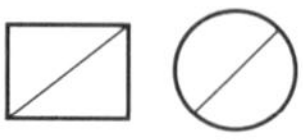	应注明冷却塔或冷却池
13	水塔、贮罐	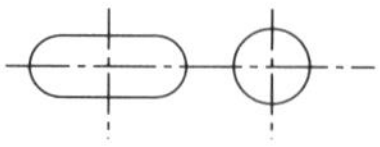	左图为水塔或立式贮罐,右图为卧式贮罐
14	水池、坑槽		也可以不涂黑
15	明溜矿槽(井)	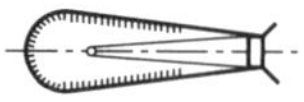	
16	斜井或平洞	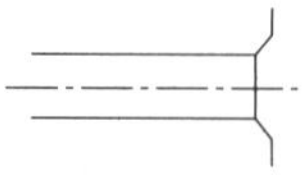	
17	烟囱		实线为烟囱下部直径,虚线为基础,必要时可注写烟囱高度和上、下口直径
18	围墙及大门		
19	挡土墙	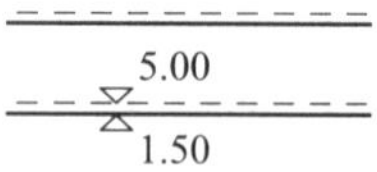 5.00 1.50	挡土墙根据不同设计阶段的需要标注墙顶标高 墙底标高
20	挡土墙上设围墙		

序号	名称	图例	备注
21	台阶及无障碍坡道	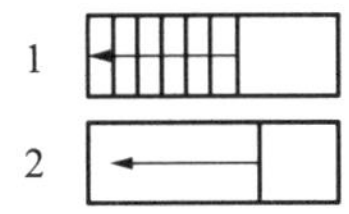 1 / 2	1 表示台阶（级数仅为示意），2 表示无障碍坡道
22	露天桥式起重机	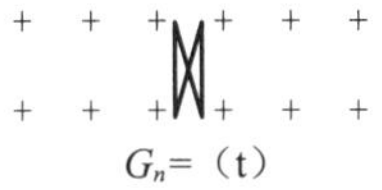 $G_n=$（t）	起重机起重量 G_n，以吨计算；"＋"为柱子位置
23	露天电动葫芦	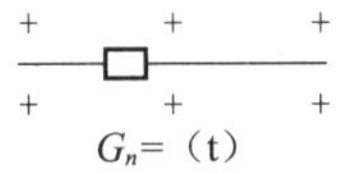 $G_n=$（t）	起重机起重量 G_n，以吨计算；"＋"为支架位置
24	门式起重机	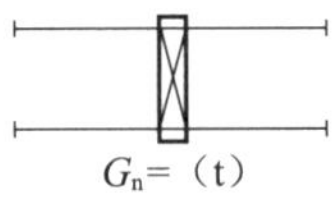 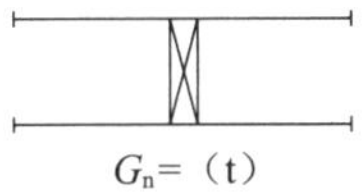 $G_n=$（t）/ $G_n=$（t）	起重机起重量 G_n，以吨计算；上图表示有外伸臂；下图表示无外伸臂
25	架空索道		"I"为支架位置
26	斜坡卷扬机道		
27	斜坡栈桥（皮带廊等）	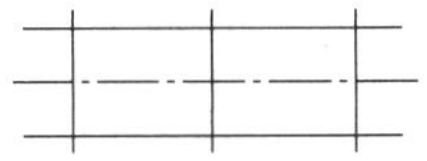	细实线表示支架中心线位置
28	坐标	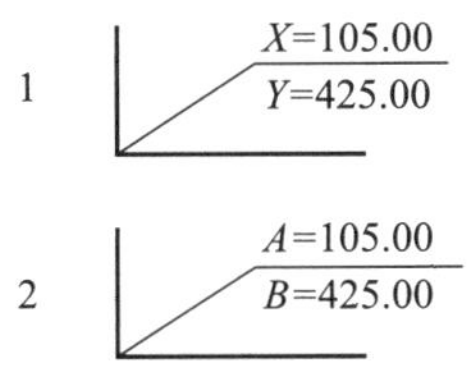 1 $X=105.00$ $Y=425.00$ / 2 $A=105.00$ $B=425.00$	1 表示地形测量坐标系；2 表示自设坐标系；坐标数字平行于建筑标注
29	方格网交叉点标高	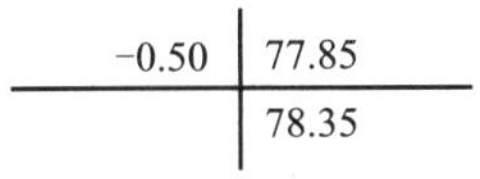 -0.50 | 77.85 / 78.35	"78.85"为原地面标高；"77.85"为设计标高；"－0.50"为施工高度；"－"表示挖方（"＋"表示填方）

序号	名称	图例	备注
30	填方区、挖方区、未整平区及零点线	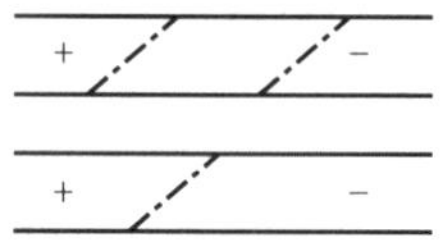	"+"表示填方区； "−"表示挖方区； 中间为未整平区； 点划线为零点线
31	填方边坡		
32	分水脊线与谷线	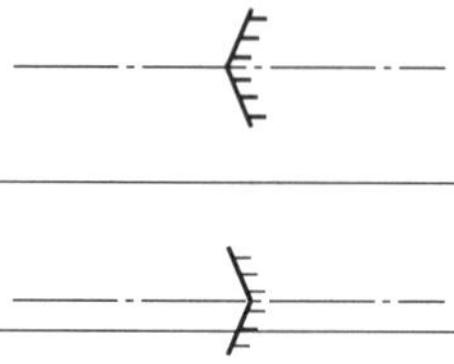	上图表示脊线； 下图表示谷线
33	洪水淹没线	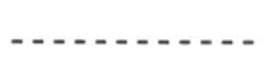 - - - - - - - - -	洪水最高水位以文字标注
34	地表排水方向		
35	截水沟	 40.00	"1"表示 1%的沟底纵向坡度，"40.00"表示变坡点间距，箭头表示水流方向
36	排水明沟	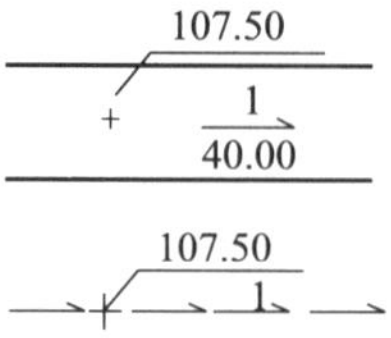 107.50 + $\frac{1}{40.00}$ 107.50 $\frac{1}{1}$	上图用于比例较大的图面； 下图用于比例较小的图面； "1"表示 1%的沟底纵向坡度，"40.00"表示变坡点间距，箭头表示水流方向； "107.50"表示沟底变坡点标高（变坡点以"+"表示）
37	有盖板的排水沟	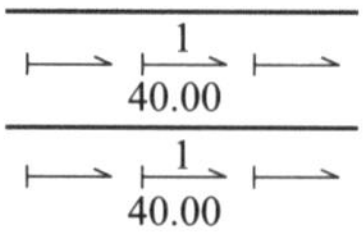 $\frac{1}{40.00}$ $\frac{1}{40.00}$	
38	雨水口	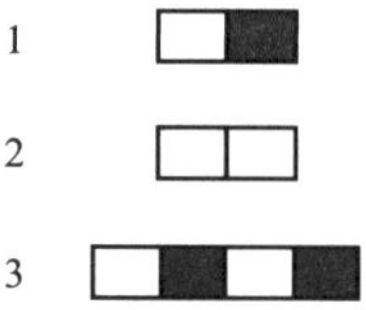 1 2 3	1 为雨水口； 2 为原有雨水口； 3 为双落式雨水口
39	消火栓井		

序号	名称	图例	备注
40	急流槽	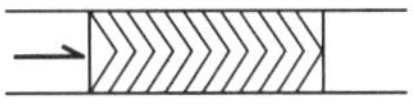	箭头表示水流方向
41	跌水	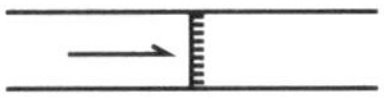	箭头表示水流方向
42	拦水(闸)坝	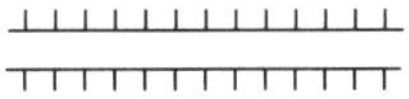	
43	透水路堤	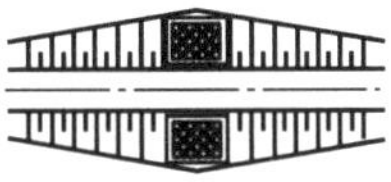	边坡较长时,可在一端或两端局部表示
44	过水路面	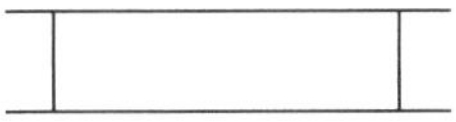	
45	室内地坪标高	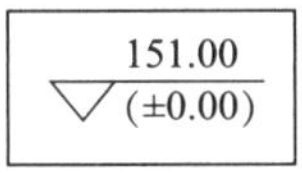 151.00 (±0.00)	数字平行于建筑物书写
46	室外地坪标高	 143.00	室外标高也可采用等高线表示
47	盲道	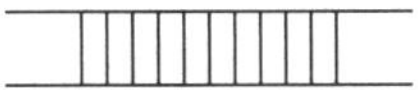	
48	地下车库入口	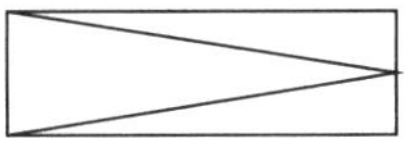	机动车停车场
49	地面露天停车场	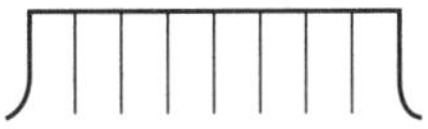	
50	露天机械停车场	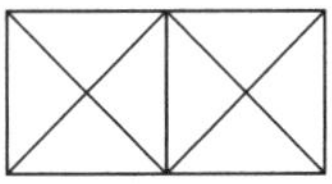	露天机械停车场

附录 2　构造及配件图例

序号	名称	图例	备注
1	墙体		1.上图为外墙,下图为内墙; 2.外墙细线表示有保温层或有幕墙; 3.应加注文字或涂色或图案填充表示各种材料的墙体; 4.在各层平面图中防火墙宜着重以特殊图案填充表示
2	隔断		1.加注文字或涂色或图案填充表示各种材料的轻质隔断; 2.适用于到顶与不到顶隔断
3	玻璃幕墙		幕墙龙骨是否表示由项目设计决定
4	栏杆		
5	楼梯	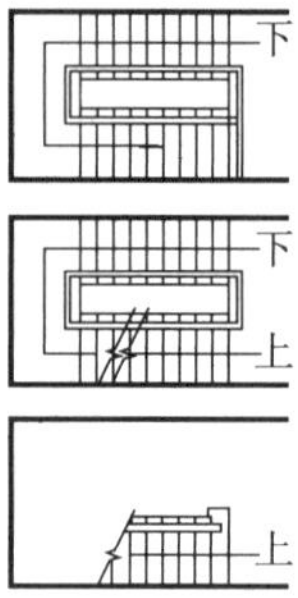	1.上图为顶层楼梯平面,中图为中间层楼梯平面,下图为底层楼梯平面; 2.需设置靠墙扶手或中间扶手时,应在图中表示
6	坡道	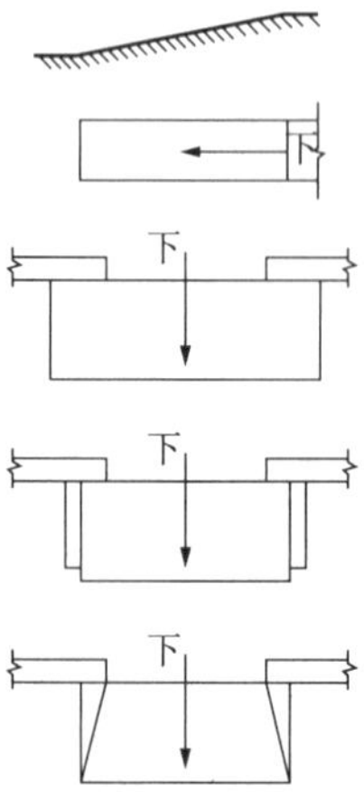	长坡道; 上图为两侧垂直的门口坡道,中图为有挡墙的门口坡道,下图为两侧找坡的门口坡道

序号	名称	图例	备注
7	台阶	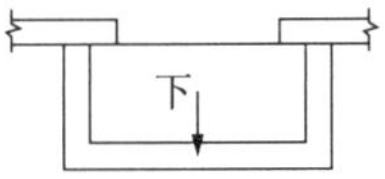	
8	平面高差	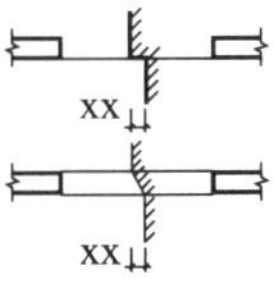	用于高差小的地面或楼面交接处,并应与门的开启方向协调
9	检查口		左图为可见检查口,右图为不可见检查口
10	孔洞		阴影部分亦可填充灰度或涂色代替
11	坑槽		
12	墙预留洞、槽	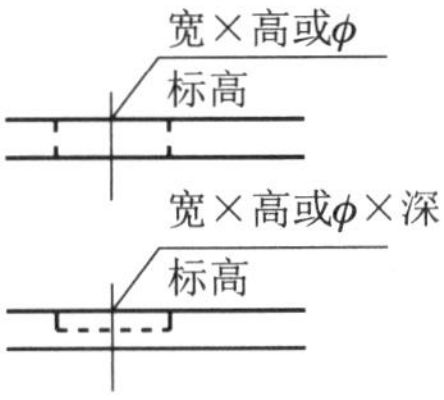	1.上图为预留洞,下图为预留槽; 2.平面以洞(槽)中心定位; 3.标高以洞(槽)底或中心定位; 4.宜以涂色区别墙体和预留洞(槽)
13	地沟	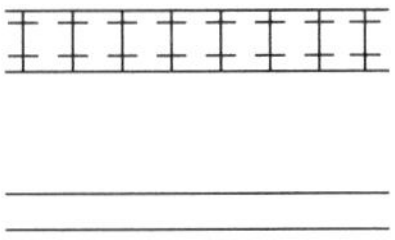	上图为活动盖板地沟,下图为无盖板明沟

续表

序号	名称	图例	备注
14	烟道	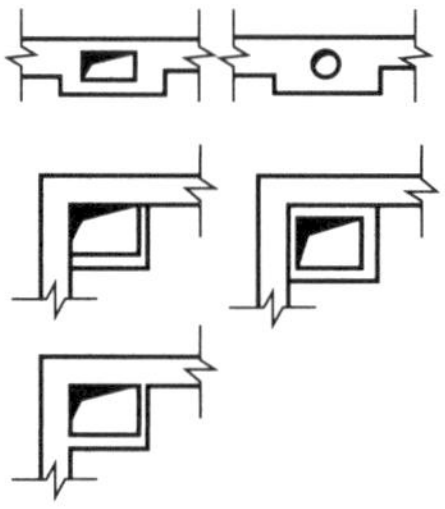	1.阴影部分亦可涂色代替; 2.烟道、风道与墙体为相同材料,其相接处墙身线应连通; 3.烟道、风道根据需要增加不同材料的内衬
15	风道	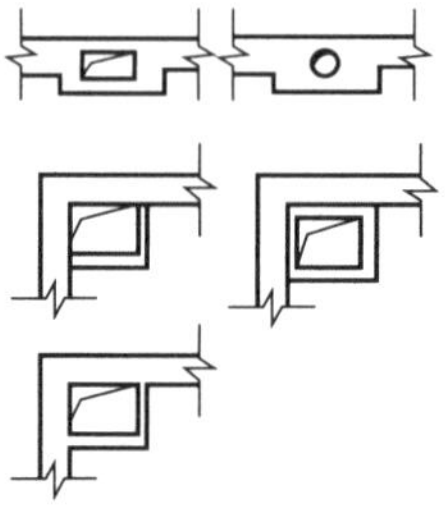	
16	新建的墙和窗	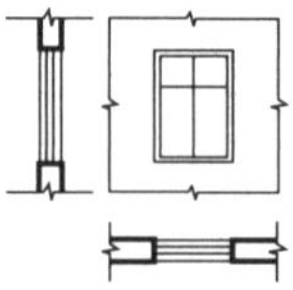	
17	改建时保留的墙和窗	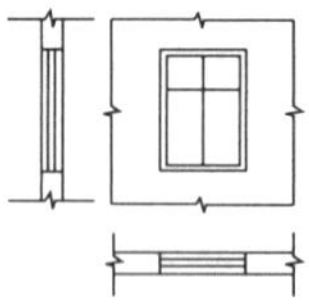	只更换窗,应加粗窗的轮廓线
18	拆除的墙	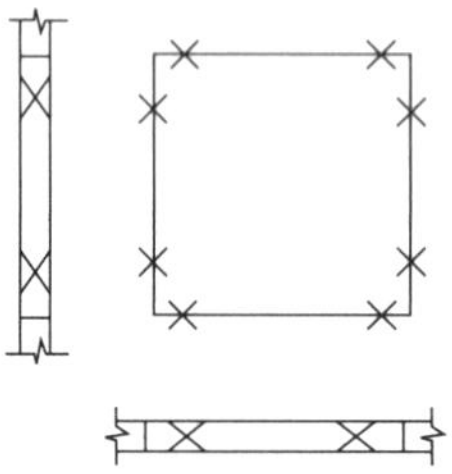	

序号	名称	图例	备注
19	改建时在原有墙或楼板新开的洞	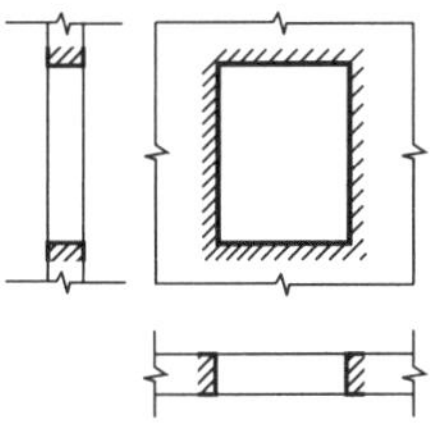	
20	在原有墙或楼板洞旁扩大的洞	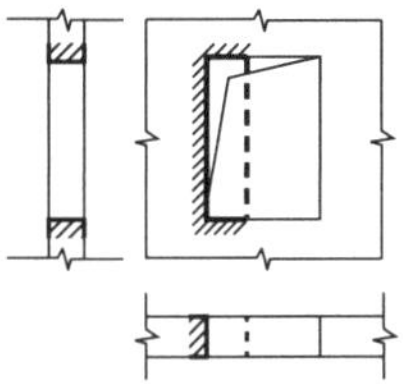	图示为洞口向左边扩大
21	在原有墙或楼板上全部填塞的洞	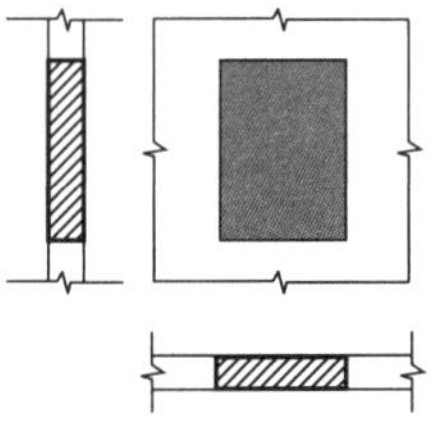	
22	在原有墙或楼板上局部填塞的洞	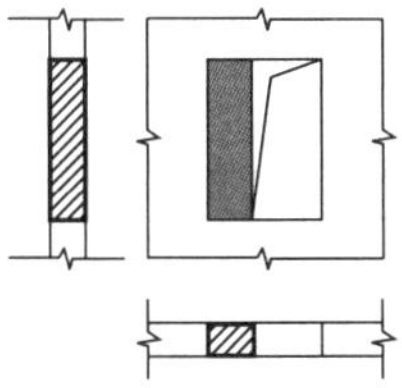	左侧为局部填塞的洞,图中立面图填充灰度或涂色
23	空门洞	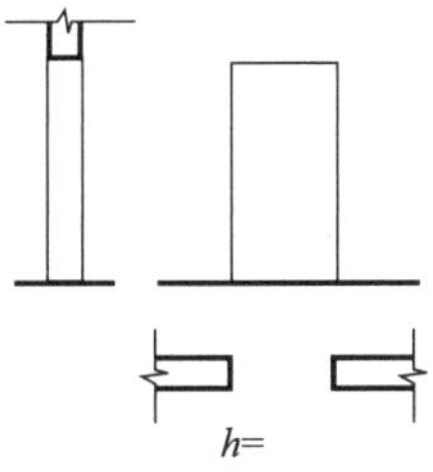 $h=$	h 为门洞高度

序号	名称	图例	备注
24	单扇平开或单向弹簧门	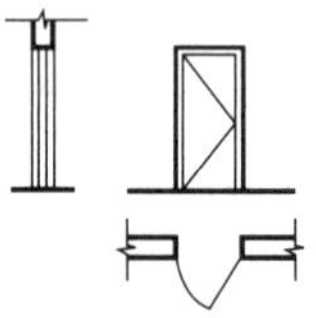	
	单扇平开或双向弹簧门	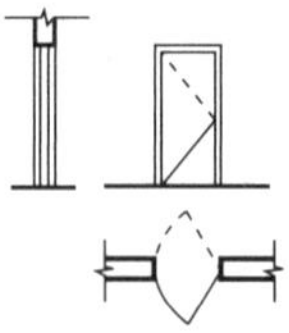	1.门的名称代号用 M 表示； 2.平面图中，下为外，上为内，门开启线为 90°、60°或 45°； 3.立面图中，开启线实线为外开，虚线为内开。开启线交角的一侧为安装合页一侧。开启线在建筑立面图中可不表示，在立面大样图中可根据需要绘出； 4.剖面图中，左为外，右为内； 5.附加纱扇应以文字说明，在平、立、剖面图中均不表示； 6.立面形式应按实际情况绘制
	双层单扇平开门	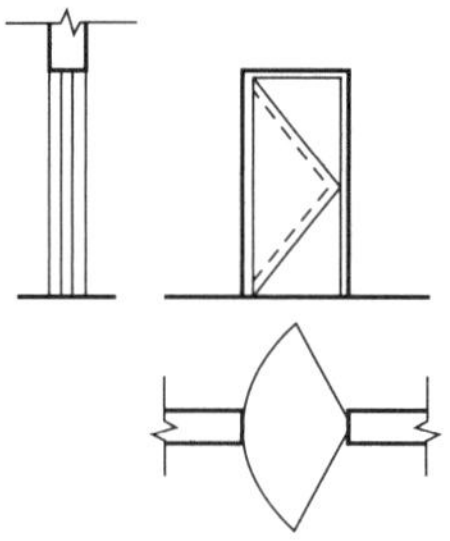	
25	单面开启双扇门（包括平开或单面弹簧）	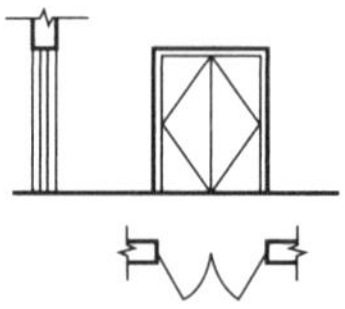	
	双面开启双扇门（包括双面平开或双面弹簧）	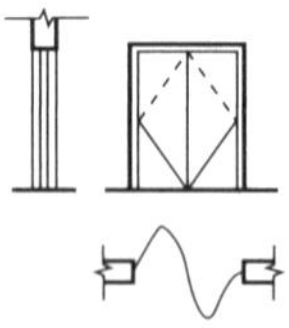	1.门的名称代号用 M 表示； 2.平面图中，下为外，上为内，门开启线为 90°、60°或 45°； 3.立面图中，开启线实线为外开，虚线为内开。开启线交角的一侧为安装合页一侧。开启线在建筑立面图中可不表示，在立面大样图中可根据需要绘出； 4.剖面图中，左为外，右为内； 5.附加纱扇应以文字说明，在平、立、剖面图中均不表示； 6.立面形式应按实际情况绘制
	双层双扇平开门	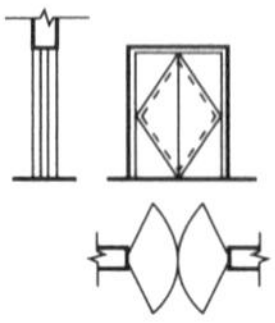	

序号	名称	图例	备注
26	折叠门	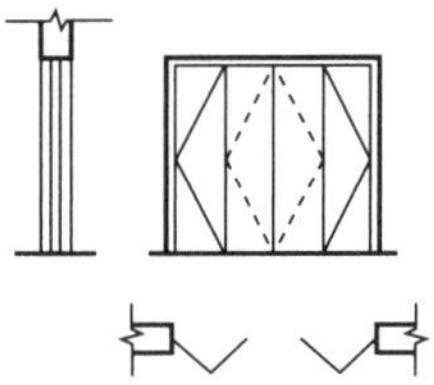	1.门的名称代号用 M 表示; 2.平面图中,下为外,上为内; 3.立面图中,开启线实线为外开,虚线为内开。开启线交角的一侧为安装合页一侧; 4.剖面图中,左为外,右为内; 5.立面形式应按实际情况绘制
	推拉折叠门	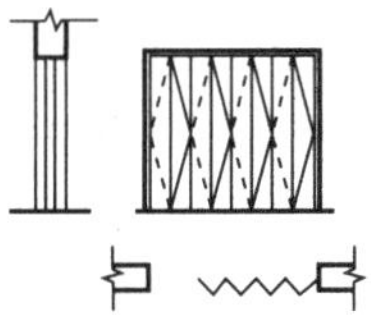	
27	墙洞外单扇推拉门	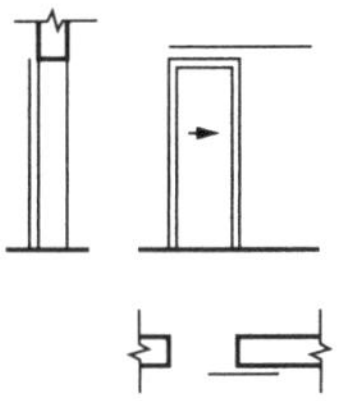	1.门的名称代号用 M 表示; 2.平面图中,下为外,上为内; 3.剖面图中,左为外,右为内; 4.立面形式应按实际情况绘制
	墙洞外双扇推拉门	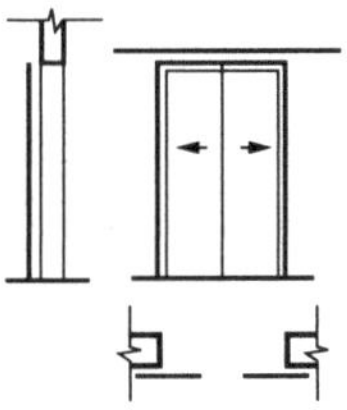	
	墙中单扇推拉门	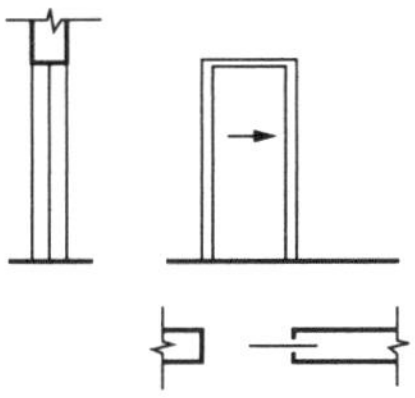	1.门的名称代号用 M 表示; 2.立面形式应按实际情况绘制
	墙中双扇推拉门	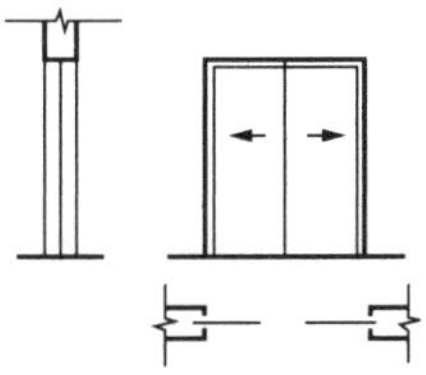	

序号	名称	图例	备注
28	推拉门	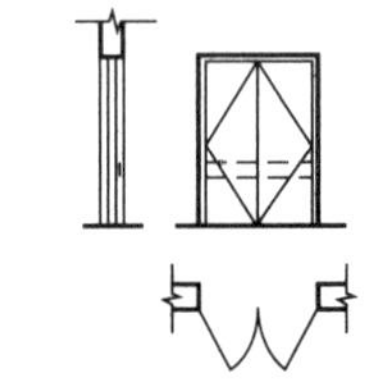	1.门的名称代号用 M 表示； 2.平面图中，下为外，上为内，门开启线为 90°、60°或 45°； 3.立面图中，开启线实线为外开，虚线为内开。开启线交角的一侧为安装合页一侧。开启线在建筑立面图中可不表示，在室内设计立面大样图中可根据需要绘出； 4.剖面图中，左为外，右为内； 5.立面形式应按实际情况绘制
29	门连窗	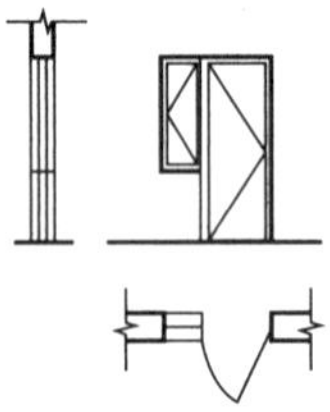	
30	旋转门	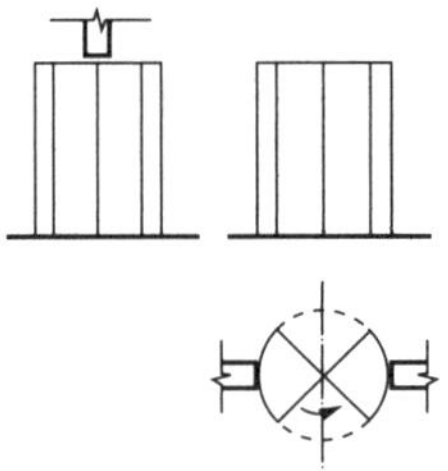	1.门的名称代号用 M 表示； 2.立面形式应按实际情况绘制
	两翼智能旋转门	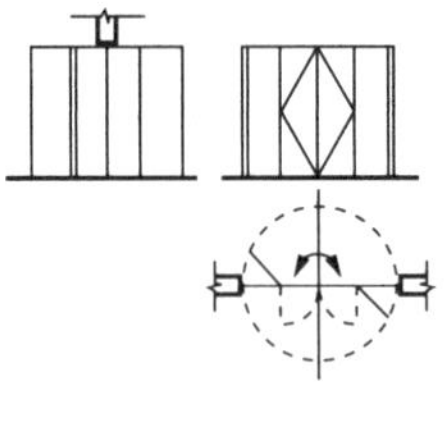	
31	自动门	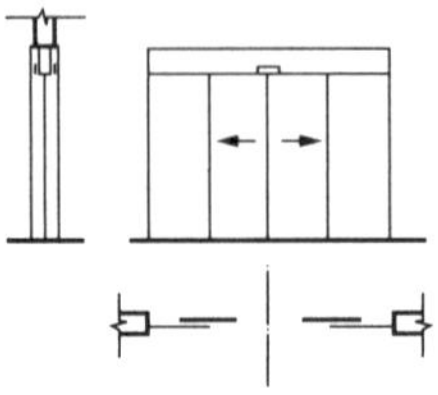	1.门的名称代号用 M 表示； 2.立面形式应按实际情况绘制
32	折叠上翻门	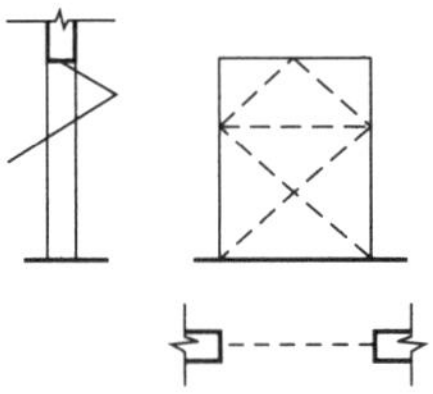	1.门的名称代号用 M 表示； 2.平面图中，下为外，上为内； 3.剖面图中，左为外，右为内； 4.立面形式应按实际情况绘制

序号	名称	图例	备注
33	提升门	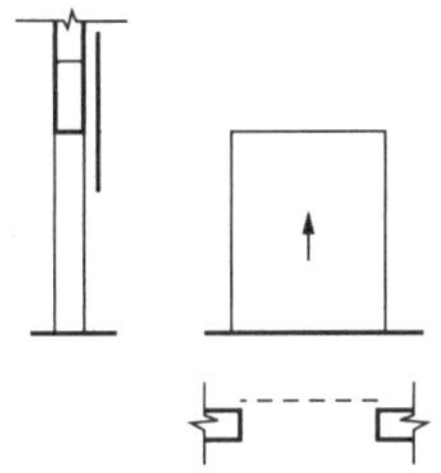	1.门的名称代号用 M 表示； 2. 立面形式应按实际情况绘制
34	分节提升门	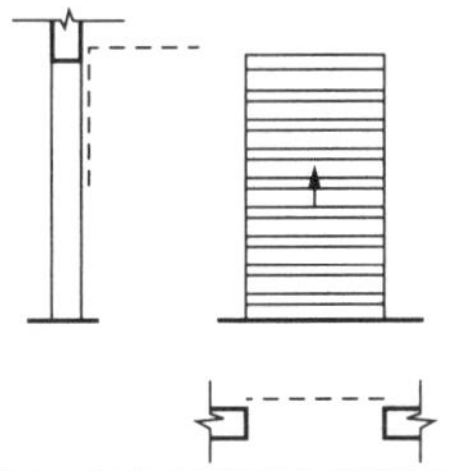	
35	人防单扇防护密闭门	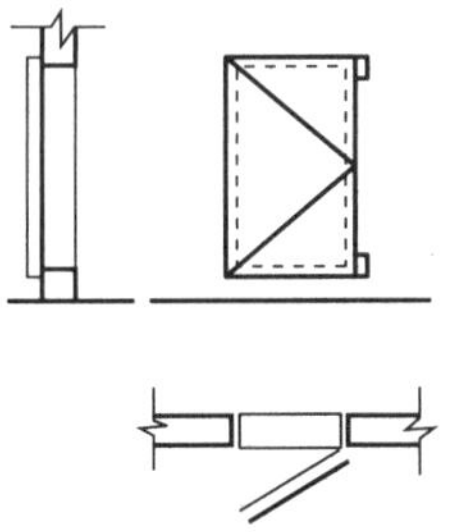	1.门的名称代号按人防要求表示； 2 立面形式应按实际情况绘制
	人防单扇密闭门	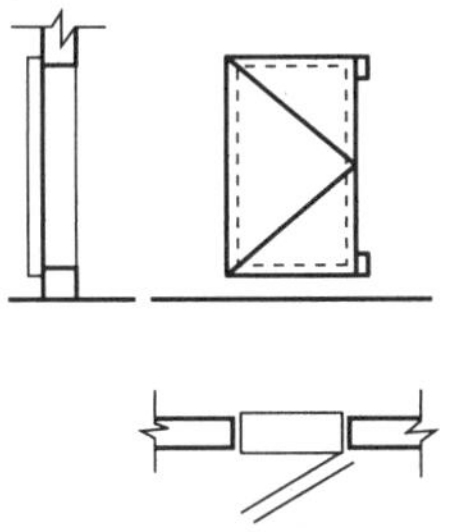	
36	人防双扇防护密闭门	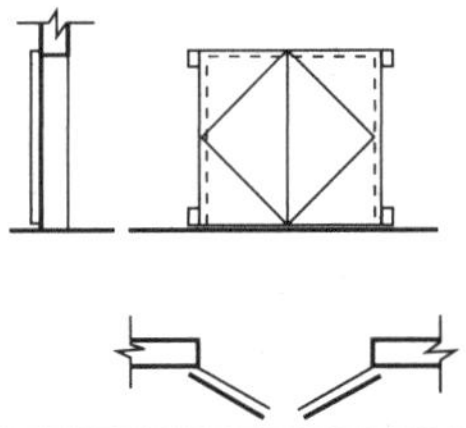	1.门的名称代号按人防要求表示； 2 立面形式应按实际情况绘制
	人防双扇密闭门	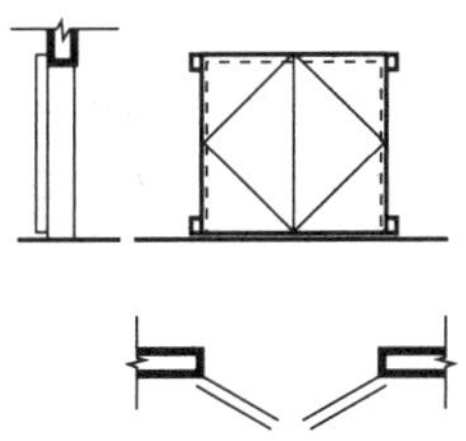	

序号	名称	图例	备注
37	横向卷帘门	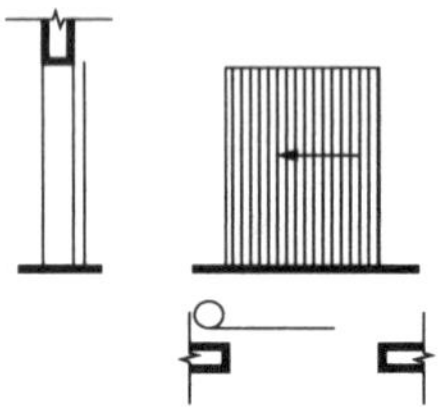	
	竖向卷帘门	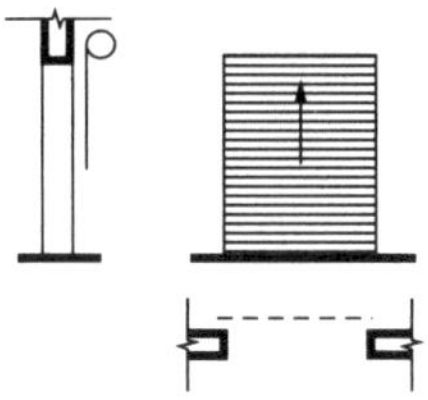	
	单侧双层卷帘门	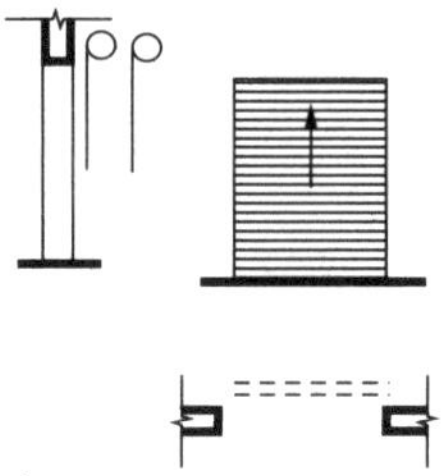	
	双侧双层卷帘门	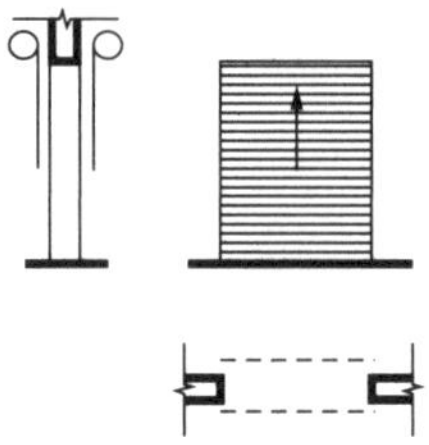	
38	固定窗	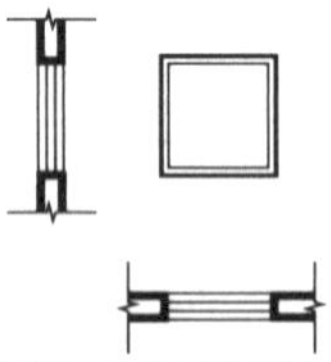	1.窗的名称代号用 C 表示； 2.平面图中，下为外，上为内；
39	上悬窗	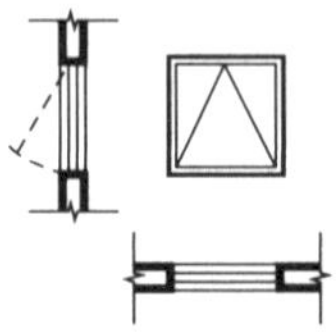	3.立面图中，开启线实线为外开，虚线为内开。开启线交角的一侧为安装合页一侧。开启线在建筑立面图中可不表示，在门窗立面大样图中需绘出； 4.剖面图中，左为外，右为内，虚线仅表示开启方向，项目设计不表示； 5 附加纱窗应以文字说明，在平、立、剖面图中均不表示； 6.立面形式应按实际情况绘制
	中悬窗	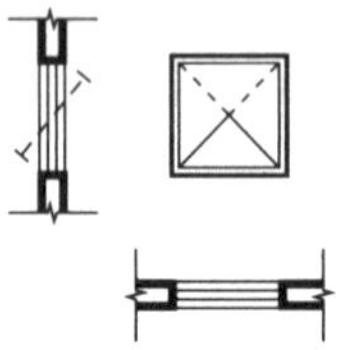	

序号	名称	图例	备注
40	下悬窗	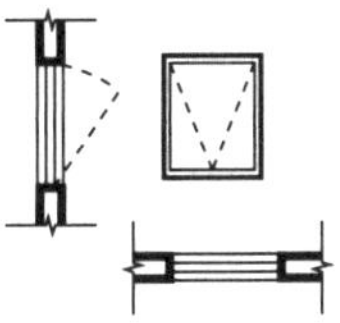	
41	立转窗	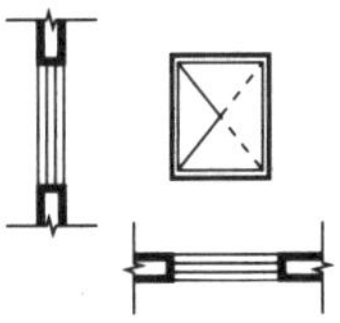	
42	内开平开内倾窗	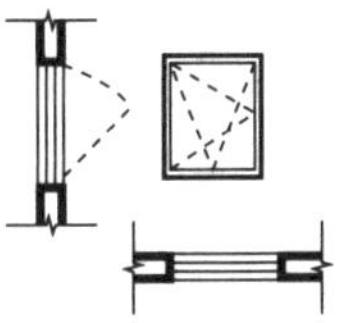	1.窗的名称代号用 C 表示； 2.平面图中，下为外，上为内； 3.立面图中，开启线实线为外开，虚线为内开。开启线交角的一侧为安装合页一侧。开启线在建筑立面图中可不表示，在门窗立面大样图中需绘出； 4.剖面图中，左为外，右为内，虚线仅表示开启方向，项目设计不表示； 5.附加纱窗应以文字说明，在平、立、剖面图中均不表示； 6.立面形式应按实际情况绘制
	单层外开平开窗	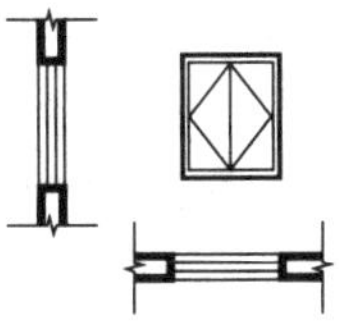	
43	单层内开平开窗	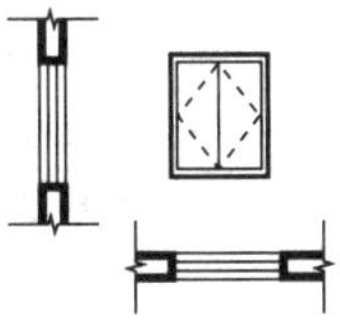	
	双层内外开平开窗	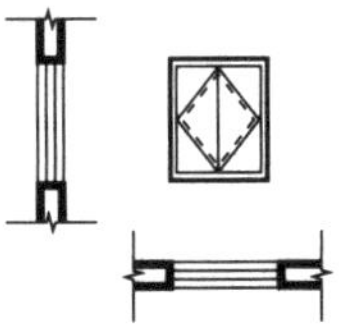	

序号	名称	图例	备注
44	单层推拉窗	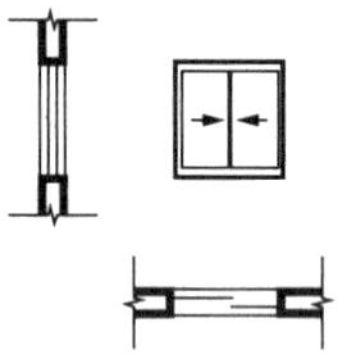	
45	上推窗	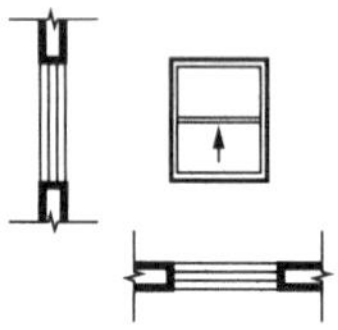	1.窗的名称代号用 C 表示； 2.立面形式应按实际情况绘
	百叶窗	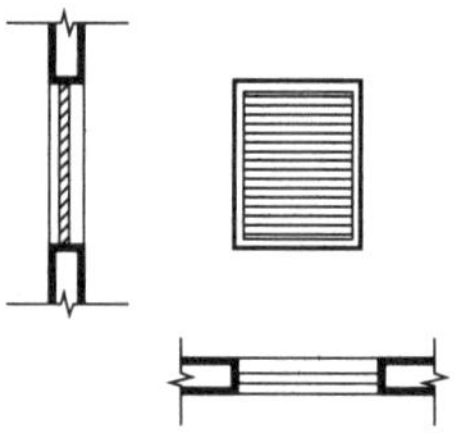	
47	高窗	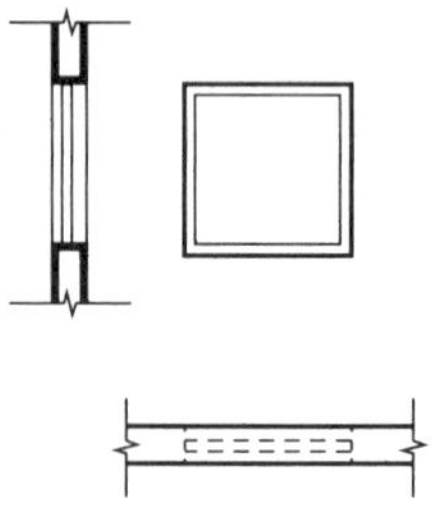 $h=$	1.窗的名称代号用 C 表示； 2.立面图中,开启线实线为外开,虚线为内开。开启线交角的一侧为安装合页一侧。开启线在建筑立面图中可不表示,在门窗立面大样图中需绘出； 3.剖面图中,左为外,右为内； 4 立面形式应按实际情况绘制； 5.h 表示高窗底距本层地面标高； 6 高窗开启方式参考其他窗型
48	平推窗	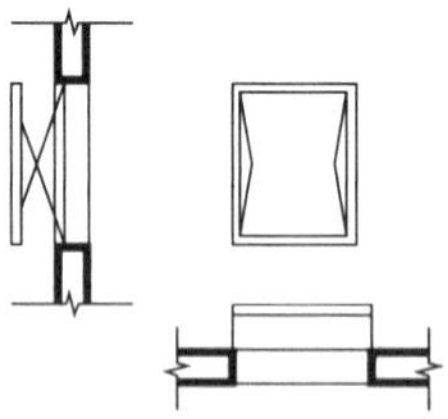	1.窗的名称代号用 C 表示； 2.立面形式应按实际情况绘制

参考文献

[1]王子茹,何援军. 土建图学[M]. 北京:高等教育出版社,2024.

[2]陆叔华,杨静霞. 建筑制图与识图[M]. 3 版. 北京:高等教育出版社,2022.

[3]匡星. 建筑识图[M]. 北京:中国人民大学出版社,2022.

[4]吴舒琛. 土木工程识图:房屋建筑类[M]. 2 版. 北京:高等教育出版社,2020.

[5]金方. 建筑制图[M]. 北京:中国建筑工业出版社,2019.

[6]洪树生. 建筑施工[M]. 北京:知识产权出版社,2016.

[7]刘玉欣,满吉芳. 土建力学[M]. 成都:西南交通大学出版社,2016.